源荷双重不确定性下复杂电网脆弱性分析

范辉　王蕾报　梁纪峰　李铁成　邵常政　编著

中国电力出版社
CHINA ELECTRIC POWER PRESS

内容提要

全面分析源荷双重不确定性下复杂电网的脆弱性意义重大。为此，本书对源荷双重不确定性下电网故障仿真理论、脆弱性分析理论以及防御技术等进行了大量研究探索。

本书共 7 章，包括电力系统安全分析的基本概论、含分布式电源的负荷特性分析及建模、集中式新能源的特性分析及建模、电力系统的多时间尺度仿真理论、复杂电网的过负荷脆弱性分析理论、复杂电网的频率脆弱性分析理论、复杂电网的电压脆弱性分析理论等内容。

本书具有较强的针对性、理论性和实用性，可供从事电力系统安全稳定分析的科研人员、技术人员和管理人员学习参考，同时也可供高等院校电气工程相关专业师生参考借鉴。

图书在版编目（CIP）数据

源荷双重不确定性下复杂电网脆弱性分析/范辉等编著．—北京：中国电力出版社，2022.12
ISBN 978-7-5198-7074-4

Ⅰ．①源…　Ⅱ．①范…　Ⅲ．①电力系统稳定－研究　Ⅳ．①TM712

中国版本图书馆 CIP 数据核字（2022）第 179406 号

出版发行：中国电力出版社
地　　址：北京市东城区北京站西街 19 号（邮政编码 100005）
网　　址：http://www.cepp.sgcc.com.cn
责任编辑：王春娟　刘子婷（010-63412350/2785）
责任校对：黄　蓓　王海南
装帧设计：赵丽媛
责任印制：石　雷

印　　刷：廊坊市文峰档案印务有限公司
版　　次：2022 年 12 月第一版
印　　次：2022 年 12 月北京第一次印刷
开　　本：787 毫米×1092 毫米　16 开本
字　　数：216 千字
印　　数：0001—1000 册
定　　价：68.00 元

前　言

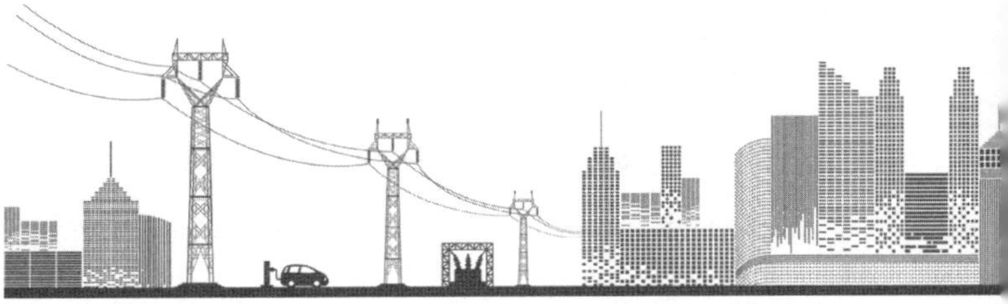

电力系统作为人类历史上最为复杂的系统之一，与国家的能源安全和经济命脉紧密相关。为了实现绿色可持续发展的伟大使命，构建以新能源为主体的新型电力系统已成为我国电力能源的战略目标。近十年以来，新能源发电技术得到了长足的发展，集中式新能源与分布式新能源齐头并进，在我国电源装机容量和年发电量中的占比逐年升高。在这一过程中，大规模风光基地的集中式新能源增加了电源侧的不确定性，而屋顶光伏等分布式新能源也扩大了负荷侧的不确定性。在这种双重不确定性下，传统的同步发电机不断被替代，新能源发电又存在支撑性弱、抗扰能力低等不足，使得电网的安全运行面临着巨大挑战。2015 年以来，英国、澳大利亚等多个国家均发生了大停电事故，其中，新能源对大停电演化过程产生了关键的影响，这也为我国的电网安全敲响了警钟。因此，全面分析源荷双重不确定性下复杂电网的脆弱性，挖掘电网的安全稳定特性变化，分析防御大规模停电的电网脆弱性提升技术，可为电网安全防御技术的进一步补强提供参考，意义重大。

电力系统的脆弱性是指电网中各状态变量偏离正常状态及距离临界状态的程度，或者电网中某个元件在网络结构中的重要程度。尤其是在连锁故障诱发的大停电中，电力系统的脆弱性对于理解故障传播机理和采取风险控制有着重要意义，它在安全性和稳定性的基础上，更深入地揭示了电力系统在运行中承受扰动的能力。针对这一关键问题，国网河北省电力有限公司电力科学研究院在重庆大学等多家科研单位的大力支持下，对源荷双重不确定性下电网故障仿真理论、脆弱性分析理论以及防御技术等进行了大量的研究探索。具体地，开展了含分布式电源的负荷建模、集中式新能源建模以及复杂电网多时间尺度仿真研究等，为电网脆弱性的准确分析构建了基础工具；从过负荷脆弱性、频率脆弱性、电压脆弱性等角度分析了电网的故障风险，并分别介绍了相应的脆弱性提升方法。

本书具有较强的针对性和工程实用性，可供从事电力系统规划和安全运行的科研人员、工程技术人员和管理人员学习参考，也可供高等院校电气工程专业师生借鉴。

本书在编写过程中，得到了有关领导和专家的支持与指导，在此一并感谢。由于编者水平有限，内容难免存在不妥或疏漏之处，恳请读者批评指正。

编　者

2022 年 8 月

目 录

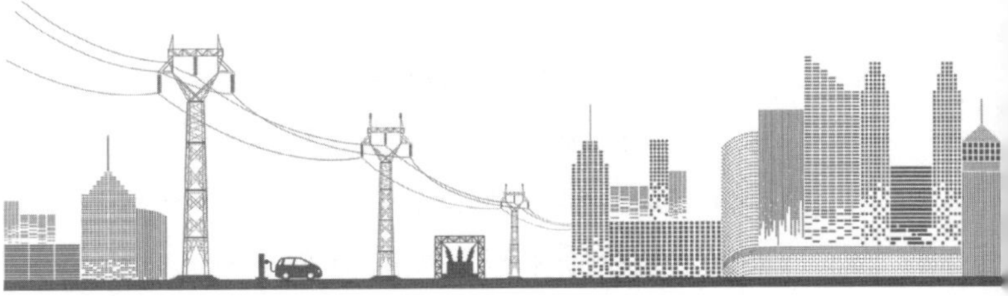

1 电力系统安全分析的基本概论

1.1 电力系统发展概况

电力系统是人类发展历史上最复杂的人工系统。最早地，法拉第在 1931 年发现了电磁感应定律，开启了电动机和发电机的研发征途。随后的接近一百年时间里，人类的电力系统从 1kV 的直流输电发展到十几千伏的交流输电，再到现代电力工业的数百千伏的交流输电网，以及现在包含±800kV 及以上直流电和 1000kV 及以上交流电的特高压电网，电力工业技术成为了人类发明史上最璀璨的明珠之一。在现代社会，人类的日常生活和工业生产都已经离不开电力能源。

在中国，电力的发展历程一般可以划分为 4 个阶段，依次为：1882～1949 年的直配或孤网，主要包括微小机组（数十千瓦级别）和低电压等级网络（220kV 以下），跨区输送能力几乎不存在；1949～1978 年的省级电网，主要包括小机组（数兆瓦级别）和低电压等级配电网（330kV 以下），仍不具备跨区输电能力；1979～2000 年的区域电网，主要包括大机组（数百兆瓦级别）和高电压（500kV），具备了一定的跨省输电能力；2001～2019 年的全国联网，主要包括大基地（上万兆瓦级别）和特电压（1000kV），大规模新能源并网发电，具备了跨区域输电的全国联网能力。

中华人民共和国成立初期，全国装机容量和发电量仅排在世界的 21 位和 25 位；而现在，中国的装机容量和发电量都居世界第一。2009 年 8 月，中国首个光伏并网发电特许权项目——甘肃敦煌十兆瓦光伏发电项目奠基。2012 年 7 月，世界装机容量最大的水电站——长江三峡电站正式交付投产。2015 年 12 月 23 日，随着果洛藏族自治州班玛县果芒村和玉树藏族自治州曲麻莱县长江村拉闸通电，青海省全面解决无电人口通电工程全部竣工投运，这意味着中国实现了为全体人民通电的历史任务。我国 2015～2021 年新能源发电量占比、装机容量占比以及 2010～2050 年中国能源发电量结构分别如图 1-1～图 1-3 所示。

中国的电力工业跃居世界一流水平，国家能源安全面临着新时代的要求。2020 年 9 月 22 日，我国在联合国大会一般性辩论上向全世界宣布，中国将提高国家自主贡献力度，采取更加有力的政策和措施，二氧化碳排放力争于 2030 年前达到峰值，努力争取 2060 年前实现碳中和。随后，2021 年 3 月中央财经委员会第九次会议提出，要构建清洁低碳安全高

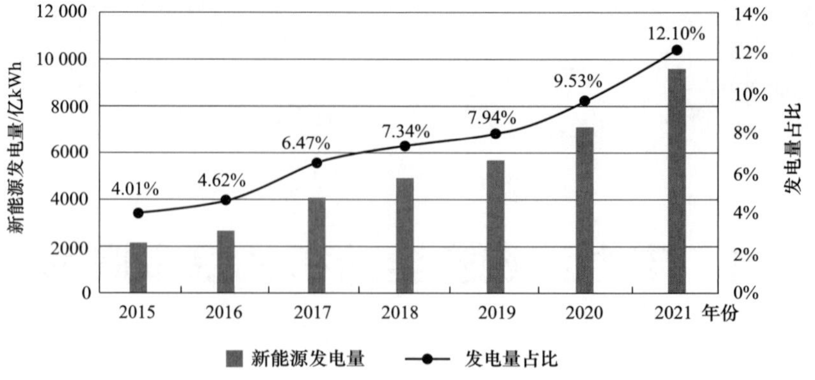

图 1-1　2015～2021 年新能源发电量占比

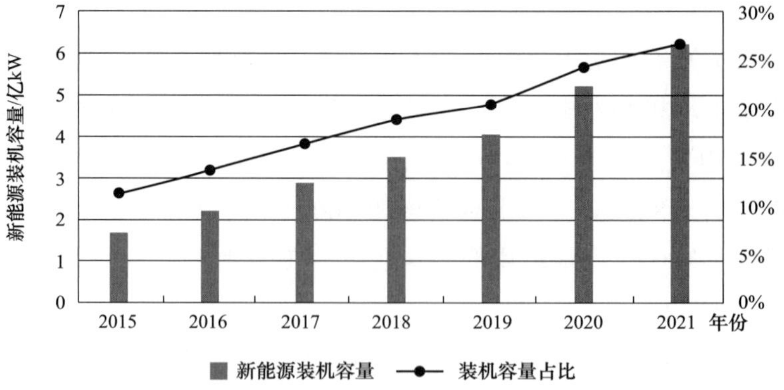

图 1-2　2015～2021 年新能源装机容量占比

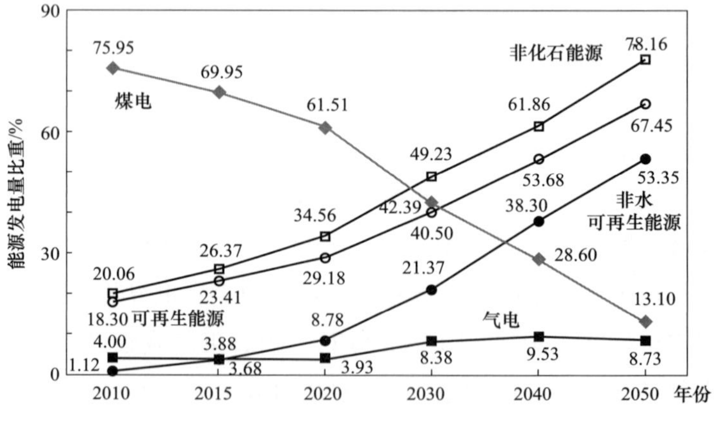

图 1-3　2010～2050 年中国能源发电量结构

效的能源体系，控制化石能源总量，着力提高利用效能，实施可再生能源替代行动，深化电力体制改革，构建以新能源为主体的新型电力系统。2022 年 1 月，我国进一步提出，要加大力度规划建设以大型风光电基地为基础、以其周边清洁高效先进节能的煤电为支撑、以稳定安全可靠的特高压输变电线路为载体的新能源供给消纳体系。电力转型是我国能源革命的重点，新型电力系统的构建也是推动能源转型、落实“双碳”目标的关键。这是一项极具前瞻性和开创性的系统工程，电力系统从“源随荷动”向“源荷互动”演进，在这个进程中随着新能源占比的提高，电网的运行特性和安全风险正在发生着巨大的变化。

1.2 新能源电力系统的大停电风险

新能源的大规模接入将给电力系统带来深刻变化，电源结构由可控连续出力的煤电装机占主导，向强不确定性、弱可控出力的新能源发电装机占主导转变；负荷特性由传统的刚性、纯消费型，向柔性、生产与消费兼具型转变；电网形态由单向逐级输电为主的传统电网，向包括交直流混联大电网、微电网、局部直流电网和可调节负荷的能源互联网转变；技术基础由同步发电机为主导的机械电磁系统，向由电力电子设备和同步机共同主导的混合系统转变；运行特性由源随荷动的实时平衡模式、大电网一体化控制模式，向源网荷储协同互动的非完全实时平衡模式、大电网与微电网协同控制模式转变。

新能源的大规模接入给电力系统的安全可靠运行带来了巨大挑战，发生大规模停电的风险也逐步攀升。大停电事故一旦发生，会造成巨大的经济损失，影响社会的安全稳定。2016 年 9 月 28 日，南澳大利亚发生持续 50h 的大停电，影响 85 万用户的电力供应。2019 年 8 月 9 日，英国发生持续 1.5h 的大停电事故，损失负荷 931MW，影响用户达 100 万户。近年来国内外新能源电力系统的大停电事件如表 1-1 所示。

表 1-1　近年来国内外新能源电力系统的大停电事件

时间地点	新能源	大停电过程及特点	后果
2016.9.28 南澳大利亚	出力占比 48%	暴风雨→线路短路→新能源脱网→联络线重载断开→低频减载失效→系统崩溃	损失负荷 1830MW
2019.8.9 英国	装机容量占比 30%	暴雨→线路短路→风电场脱网、燃气机跳闸、分布式电源脱网→低频减载动作	损失负荷 931MW
2018.3.21 巴西	出力占比 30%	直流闭锁→潮流转移→巴西电网解列→频率下降→低频减载、机组保护动作→线路跳闸→系统崩溃	损失负荷 12 266MW
2021.2.14 美国德州	装机容量占比 29%	极寒天气→燃气机组故障、风电停运→大规模多轮次停电	损失负荷 20 000MW
2021.1.8 欧洲	装机容量占比 26%	负荷波动→母联断路器过流跳闸→潮流转移→线路连锁跳闸→系统解列→切负荷	损失负荷 2003MW

现代电力系统的大停电多数是由输电系统故障诱发的连锁事件。输电线路的停运不仅直接影响系统的可用输电能力，还可能进一步干扰其他电力元件（如机组、变压器、线路等）的运行状况。因此，为避免大规模的负荷停运，在电力系统的运行和规划中，需要全面分析复杂电网的脆弱性，实现经济、有效的可靠性管控。

一方面，高可靠性的电网是解决我国电源中心与负荷中心逆向分布的重要支撑。我国

75%的负荷分布在中东部地区，而过半的煤炭资源和80%的水电资源则位于西部和北部地区。为解决电源和负荷分布不均的问题，在可预见的未来我国仍主要依赖“西电东送”和“北电南送”等远距离大容量输电模式。随着近年来中东部负荷的快速增长，广东和江苏等多省份的峰荷已经或即将超过1亿kW，输电系统的输电压力愈加明显。

另一方面，高可靠性的电网也是高比例新能源高效消纳的基础支撑。新能源发电技术的发展深刻影响了电力系统的电源结构。预计到2050年，我国的电源装机中新能源占比将超过60%。类似于煤炭和水能等传统一次能源，我国的风/光能源也与中东部负荷中心存在逆向差异分布。我国的风能和光能主要分布于东北、华北和西北“三北”地区。其中，在已开发的新能源中，80%的风电和50%的光伏发电均位于西部省份，“三北”地区已规划10个千万千瓦级风电基地。大规模新能源场站出力均需经远距离输送到负荷中心，这对电网的可靠性提出了更高的要求。

近年来，受设备老化或冰灾等大范围恶劣天气影响，我国输电线路的故障频率呈上升趋势。相关文献分析表明设备老化是2010年我国停电事故的主要原因之一。同时，受气候变化的影响，大范围恶劣天气导致的停电事故也屡有发生。2008年，五十年一遇的南方雪灾导致了大量500kV和220kV线路跳闸。根据2005～2014年我国某省线路故障统计记录发现，受气候变暖影响，恶劣天气导致的设备故障占比呈现上升趋势。

除外部环境外，输电线路的停运还受其他设备运行状态的影响。在负荷持续增长后输电网处于重载运行状态，个别线路的故障可能引起大范围的潮流转移，诱发其他线路或机组发生连锁故障。近年来，各国发生的大停电表明多米诺骨牌式的连锁故障是大停电发展过程的重要特征。此外，输电系统发生故障后，新能源机组的耐扰动能力明显低于火电和水电等常规机组。在2016年的南澳大利亚大停电和2019年的英国大停电中，大规模新能源的脱网事件表明高比例新能源并网后，电网的发电系统与输电系统耦合更加明显。本节从现有大停电事故出发，分析高比例新能源接入后电力系统的停电风险，对于评估我国电网的安全性具有重要意义。

1.2.1 “9.28”南澳大利亚大停电与“8.9”英国大停电

澳大利亚和英国两起大停电均发生于高比例新能源电力系统，事故分析对各国电网具有重要的借鉴价值，工业界和学术界对事故原因进行了详细讨论和总结，以下分别简要介绍两起事故的过程。

2016年9月28日，南澳大利亚发生了一次持续50h的大停电事故，损失负荷1830MW。由于事故发生前风/光等新能源出力占总负荷的48%，所以一般认为此次停电是首次在高比例新能源电网发生的大范围停电事件。

“9.28”南澳大利亚大停电可分为两个阶段。第一阶段是大停电的初始故障，主要包括在下午4:16由暴风造成的5回输电线路停运。此后进入第二阶段，即故障传播阶段。由于第一阶段的线路故障先后导致了 6 次电压扰动，而南澳大利亚电网大部分风电场预先设定在 120s 内低电压穿越次数最大为 2～5 次，因此，近 500MW 风电在下午 4:18 脱网。风电出力的减少使联络线的有功功率从 525MW 增加到 900MW。随后，联络线由于失步保护动作而跳闸，导致南澳大利亚电网解列。解列后的南澳大利亚电网有功功率严重不平衡，频率变化率（rate of change of frequency，RoCoF）达 6.25Hz/s，低频减载（under-frequency load shedding，UFLS）不足以恢复系统频率。最后，系统频率崩溃，南澳大利亚电网所有负荷失去电力供应。

2019 年 8 月 9 日的英国停电是另一起发生在高比例新能源电网的大停电事故。事故发生前电网中风电装机容量占比为 30%，事故造成的负荷损失为 931MW。类似于南澳大利亚大停电，英国大停电初期也处于异常天气。首先雷击引起了一回 400kV 线路的故障，而故障后的扰动造成 150MW 分布式电源脱网。同时，一个风电场的出力从 799MW 降至 62MW，一台出力为 244MW 的汽轮发电机意外故障。此时电源故障共造成 1131MW 有功缺失，系统频率迅速下降。由于 RoCoF 超过了分布式电源 RoCoF 保护的动作阈值 0.125Hz/s，350MW 的分布式电源随后脱网。此外，另一台 210MW 的燃气轮机停运。此时有功缺额达到 1691MW，频率下降至 48.8Hz，低频减载动作。在切除 931MW（占比 3.2%）的负荷后，频率重新恢复到 50Hz。

从以上过程可以发现，两起大停电事故的共同点包括以下几点。

（1）大停电的发展过程具有明显的连锁效应，且初始事件均为输电线路的故障。

（2）大规模新能源的脱网进一步恶化了系统扰动，对后续的故障传播存在重要影响。

（3）电源的频率支撑能力下降，导致故障后系统频率变化率过高，触发低频减载的概率上升。

因此，在量化输电系统的停电风险时，有必要分析含新能源电力系统的动态安全稳定特性，挖掘连锁故障的传播机理，全面评估系统可靠性风险，对建设我国的新一代电网具有重要意义。

1.2.2 集中式新能源脱网事件

除了南澳大利亚和英国的大停电事故外，近十年来各国电网还发生了诸多风电场和光伏电站的出力扰动事件，而且这些事件多数也与输电系统的故障相关。

在输电系统的故障引起电压扰动后，风电场的脱网风险与其低电压穿越能力紧密相关。在 2012 年以前，由于我国风电场缺少低电压穿越能力，输电线路的短路故障导致了多起大规模风电场脱网事件。如 2011 年 11 月 16 日，一回 500kV 线路的故障导致沽源风电场脱网，系统损失出力 1016MW。在 2011 年的另一起风电脱网事件中，854MW 的出力损失造成华北电网的主网频率从 50.50Hz 降至 49.95Hz。为提高新能源场站的抗扰动能力，我国已于 2012 年起要求新建风电场具备低电压穿越能力，同时对已建风电场进行低电压穿越改造。但即使风电场具备低电压穿越能力，当风机控制策略与无功补偿装置不协调时，初始故障后风电场仍可能发生二次电压扰动，引起连锁脱网。类似的连锁效应已发生多次，如 2012 年 5 月 13 日的 737MW 风电脱网事件。此外，在低电压穿越模式被触发后，风机工作于异步感应发电机状态。当机械转矩大于电气转矩时，风机转速不断增加。如果低压故障的清除时间过长，风机就可能因超速保护动作而脱网。

在我国，大规模光伏出力扰动事件还很少见。但是，在 2016～2018 年，美国南加州先后发生了 4 次光伏出力扰动事件。2016 年 8 月 16 日，一场山火导致了南加州电网的多条线路故障，而一回 500kV 线路的故障造成了 1200MW 的光伏出力受阻，其中 800MW 在 5min 内恢复，剩余的 400MW 直到第二天才恢复。由于光伏有功出力扰动，系统频率下降到 59.867Hz。根据北美电力可靠性委员会（north american electric reliability corporation，NERC）的调查报告，光伏出力损失中有 700MW 是由于不合理的系统频率检测导致，即线路故障后，变流器控制模块检测到系统频率为 57Hz，远低于实际最低频率 59.867Hz。此外，还有 400MW 是由变流器的短暂中断（momentary cessation）控制引起的。短暂中断控制是变流器在异常电压扰动（小于 0.9p.u.或大于 1.1p.u.）下的一种电压穿越模式。在短暂中断控制下，变流器停止向电网注入电流，但保持并网状态直到电压恢复。南加州另外 3 次的光伏出力扰动事件也同样是由线路故障引起的电压异常造成。在 2018 年的光伏出力扰动事件中，除场站型光伏外，线路故障还引起了一些分布式能源的脱网，使系统净负荷增加了约 100MW。

从以上风电场和光伏电站的出力扰动事件可进一步看出，集中式新能源对电压扰动或频率扰动的耐受能力较弱，在输电系统发生故障后，可能出现大规模脱网，进一步反向恶化系统扰动。在评估含高比例新能源电力系统的脆弱性时，需要计及新能源脱网等连锁故障事件，更全面地分析负荷损失风险。

1.3 新能源电力系统安全稳定特征

以高比例新能源和高比例电力电子设备为代表的“双高”系统将为电网安全稳定运行带来本质性的变化。由于安全稳定是电网脆弱性分析的基本内涵，本节面向以高比例新能源为主体的新型电力系统，分析新形态下电力系统稳定性机理，介绍描述电力系统稳定性的新概念和分类标准，探究电力系统稳定性在多时空维度下的演变规律，总结时变性、异构性、不确定性和复杂性等对电力系统稳定性的影响。

1.3.1 新能源电力系统的稳定性分类

电力系统安全性是指电力系统在运行中承受扰动的能力，即电力系统突然发生扰动（如突然短路或非计划失去电力系统元件）时不间断地向用户提供电力和电量的能力。保证电力系统稳定是电力系统安全运行的必要条件。而电力系统稳定性则是指电力系统受到扰动后保持稳定运行的能力，即给定运行条件下的电力系统，在受到扰动后重新恢复到运行平衡状态的能力。

电力系统稳定性的定义和分类最早可以追溯到 1932 年，是由美国电气工程师协会提出的，该定义根据系统是否存在非周期扰动将稳定性分为静态稳定性和暂态稳定性两大类。近百年来，对电力系统稳定性的分类，各国专家仍存在不同标准，特别是近年高比例新能源接入后电力系统动态特性发生根本性变革后。在 2004 年，电气和电子工程师协会（institute of electrical and electronics engineers，IEEE）和国际大电网会议（CIGRE）曾联合组建稳定性术语与定义联合工作组，其提出的分类标准是目前被最广泛采用的。在 2020 年，IEEE 和 CIGRE 对该稳定性分类标注进行了扩充，在 2004 年的稳定性定义基础上，同时考虑到新能源机组接入后对系统动态的影响，扩展出两种新的稳定性分支。电力系统稳定性分支的分类与拓展如图 1-4 所示。

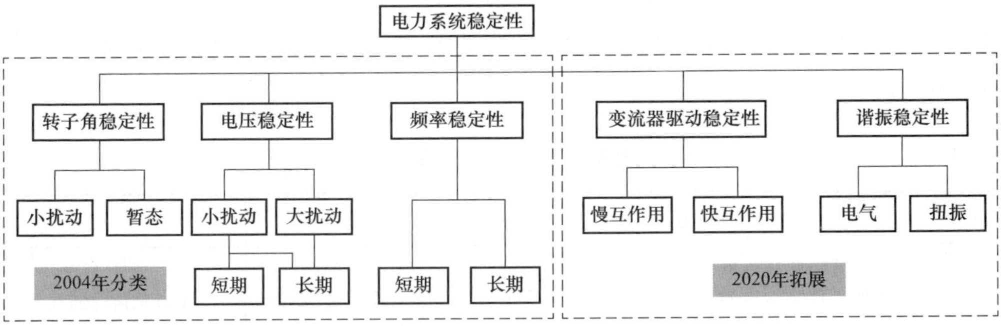

图 1-4　电力系统稳定性分支的分类与拓展

对于经典稳定性的分类，一般主要分为转子角（功角）稳定性、电压稳定性和频率稳定性。但是，由于经典稳定性中的转子角（功角）概念取自同步发电机的物理模型，对于光伏等不存在旋转部件的新能源机组，显然不再适用；而且转子角（功角）稳定性、电压稳定性和频率稳定性均默认分析对应物理量的工频/基波分量，无法描述电力电子控制下的次同步振荡等非工频物理现象，因此同样存在适用性问题。

对于新型稳定性的分类，IEEE 推荐采用两类新增的谐振稳定性和变流器驱动稳定性描述，主要定义和特征如下。

谐振稳定性包括电气谐振（振荡）和扭振两个子类。前者是指新能源机组与电网在纯电气意义上动态相互作用引发的电磁振荡，而后者主要指旋转机组的机械系统与含交流串补、直流、SVC/STATCOM 等设备的电网之间相互作用引发的振荡稳定性。

变流器驱动稳定性：新能源机组的多时间尺度控制特性会导致机、网之间既有机电暂态又有电磁暂态的耦合互动，从而引发宽频率范围的振荡现象，基于频率大小，划分为慢互作用（低频，小于 10Hz）和快互作用（高频，数十到数百赫兹，乃至上千赫兹）。

从以上定义可知，谐振稳定性、变流器驱动稳定性等新型稳定性均由电磁动态主导，而经典稳定性则由机电动态主导。这是由于在同步机的传统电网中，除了机组轴系扭振的次同步谐振/振荡现象外，系统固有的各种电磁模式由于其结构和参数特性（高质量机械转子、较大时间常数和较窄通频带）基本会快速收敛，不会导致稳定性问题；但新能源机组的电力电子变流器和柔性直流输电系统的模块化多电平变流器具有高调制频率、宽频带耦合，对包括中高频在内的宽频带动态反应灵敏，可能导致从百赫兹到超千赫兹的复杂多变的非工频谐振/振荡问题。

1.3.2 安全稳定的基本计算与标准分级

电力系统安全性与稳定性的计算与分析应根据系统的具体条件和要求进行，包括静态安全、暂态功角稳定、动态功角稳定、电压稳定、频率安全和短路电流的计算与分析。分析结果可用于检验电力系统的安全稳定水平和过负荷能力，从而提出保证系统安全稳定运行的控制策略和提高系统稳定水平的措施。电力系统安全稳定计算与分析如表 1-2 所示。

表 1-2　电力系统安全稳定计算与分析

安全模式	分析方式	计算方法	判据
静态安全	逐个无故障断开电网单一元件或其预定义组合，分析其他元件是否过负荷以及电网电压水平是否符合要求	潮流计算，不考虑中间的暂态和动态过程	N–1 过负荷脆弱性、电压越限
功角稳定	在最不利地点设置金属性短路故障，发电机模型采用机电暂态模型，新能源场站和直流输电系统采用机电暂态模型或电磁暂态模型，考虑电力系统自动控制系统和保护装置，分析系统是否存在负阻尼或弱阻尼	主要为机电暂态仿真，也可考虑机电—电磁暂态混合仿真	动态摇摆过程中发电机相对功角和输电线路功率呈衰减振荡状态，阻尼比达到规定的要求
电压稳定	电力系统中经较弱联系向受端系统供电或受端系统无功电源不足时，检验事故后系统电压能否恢复到允许范围内	主要为机电暂态仿真，也可考虑机电—电磁混合仿真	负荷母线电压能够恢复到规定的运行电压水平
频率稳定	当系统解列后或是有功功率扰动造成系统频率大范围波动时，考虑负荷频率特性、新能源高频或低频脱网特性等，模拟调速器、低频减载、高频切机方案、超速保护等措施，对系统的频率稳定性进行计算分析	特征值分析方法或机电暂态仿真	系统频率能否迅速恢复正常范围，不发生频率持续振荡或频率崩溃
短路安全	针对电力系统发生的对称或不对称短路，分析短路电流交流分量和直流分量衰减情况	短路计算	母线短路电流不超过断路器开断能力和相关设备的短路电流耐受能力

针对不同严重程度的电网典型故障，为保证电力系统安全性，现行电力系统安全稳定标准一般将电力系统承受大扰动能力的安全稳定标准分为三级，如表 1-3 所示。

表 1-3　　电力系统安全稳定标准分级

安全稳定标准	典型故障	安全控制要求
一级	一般为单一故障扰动，例如： （1）任何线路单相瞬时接地故障重合成功； （2）任一台发电机跳闸或失磁，任一个新能源场站或储能电站脱网； （3）任一台变压器故障退出运行（辐射型结构的单台变压器除外）； （4）任一回交流系统间联络线故障或无故障断开不重合	扰动后，保护、开关及重合闸正确动作，不采取稳定控制措施时电力系统能保持稳定运行和电网的正常供电，其他元件不超过规定的事故过负荷能力，不发生连锁跳闸
二级	一般为较严重的故障扰动，例如： （1）单回线或单台变压器（辐射型结构）故障或无故障三相断开； （2）任一段母线故障； （3）同杆并架双回线同时无故障断开	扰动后，保护、开关及重合闸正确动作，电力系统能保持稳定运行，但必要时允许采取切机和切负荷、直流紧急功率控制、抽水蓄能电站切泵等稳定控制措施
三级	造成电网稳定被破坏的故障，例如： （1）故障时开关拒动或继电保护、自动装置误动或拒动； （2）多重故障； （3）失去大容量发电厂； （4）新能源大规模脱网	必须采取失步/快速解列、低频/低压减载、高频切机等措施，避免造成长时间大面积停电，电力系统应尽快恢复正常运行

1.3.3　新能源电力系统的稳定性演化机理

根据稳定性分类标准，高渗透率新能源对电网稳定的影响也可分为经典稳定性和新型稳定性两方面。

对于经典稳定性，功角和频率作为状态量显式地包含在电力系统的动态微分方程，而电压仅作为中间变量以隐函数存在于代数方程，因此，从控制理论来讲，功角稳定和频率稳定属于状态稳定范畴，电压稳定则类似于输出稳定。非线性系统的输入—输出稳定性尚无简单的判别方法，实际中通常根据代数方程解的情况判断系统是否存在电压稳定问题。

对于传统的交流系统，时域仿真法和直接法是最经典的两类分析方法。其中，时域仿真法被认为是最成熟可靠的方法，同样适用于含高比例新能源的新型电力系统，并可以作为其他稳定性分析方法的验证标准，但存在计算量过大的不足。而基于现代微分动力系统的直接法通过将故障清除时刻的系统暂态能量与临界能量相比较，直接判定系统的暂态稳定性，可深入研究系统暂态稳定的机理，但理论推导难度极高。

根据新能源发电系统的动力学特性建立相应的动态模型，是研究新能源大规模接入对系统稳定性影响的基本途径。以光伏系统为例，稳定分析需建立光伏电池阵列、电压源逆变器以及低压箱式变压器等元件的仿真模型。目前，国内常用的电力系统仿真平台PSD-BPA、PSASP、PSS/E 和 ETAP 均已经开发了光伏电站的静态、动态模型，并提供了拥有灵活的自定义模块功能，初步具备了大规模光伏并网分析的仿真手段。

现有稳定性研究中，需考虑的新能源机组个体特征一般包括：①出力波动性和不确定性明显；②抗扰性弱，易发生脱网；③风电惯性相对低，而光伏则无转动惯量；④电压穿越期间不同的有功/无功动态特性，短路电流较小；⑤通过逆变器并网实现有功/无功解耦控制，电力电子控制主导的强非线性、切换性和离散性特征更加显著，多时间尺度（宽频带）动态响应特性更加复杂。这些复杂特性使得大规模新能源接入后系统的暂态特性也发生变化。

一方面，新能源机组和电力电子设备向电网注入的功率和对电网参数的调节会改变系统运行方式、潮流分布和传统设备的工作点，从而影响功角、电压和频率等经典稳定性。

（1）对于功角稳定性，大容量可再生能源发电的接入影响主要取决于故障情况（类型、地点、时序）和新能源的控制策略，接入后有可能改善、也可能恶化电网的功角稳定性，这必须结合具体场景通过仿真分析才能确定。

作为静止元件，光伏电源本身不存在功角稳定问题，但是，由于其随机波动以及无转动惯量等特性，动态支撑性能明显不同于常规机组，因此光伏接入后电网功角稳定性会发生变化。光伏并网还可能因故障穿越能力不足引发脱网，有功不平衡会进一步恶化系统失稳风险。我国第一个百万千瓦级青海光伏基地的集中接入改变了通道潮流分布的均匀性，且光伏电源表现出弱动态支撑性，综合两者影响，通道的传输极限降低，通过切除光伏电源以及光伏电站配置动态无功补偿，可提升安全性。

（2）对于电压稳定性，新能源机组在稳态和暂态过程中的电压—无功响应特性决定了其对电压稳定性的影响特征，除了前述控制策略与参数因素外，无功—电压控制策略的影响尤为明显，如控制设计适当，可改善电压稳定性。当风电、光伏的渗透率增大且接入相对较弱电网时，电压稳定控制极具挑战性，无功失衡将造成受端电网的电压稳定破坏风险。另外，因电力电子设备的快速响应特性，短期电压稳定性将包括暂态过/低电压和故障后恢复期过/低电压等新问题。

（3）对于频率稳定性，电力电子变流器接口的设备缺乏传统意义上的“惯性”，可提供更快的一次频率支撑和更小的调差特性，但受制于具体控制策略及经济性因素。多数研究表明，风电、光伏等可再生能源发电会削弱系统的频率稳定性，导致稳态时频率波幅大，故障后频率变化率更大、谷点更低，可能触发低频减载、高频切机等安控、保护动作的严重运行问题。

另一方面，新能源机组和电力电子设备与传统设备完全不同的动态响应特性会“重塑”系统整体的动态行为，引发新型稳定性问题。

对于非工频稳定中的宽频振荡失稳，有的研究也将其划分为功角失稳的一种。波动的光伏出力改变了系统运行点，同时并网逆变器与常规机组相比具有不同的控制策略，这些因素都会改变系统的阻尼，不但对系统原有的机电振荡模式产生影响，也会带来新频段范围的振荡。但一般而言，光伏接入对原振荡稳定的影响也是依接入位置、渗透率大小等情况而定。分布式接入的光伏比场站集中型更有利于系统的振荡稳定，但主动孤岛检测对系统振荡特性有负面影响。逆变器的灵活控制功能也可以被用于提升系统阻尼，通过设计有功、无功的附加控制策略来抑制电网功率振荡。

总的来说，以新能源为主体的新型电力系统的稳定性演化机理包括以下特点。

（1）新能源并网对电网暂态稳定性的影响可能是有利的，也可能是有弊的。这与新能源接入位置、渗透率、控制策略、故障类型等情况均相关，仅仅以新能源渗透率来衡量高比例新能源系统的稳定性不够精确。

（2）多数情况下，低渗透率的新能源并网更倾向于提升系统稳定性，而高渗透率则有害于系统稳定，但这一转变的渗透率分界点需要针对所研究系统开展具体研究。

（3）随着渗透率的上升，系统稳定的主导形式将由暂态稳定演化为电压稳定，即当新能源替换常规机组比例较低时，系统稳定性的主要表现形式为功角稳定，而替换比例较高时，则主要表现为电压稳定。也就是说，系统扰动后，功角尚未失稳时便出现电压崩溃现象，其主要原因是新能源无功支撑能力较弱。

（4）相较于传统交流大电网，新型电力系统的稳定性将更依赖于所研究系统的特性，需要针对研究对象，建立准确的物理仿真模型，开展全面深入的稳定性分析评估，以提出准确而适用的电网运行与规划决策依据。

1.4　电力系统脆弱性分析

脆弱性最早出现在复杂网络理论研究，是用于描述互联网、媒体网络、社交网络的功效能力。这些网络都可以抽象为由许多节点与连接两节点的边所组成，其中节点用来代表组成真实系统中的个体，而节点间的边用来表示个体间的相互联系。而脆弱性则是针对这些复杂网络所衍生出的一系列控制问题。电力系统作为人类历史上最为复杂的系统之一，本身就是一个典型的复杂网络系统，一般可将变电站或者发电厂作为节点，将输电元件作为连接边。

电力系统的脆弱性一般是指电网中各状态变量偏离正常状态及距离临界状态的程度，或者电网中某个单元在网络结构中的重要程度。尤其是在连锁故障诱发的大停电中，电力系统的脆弱性对于理解故障传播机理和风险控制有着重要意义，它在安全性和稳定性的基础上，更深入地揭示了描述了电力系统在运行中承受扰动的能力。

电力系统的脆弱性分析涉及多个时间尺度下电网动态的交互影响，因此，必须借助特定的仿真工具进行静态潮流计算和时域暂态仿真等分析计算。目前，电力系统仿真技术已经比较成熟，包括中国电力科学研究院开发的 PSD-BPA、PSASP、PSModel 和 ADPSS/ETSDAC 等仿真软件已被大量应用于我国的电网安全分析，同时国外的 PSCAD/EMTDC、EMTPE、全数字实时仿真软件 Hypersim 以及近年来推广的实时数字仿真系统 RTDS、RT-LAB 等软件也受到了广泛关注。

以上工业软件的主要优点是功能全面、计算容量大、计算结果可靠，但是，封装性过高等问题导致了用户难以添加新装置模型或先进控制策略，不利于开展科学研究。因此，除了以上软件，也有研究在 MATLAB/Simulink 环境下采用基本数学模块对电力系统的多时间尺度动态建模仿真，但是，主要在科研工作中进行应用，工业推广应用范围较小。

新能源电力系统脆弱性分析的时间尺度一般分为短时间尺度和中长时间尺度，如图 1-5 所示。

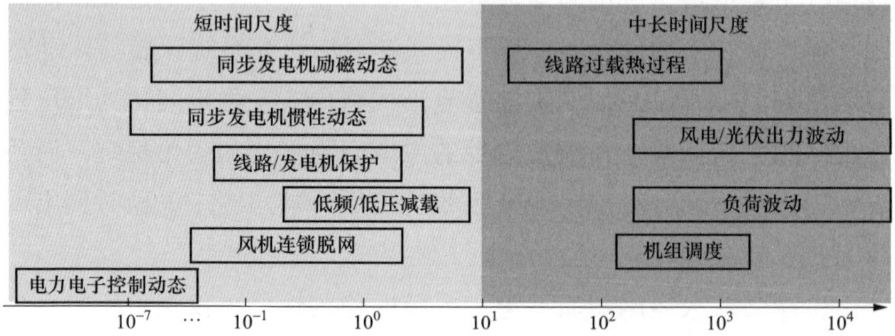

图 1-5　新能源电力系统脆弱性分析的时间尺度

2 含分布式电源的负荷特性分析及建模

2.1 负荷的不确定性研究

2.1.1 传统负荷的不确定性分析

2.1.1.1 传统负荷分类

在传统的电力工业中，根据负荷的用途和特性，一般将电力负荷分为工业负荷、商业负荷、农业负荷和城市民用负荷。

工业负荷相比商业和农业负荷而言对电网具有较大的冲击性，而且不同的工况下，工业负荷的功率也会有很大的不同。比如电解铝采用的铸造机等机器所用负荷会随着时间的变化而变化，学者将其归纳为动态畸变性负荷。这些负荷难以有规律地控制，其工作期间会产生大量的谐波污染和负序电流，给电网的安全稳定运行带来了很大的挑战。但工业负荷同时也是电能消耗的大用户，因此工业负荷已经且必将更快速发展，成为电力系统负荷的重要组成部分。

商业负荷多数分布在商业区较集中的地区，如商场、办公楼、酒店、娱乐场等。因其供电区域小，且常有大功率商业电器使用，用户随机性大，故商业负荷也有一定的突变性。商业负荷的主要用电设备为空调、电脑、电梯等，其组成结构比较单一，受节假日、天气等影响较大。预测其负荷变化时，遵循“近大远小”原则，即预测时间离所给的历史数据时间较近时，两者有较强的关联性。

农村负荷主要分为农村用户的生活用电和农业生产用电。生活用电主要有照明、冬季取暖等用电方式。生活用电随着冬夏两季的到来而发生显著变化，而春秋季时，负荷变化则较为平缓。农业生产用电则随着农耕时节的到来而到达高峰，电能主要用于灌溉劳作等，而入冬后，生产用电会有所降低。当然，由于各地发展水平不同，经济发展较快的农村一般用电负荷也高于发展较落后的地区。中国自古以来就是一个农业大国，随着改革开放多年来，农村人口虽然有所降低，但仍占总人口的大部分。近年来，国家越发重视农村经济的发展，因而农村居民的家用电器和劳作生产器械也慢慢得到了普及。这使人民的生活水平不断提升的同时，也给农村电网的稳定性带来了很大的压力。

城市民用负荷主要受所在地区的地理位置、经济环境、气候条件和消费观念等因素影响。经济因素对居民的影响一般是以周为单位，因此在进行城市居民负荷预测时，充分考虑经济因素是十分必要的。同时城市居民负荷用电因其具有较多的电热器、空调等，对于气候十分敏感。随着城市电网的高速发展，电网最大负荷不断增大，负荷峰谷差也随之变大，这给电力供应、削峰填谷也带来了更大的挑战，无形中加剧了供需矛盾。

2.1.1.2 负荷变化的不确定性分析

电力负荷的变化受各类因素影响，具有独特的变化规律。因此，需要对它的不确定性进行分析，然后才能针对性地选用合适的模型来完成负荷预测，从而获得更高精度的预测结果。本节选取某地区的整体负荷作为研究对象，以 2014 年全球能源大赛上的负荷数据为基础，通过分析在双休日、圣诞节等节假日以及气温的影响下负荷数据的变化，从中发掘数据背后隐藏的负荷变化的不确定性。

首先分析节假日对负荷变化的影响。负荷在节假日的影响下会产生一定的波动，每当节假日，负荷会发生明显的变化。所观测的连续 7 天负荷变化曲线如图 2-1 所示。

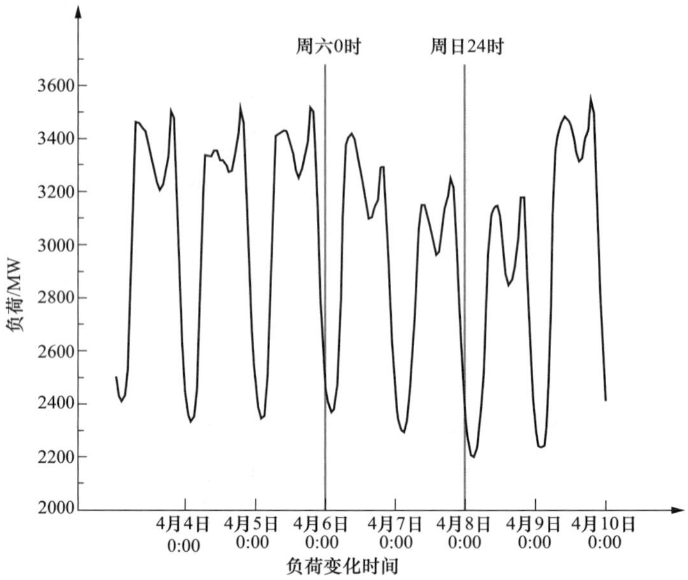

图 2-1　连续 7 天负荷变化曲线

如图 2-1 所示，从周六（4 月 6 日）开始，当天的整体负荷曲线相比于周五开始明显下降。到了周日（4 月 7 日），整体负荷曲线仍呈下降趋势。从周一（4 月 8 日）开始，每天的整体负荷逐步上升。这是因为双休日时期，大部分企业工厂休假，负荷会明显降低。等到周一，企业工厂开始上班，负荷重新上升。

观察每日曲线可发现随着时间的推移，在 11 时左右负荷上升到峰值；17 时左右，负荷缓慢下降到低点；21 时左右时，负载再次达到峰值然后下降直到第二天开始。这是因为

11 时时达到上班的高峰期，然后下午随着企业和工厂开始下班负荷曲线慢慢走向低谷，人们回到家中后负荷又缓缓上升，在 21 时左右时达到一天中的第二个负荷高峰。

每到双休日，负荷会出现类似周期性变化，针对节假日的变化特征，选取圣诞节期间数据进行观察。圣诞节期间负荷变化曲线如图 2-2 所示。

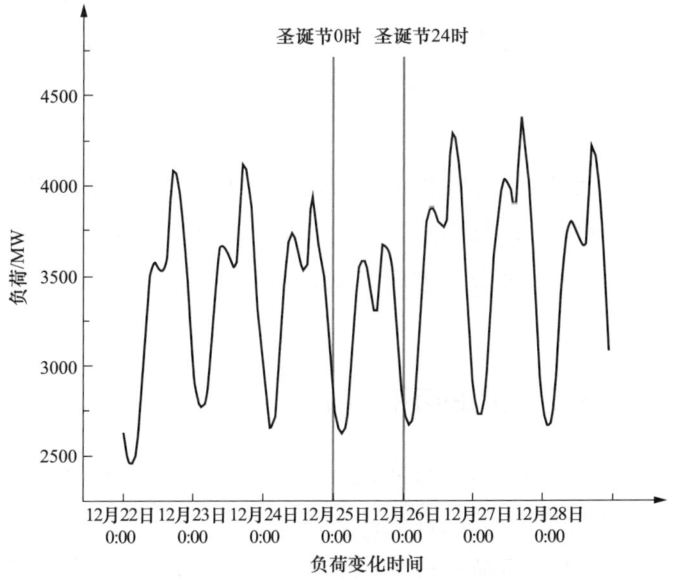

图 2-2　圣诞节期间负荷变化曲线

如图 2-2 所示，圣诞节（12 月 25 日）前 3 天整体负荷曲线都保持一个较高的水平，而到了圣诞节当天，由于节假日各个企业工厂休假，整体负荷相比之前有明显的降低。圣诞节过后，在正常的工作日下，负荷又重新上升到较高的水平。

综上所述，在双休日和节假日期间，负荷曲线会因为假期效应发生类似周期性的变化。而在一天之内，由于正常的作息工作，负荷会有频繁的变化趋势，负荷曲线会有无规律的波动，分析发生这种波动的不确定因素，并将其输入负荷预测模型，可以有效地提高负荷预测的精度。

若只考虑周期性、节假日和变化趋势建模，却忽视大量历史数据中隐藏的非线性和非周期性的特征，则实际预测精度并不会有效提高。例如，温度对负荷波动也有显著的影响。由于全球气候变暖，气候的变化有时候很难捉摸，但是人们的行为受到气温的影响进而影响到用电方式，故负荷波动在气温的影响下有着自己的变化规律。

仍以该地区为例，从气象数据可以了解到，当年气候出现了很明显的“突冷突热”现象。数据表明，从 4 月开始直到 6 月 20 日，一共出现过 4 次最高温度超过 30℃的情况，并且时常有雨导致温度下降，而在此期间，负荷波动显得比较大。

在七月中旬到八月初，出现了长达 10 天的日最高气温在 35℃或者 35℃以上的天气情况。由于气候的突然变化，大量的防暑降温设备投入使用，引起负荷的剧烈上升。在此期间，负荷波动处于最严重的情况。而在此之后的一段时间，由于居民逐渐适应了炎热的气候且防暑降温设备已经稳定运行，虽然整体负荷仍处于高水平，但温度的增加对负荷波动已无明显影响。

通过观测数据发现夏季在高温的影响下整体负荷处于一个较高的水平，平均负荷值为3516.3MW。同时，该负荷的波动比较具有规律性和稳定性，特别是当人们适应了高温之后，在 7 月 23 日～8 月 1 日这段时间里，虽然平均负荷处于高位，但是每天的“波峰波谷”都非常相近。

在秋冬季节，初期气温的变化仍然比较稳定。从 10 月底、11 月初开始，到 12 月中旬，温度一直处于缓慢的下降状态，每周的下降幅度也未曾超过 10℃，因此，在这段时间里，人体舒适度感觉良好，居民对降温、取暖负荷的使用很稳定，整个居民用电负荷位于一个相对平稳的水平。

2.1.2 含分布式电源负荷的不确定性分析

当间歇性、波动性等更为显著的分布式光伏大规模接入电网时，用电模式的复杂性进一步增加，电力系统负荷的随机波动性也随之增加。

有无光伏耦合情况下的净负荷曲线如图 2-3 所示，其中每个时间点的间隔为 5min。从图 2-3 可以看出，在有光伏耦合的情况下午间负荷出现较大低谷，呈现出“鸭型曲线”特征，甚至在光伏出力较强的情况下出现负荷小于零的情况。

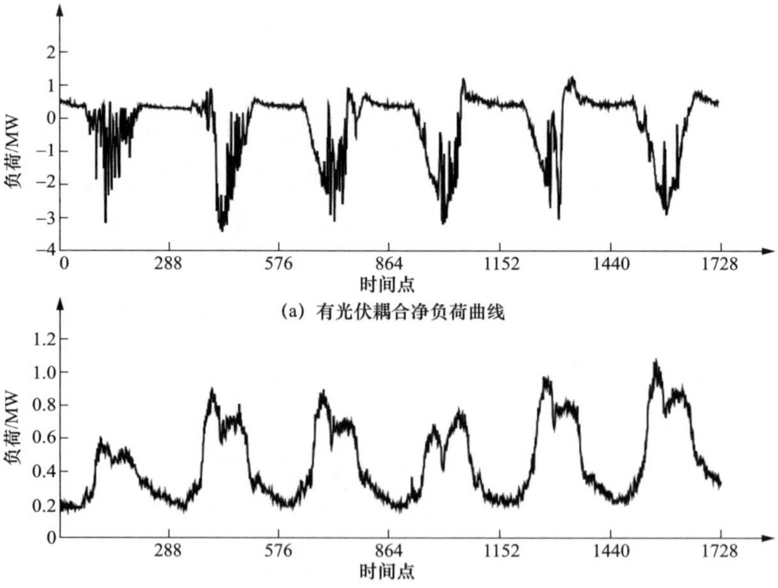

(a) 有光伏耦合净负荷曲线

(b) 无光伏耦合净负荷曲线

图 2-3 有无光伏耦合情况下的净负荷曲线

近年来，分布式新能源、电力市场和需求响应环境进一步增加了用户用电模式的复杂性，使得负荷预测的不确定性进一步加剧。为了充分考虑负荷侧的多重不确定性的时间尺度差异，将负荷预测分为短期负荷预测、中期负荷预测和长期负荷预测。短期负荷预测是对未来一天或者几天时间段的负荷变化进行预测，帮助电网安排交易和日发电计划，同时也是调度部门制定维修和调度任务的重要数据依据。中期负荷预测一般预测未来几月甚至一年的负荷变化，生产部门可以依据其来进行机组检修、水库经济调度、燃料计划等。长期负荷预测一般是预测几年甚至十年的负荷变化，在未来电网发展中，电源和网络规划以及新机组的安装是电力规划部门的重要工作之一。

为了更好地完成短期负荷预测，需要利用满足负荷特性指标以及大量的历史数据，但需要满足的负荷特性指标随机性很大，给负荷预测带来了相当大的难度。并且负荷预测结果具有不确定性，电网运行人员不可能完全准确地预测最终的负荷值；负荷预测的过程是有条件的，在保证能依据相应的数据的同时，还需要采用合理的预测模型；负荷预测的数值是具有时序性的，数值与时间数据息息相关，不可能单独存在。总而言之，影响负荷预测精度的因素很多，电力负荷表现出非线性和非周期性特点，电网运行人员需要更为精确的模型来完成负荷预测，从而达到提升系统稳定性的目标。

目前，在强不确定性下对负荷设备的功率预测，主要分为两类预测思路：①时间序列方法，这类方法只依赖于历史数据；②建立预测模型，即通过历史数据进行训练，进而预测未来数据。

2.1.2.1 基于时间序列历史数据的不确定性分析

时间序列分析就是通过观察历史数据预测未来的值，但时间序列分析并不是关于时间的回归，它主要通过分解时间序列中的各种变动成分，再去分析分解之后成分的变动规律，所有的模型都是从时间序列数值本身的自相关性，将非平稳转换为平稳，采用移动平均法进行相关性分析。

一般而言，当时间序列具有弱平稳性时，才可以进行数据的预测，一个时间序列$\{x_t\}_{t\geqslant 0}$具有弱平稳性（weak stationary）指的是：

（1） x_t的期望$E(x_t)$对于所有的$t\geqslant 0$都是恒定的；

（2） x_t的方差$Var(x_t)$对于所有的$t\geqslant 0$都是恒定的；

（3） x_t与x_{t-h}的协方差$COV(x_t, x_{t-h})$对所有的$t\geqslant 0$都是恒定的。

另外，时间序列的自相关方程（auto correlation function，ACF）对于各个时刻$h=1,2,3,\cdots$，可以定义为：

$$ACF(x_t, x_{t-h})=\frac{COV(x_t, x_{t-h})}{\sqrt{Var(x_t)\bullet Var(x_{t-h})}} \tag{2-1}$$

如果时间序列$\{x_t\}_{t\geqslant 0}$在弱平稳性的假设下，$ACF(x_t, x_{t-h})$将会简化为：

$$ACF(x_t,x_{t-h})=\frac{COV(x_t,x_{t-h})}{Var(x_t)} \tag{2-2}$$

第一类典型的时间序列方法是自回归模型（autoregressive model），是用自身做回归变量的过程，即利用前期若干时刻的随机变量的线性组合来描述以后某时刻随机变量的线性回归模型。

考虑一个时间序列 $x_1,x_2,\cdots,x_n$，p 阶自回归模型［简称 $AR(x_{t-p})$］表明序列中 x_t 是前 p 个序列的线性组合及误差项的函数，一般形式的数学模型为：

$$x_t=\delta+\phi_1 x_{t-1}+\phi_2 x_{t-2}+\cdots+\phi_p x_{t-p}+w_t \tag{2-3}$$

式中　δ——常数项；

$\phi_1,\cdots,\phi_p$——自相关系数；

w_t——均值为 0，标准差为 σ 时的随机误差值。

AR（p）模型指的是时间序列 $\{x_t\}_{t\geqslant 0}$ 在时间戳 t 时刻的取值 x_t 与时间戳 t–1 时刻的取值 x_{t-1} 相关，其公式就是：$x_t=\delta+\phi_1 x_{t-1}+w_t$，这个时间序列 $\{x_t\}_{t\geqslant 0}$ 满足如下条件：

w_t 和 x_t 是相互独立的，且 $x_0,x_1,\cdots,x_t$ 是弱平稳的。

根据 AR（p）模型的定义，可以得到：

$$E(x_t)=E(\delta+\phi_1 x_{t-1}+w_t)=\delta+\phi_1 E(x_{t-1})=\delta+\phi_1 E(x_t) \tag{2-4}$$

$$Var(x_t)=Var(\delta+\phi_1 x_{t-1}+w_t)=\phi_1^2 Var(x_{t-1})+Var(w_t)=\phi_1^2 Var(x_t)+\sigma^2 w \tag{2-5}$$

从而解得 $E(x_t)=\delta/(1-\phi_1)$ 和 $Var(x_t)=\sigma^2 w/(1-\phi_1^2)$。

令 $\mu=E(x_t),\forall t\geqslant 0$ 从 x_t 的定义出发，可以得到：

$$x_t-\mu=\phi_1(x_{t-1}-\mu)+\omega_t=\phi_1^h(x_{t-h}-\mu)+\phi_1^{h-1}\omega_{t-h+1}+\cdots+\phi_1\omega_{t-1}+\omega_t \tag{2-6}$$

从而化简得到 $\rho_h=COV(x_t,x_{t-h})=\dfrac{E(x_t-\mu)\cdot(x_{t-h}-\mu)}{Var(x_t)}=\phi_1^h$。

对于一般的 $AR(p)$ 模型，将 p 阶差分方程 $x_t=\phi_1 x_{t-1}+\phi_2 x_{t-2}+\cdots+\phi_p x_{t-p}$ 转化为矩阵的模式：

$$\begin{pmatrix} x_{t+p} \\ x_{t+p-1} \\ \vdots \\ x_{t+1} \end{pmatrix}=\begin{pmatrix} \phi_1 & \phi_2 & \cdots & \phi_{p-1} & \phi_p \\ 1 & 0 & \cdots & 0 & 0 \\ \vdots & \vdots & \ddots & \vdots & \vdots \\ 0 & 0 & \cdots & 0 & 1 \end{pmatrix}\begin{pmatrix} x_{t+p-1} \\ x_{t+p-2} \\ \vdots \\ x_t \end{pmatrix}=\boldsymbol{A}\begin{pmatrix} x_{t+p-1} \\ x_{t+p-2} \\ \vdots \\ x_t \end{pmatrix} \tag{2-7}$$

通过计算 $\det(\lambda I-A)=0$，可以得到其特征多项式为：

$$\lambda^p-\phi_1\lambda^{p-1}-\phi_2\lambda^{p-2}-\cdots-\phi_p\lambda^0=0 \tag{2-8}$$

当每个特征值都在单位圆盘内部的时候，例如 $|\lambda_i|<1,\forall 1\leqslant i\leqslant p$ 时，该 p 阶差分方程存在稳定的解。

另一类典型的时间序列方法是移动平均（moving average，MA）法，用过去各个时期的随机干扰或预测误差的线性组合来表达当前预测值。序列当前时刻的时序值是过去 q 阶白噪声的线性组合，MA（q）定义为：

$$X_t = c + \sum_{i=1}^{q} \beta_i \varepsilon_{t-i} + \varepsilon_t \tag{2-9}$$

式中　X_t ——当前预测变量；

β_i ——模型参数；

c ——常数项；

ε_{t-i} ——白噪声。

移动平均法是根据时间序列资料逐渐推移，依次计算包含一定项数的时序平均数，以反映长期趋势的方法。当时间序列的数值由于受周期变动和不规则变动的影响，起伏较大、不易显示出发展趋势时，可用移动平均法，消除这些因素的影响，分析、预测序列的长期趋势。移动平均法有简单移动平均法、加权移动平均法和趋势移动平均法等。

以简单移动平均法为例，设观测序列为 $y_1, y_2, \cdots, y_T$ ，取移动平均的项数 $N<T$ 。一次简单移动平均值计算公式为：

$$\begin{aligned} M_t^{(1)} &= \frac{1}{N}(y_t + y_{t-1} + \cdots + y_{t-N+1}) \\ &= \frac{1}{N}(y_{t-1} + \cdots + y_{t-N}) + \frac{1}{N}(y_t - y_{t-N}) \\ &= M_{t-1}^{(1)} + \frac{1}{N}(y_t - y_{t-N}) \end{aligned} \tag{2-10}$$

当预测目标的基本趋势是在某一水平上下波动时，可用一次简单移动平均方法建立预测模型：

$$\hat{y}_{t+1} = M_t^{(1)} = \frac{1}{N}(\hat{y}_t + \cdots + \hat{y}_{t-N+1}),\ (t = N, N+1, \cdots) \tag{2-11}$$

其预测标准误差为：

$$S = \sqrt{\frac{\sum_{t=N+1}^{T} (\hat{y}_t - y_t)^2}{T-N}} \tag{2-12}$$

以近 N 期序列值的平均值作为未来各期的预测结果。一般 N 的取值范围为 $5 \leqslant N \leqslant 200$。当历史序列的基本趋势变化不大且序列中随机变动成分较多时，N 的取值应较大一些，否则 N 的取值应小一些。在有确定的季节变动周期的资料中，移动平均的项数应取周期长度。选择 N 值的一个有效方法是，比较若干模型的预测误差，预测标准误差小者为好。

综合前两类时间序列方法，第三类典型的时间序列方法是自回归滑动平均模型（auto-regressive and moving average model，ARMA），ARMA 模型是 AR 模型和 MA 模型的混合，*AR*（*p*）和 *MA*（*q*）共同组成了 *ARMA*（*p*，*q*），公式为：

$$x_t = \alpha_1 x_{t-1} + \alpha_2 x_{t-2} + \cdots + \alpha_p x_{t-p} + \varepsilon_t - \beta_1 \varepsilon_{t-1} - \beta_2 \varepsilon_{t-2} - \cdots - \beta_q \varepsilon_{t-q} \tag{2-13}$$

基本步骤：检验数据的平稳性→定阶→ARMA 建模→模型预测→残差白噪声检验。其中定阶是确定 p、q 的值，常用的方法是利用自相关函数（autocorrelation function）和偏相关系数（partial autocorrelation function）的截尾和拖尾性质进行选择。

类似于 ARMA 模型，还有自回归积分滑动平均模型（autoregressive integrated moving average model，ARIMA）。在 ARIMA 模型中，除了 ARMA 模型的 p 和 q 参数外，还存在一个表示差分次数的参数 d。相比于 ARMA 模型，该模型需要将不平稳数据进行 d 次差分形成一个稳定的时间序列数据，然后采用 ARMA 模型。

总的来说，时间序列方法的优点是所需要的数据量比其他的预测方法要少，在计算速度上具有优势，并且由于时间序列连续性的特点，能很好保留负荷预测的连续性。但是由于模型复杂度理论和数据平稳性限制，该方法的应用较局限，只适用于在短期负荷预测中负荷变化比较均匀的那部分，对于周期性时间考虑较多但对不确定因素考虑较少，对于天气或节假日负荷影响因素较多的时间段的预测还存在很大的误差。

2.1.2.2 基于预测模型的不确定性分析

基于预测模型的预测方法，在预测时不只是与自身的历史数据有关系，也跟其他的变量有一定的相关性。比如同一设备的无功数据与有功数据有一定的关联性，也可能与当时的日期类型（工作日、休息日）有一定的关联性。主要的预测方法说明如下。

第一类经典的预测模型是回归分析预测法。回归分析预测法通过建立一个负荷与影响负荷变化因素之间的回归关系式，找到负荷的影响因素，然后建立这些因素对于负荷的关系，通过一定的算法（如最小二乘法）根据已知的数据来求出未知参数，建立起负荷预测的模型。

最常用的回归建模是以给定 X 值的 y 的条件均值作为 X 的线性仿射函数。特殊情况下，线性回归模型可以以一个中位数或一些其他的给定 X 的条件下 y 的条件分布的分位数作为 X 的线性函数。与所有形式的回归分析一样，线性回归也把焦点放在给定 X 值的 y 的条件概率分布，而不是 X 和 y 的联合概率分布（多元分析领域）。

线性回归一般都可以通过最小二乘法求出其方程，影响 y 的因素往往不止一个。假设有 $x_1,x_2,\cdots,x_k$ 个因素，通常可考虑如下的线性关系式：

$$y=\beta_0+\beta_1x_1+\beta_2x_2+\cdots+\beta_kx_k+\varepsilon \tag{2-14}$$

式中 β_0 ——常数项；

$\beta_1,\beta_2,\cdots,\beta_k$ ——相关系数；

ε ——偏差量。

回归分析法的优点是模型简单易懂，参数较少且计算简单，但是对于历史数据要求较高，并且由于模型简单故准确度相对较低，无法将大量的影响因素考虑进来。

第二类经典的预测模型是支持向量回归模型（support vector regression，SVR）。SVR 在线性函数两侧制造了一个“间隔带”，间距称为容忍偏差（是一个由人工设定的经验值），对所有落入到间隔带内的样本不计算损失，也就是只有支持向量才会对其函数模型产生影响，最后通过最小化总损失和最大化间隔来得出优化后的模型。

对于一般的回归问题，给定训练样本 $D=\{(x_1,y_1),(x_2,y_2),\cdots,(x_n,y_n)\},y_i\in\mathrm{R}$ 。找到一个 $f(x)$ 使得其与 y 尽可能地接近。在这个模型中，只有当 $f(x)$ 与 y 完全相同时，损失才为零，而支持向量回归假设能容忍的 $f(x)$ 与 y 之间最多有 ε 的偏差，当且仅当 $f(x)$ 与 y 的差别绝对值大于 ε 时，才计算损失。此时相当于以 $f(x)$ 为中心，构建一个宽度为 2ε 的间隔带，若训练样本落入此间隔带，则认为是被预测正确的。因此 SVR 问题可转化为：

$$\min_{\omega,b}\frac{1}{2}\|\omega\|^2+C\sum_{i=1}^{m}l_\varepsilon[f(x_i)-y_i] \tag{2-15}$$

$$l_\varepsilon(z)=\begin{cases}0,\text{if}\,|z|\leqslant\varepsilon\\|z|-\varepsilon,\text{otherwise}\end{cases} \tag{2-16}$$

式中　$l_\varepsilon(z)$ ——损失函数；

　　ω,b ——待确定的参数。

在以上 SVR 问题引入松弛因子，将问题重写为：

$$\begin{aligned}&\min_{\omega,b,\xi_i,\hat{\xi}_i}\frac{1}{2}\|\omega\|^2+C\sum_{i=1}^{m}(\xi_i+\hat{\xi}_i)\\&\text{s.t.}\\&f(x_i)-y_i\leqslant\varepsilon+\xi_i\quad(i=1,2,\cdots,m)\\&y_i-f(x_i)\leqslant\varepsilon+\hat{\xi}_i\quad(i=1,2,\cdots,m)\\&\xi_i\geqslant0,\ \hat{\xi}_i\geqslant0\quad(i=1,2,\cdots,m)\end{aligned} \tag{2-17}$$

最后引入拉格朗日乘子，可得拉格朗日函数为：

$$\begin{aligned}&L(\omega,b,\alpha,\hat{\alpha},\xi_i,\hat{\xi}_i)\\&=\frac{1}{2}\|\omega\|^2+C\sum_{i=1}^{m}(\xi_i+\hat{\xi}_i)-\sum_{i=1}^{m}\mu_i\xi_i-\sum_{i=1}^{m}\hat{\mu}_i\hat{\xi}_i\\&\quad+\sum_{i=1}^{m}\alpha_i[f(x_i)-y_i-\varepsilon-\xi_i]+\sum_{i=1}^{m}\hat{\alpha}_i[y_i-f(x_i)-\varepsilon-\hat{\xi}_i]\end{aligned} \tag{2-18}$$

通过构造 SVR 的对偶问题，可得 SVR 的解为：

$$f(x)=\sum_{i=1}^{m}(\hat{\alpha}_i-\alpha_i)x_i^{\mathrm{T}}x+b \tag{2-19}$$

$$b=y_i+\varepsilon-\sum_{i=1}^{m}(\hat{\alpha}_i-\alpha_i)x_i^{\mathrm{T}}x \tag{2-20}$$

除了前两类预测模型外，机器学习算法还有很多集成学习预测模型，这类模型通过生成多个分类器/模型独立预测，所有的预测结果最后集成总预测，大多数情况下优于任何一个单分类做出的预测，典型例子包括梯度提升树（gradient boosting decision tree，GBDT）和随机森林（random forest，RF）等。梯度提升树是通过采用基函数的线性组合，不断减小训练过程产生的残差来达到回归预测。首先，采用一个初始值来学习一棵决策树，叶子处可以得到预测的值，以及预测之后的残差；然后后面的决策树基于前面决策树的残差来学习，直到预测值和真实值的残差为零；最后采用所有决策树预测值的累加用于最终预测。类似地，随机森林也是包含多个决策树的分类器，其输出的类别是由个别树输出的类别的种数而定。

基于神经网络的预测模型也是统计学习的热点研究，这些智能化负荷预测方法也不断地产生并应用于实际的生产活动中，例如经典的多重 BP 神经网络和 LSTM 神经网络。其中，多重 BP 神经网络解决了海量数据下 BP 神经网络运行时间长且容易出现过拟合的问题，借助于大数据平台运用聚类分析的方法将不同的负荷进行分类，然后更新整体 BP 神经网络的权值和阈值，对未来的负荷进行预测，预测结果比运用传统 BP 神经网络精度高，但是需要借助于 Hadoop 大数据平台对数据进行处理，数据处理阶段较为烦琐。而 LSTM 神经网络克服了传统的 RNN 神经网络梯度消失和梯度爆炸的缺陷，在反向传播过程中，LSTM 可以通过门控制信息记住长期信息。在典型的 LSTM 神经网络算法中，输入变量包括负荷、温度、湿度、气压、风向和风速。结果显示负荷预测精度很高，具有重要的经济和社会效益，预测结果优于 BP 神经网络和 RNN 神经网络。人工智能方法的优势主要有：①处理非线性映射问题的能力强，能够深度挖掘新能源电力系统中各变量间复杂的映射关系，提取并反映数据波动特征。②不仅可以处理历史统计数据、实时监测数据等数值类信息，还可以通过数据编码等数据预处理方式有效接收处理非数值类信息，信息来源十分丰富，从而为降低预测不确定性提供更为广阔的信息支撑。此外，人工智能方法可扩展性强，便于与其他方法相结合，特别是在与物理方法的结合中表现出优势。同时，人工智能方法也表现出可解释性差、训练时间成本大等不足。

负荷预测除了采用数学方法外，还有直接构建物理环境信息与预测对象之间关系的物理预测模型。对于新能源电力系统的供需预测，基于物理方法的概率预测可通过构建物理信息与预测对象的联合概率分布、利用 NWP 估计预测对象功率变化等方式实现。NWP 可以提供多时空尺度、多变量的气象环境预测信息，针对光伏功率预测对太阳辐照度依赖程度大的特点，天空监测、卫星云图等图像技术也作为重要输入信息在光伏发电功率概率预测中得到广泛应用。此外，还可以利用卷积神经网络和长短期记忆神经网络分析天空图像，实现天空图像信息与太阳辐照度映射关系的准确构建。物理预测模型还适用于地形条件复杂的风电功率预测场景，考虑地形条件、地面障碍物等因素构建物理预测模型。这些物理方法的局限是对所获取的物理信息的可靠性要求较高。气象预测数据本身存在自身的预测不确定性，因而再进行新能源电力系统预测时会出现不确定性累积。此外，当前 NWP 数据时空分辨率相对较低，难以在分布式小规模预测及超短期预测中提供完备的气象预测信息。环境监测设备如天空成像仪、气象监测站等通常针对大型规模化电站设立，近年来随着小规模分布式新能源发电的发展，单独配备环境监测设备成本较高，分析处理难度更大。

当然，除了以上这些面向时间序列点数据的负荷预测模型，也有一些序列区间预测模型。序列区间预测模型可以综合考虑电力系统蕴含的各种不确定因素，使电力系统决策人员更好地了解未来负荷的变化波动范围，使其在进行生产计划、系统安全分析等工作时能够更好地认识到未来负荷可能存在的不确定性和面临的风险因素，从而及时做出更为合理的决策。

2.2 负荷的动态建模

2.2.1 传统负荷的动态建模

电力负荷是由各种各样的电气设备组成的。一些用电设备虽然用途不同，但模型结构却是相同的。例如，加热电炉、电饭锅、白炽灯等就同属于电阻型电器，它们可用电阻模型来描述。显然，要建立总体的负荷模型，首先应该了解负荷中各种成分的模型。因此，下面首先介绍负荷中几种主要成分的模型，包括电阻型、整流型以及最主要的电动机型。

2.2.1.1 电阻型负荷

常见的电阻型负荷有白炽灯、加热电炉、电饭锅等，这类负荷的工作特性可以用电阻描述。因此，它们只消耗有功功率而不消耗无功功率，且有功功率仅与电压有关，而与频率无关。其静态模型为：

$$\begin{cases} P = P_N (U/U_N)^{\alpha} \\ Q = 0 \end{cases} \tag{2-21}$$

式中　P、P_N ——分别为有功功率和额定有功功率；

U、U_N ——分别为电压和额定电压；

Q——无功功率；

α ——有功电压指数。

电阻型负荷的电阻值为：

$$\begin{cases} R = R_N (U/U_N)^{\alpha-2} \\ R_N = U_N^2 / P_N \end{cases} \tag{2-22}$$

当 α=2 时，$R=R_N$，与电压无关时，即为恒定电阻负荷。

2.2.1.2 整流型负荷

整流型负荷即内部含有整流电路等电力电子元件的电气设备。如放电式灯泡、电弧炉、换流器等。

放电式灯泡不能像白炽灯那样直接在交流电源下工作。为了能够稳定地工作，需要一个限流装置。另外，在启动放电式灯泡时，电压通常高于额定电压。许多情况下需要用镇流器或抗流圈提供启动电压，并限制工作电流。这种限流装置消耗了一些无功功率，降低了灯泡的功率因数，对此一般采用电容器校正功率因数。放电式灯泡经校正后的功率因数在 0.90～0.98（滞后）之间，其大小取决于抗流圈与电容器的配合情况。其有功功率和无功功率可分别表示为：

$$\begin{cases} P = S_B \dfrac{R_N I_N f_N}{f_*^2 L_*} \sqrt{U_*^2 - (R_N I_N f_N / f_*)^2} \\ Q = S_B U_*^2 \left(\dfrac{1}{f_* L_*} - f_* C_* \right) - \left(\dfrac{R_N I_N f_N}{f_*} \right)^2 \Big/ f_* L_* \end{cases} \tag{2-23}$$

式中　S_B——系统的基准容量；

U_*——器件电压标幺值；

L_*、C_*——器件电感和电容标幺值；

f_*——系统频率标幺值。

式（2-23）表明，当频率高于额定值并增加时，灯泡消耗的有功功率增加，意味着电阻减少。无功功率则与并联电容补偿的大小有关。

放电型照明负荷的电压灵敏度系数 p_u 在 1～1.3 范围内，q_u 在 3～4.5 范围内。当电压降至额定值的 65%～80%时放电式灯泡将熄灭，而当电压恢复后又重新启动（恢复过程具有迟滞特性，且延时 1～2s）。对于大量的照明负荷，通常采用单值函数模型（不考虑迟滞特性），当电压降至 75%～65%时，放电型负荷的功率跳变为 0。

类似地，电弧炉可以近似用恒定电感、恒定电阻和可变电阻串联表示，其中恒定电感主要是电弧炉变压器和附加辅助电抗器的电感，恒定电阻包含电弧炉变压器绕组、电缆及电极电阻。而可变电阻则用以描述电弧，其值与电流有关。设输入电压为 U，变压器变比为 k，则输出电压为 kU，其有功功率和无功功率分别表示为：

$$\begin{cases} P = S_B U_R \sqrt{(kU)^2 - U_R^2} \Big/ f_* L_* \\ Q = S_B [(kU)^2 - U_R^2] / f_* L_* \end{cases} \tag{2-24}$$

式中　U_R——电阻上的电压，可视为常数。

在工业负荷中，换流器常被用于电化处理工业。通过控制点弧角，换流器可运行于恒定电流输出状态或恒定电压输出状态。如电化处理工业换流器运行于恒定电流状态，则其静态模型为：

$$\begin{cases} P = UI\cos\varphi \\ Q = UI\sin\varphi \end{cases} \tag{2-25}$$

式中　φ——功率因数角。

2.2.1.3　电动机型负荷

电动机分为同步电动机和异步电动机两种。同步电动机通常应用于大功率场合，与异步电动机相比，其结构复杂、造价昂贵，但效率也高。同步电动机通过励磁控制可以调节电压水平，从而具有良好的电压稳定性。由于同步电动机在负荷中所占比例较少，而且除了机械负荷部分外，同步电动机的基本数学模型与同步发电机完全相同，因此本节只详细介绍异步电动机模型。

根据不同的应用领域和分析计算目的，人们已经提出了多种电动机模型。比较详细的模型是五阶的电磁暂态模型，其中考虑了定子绕组、转子绕组的电磁暂态特性以及转子的机械动态特性。若忽略定子绕组的电磁暂态特性，则得到三阶的机电暂态模型。如果进一步忽略转子绕组的电磁暂态，就获得一阶的机械暂态模型。此外，一阶电压暂态模型也是目前常用的一种模型。下面分别介绍电动机的不同暂态模型。

（1）电磁暂态模型。电压方程如下：

$$\begin{cases} U_{ds} = R_s I_{ds} - \omega_s \psi_{qs} + \dfrac{\mathrm{d}\psi_{qs}}{\mathrm{d}t} \\ U_{qs} = R_s I_{qs} + \omega_s \psi_{ds} + \dfrac{\mathrm{d}\psi_{ds}}{\mathrm{d}t} \\ 0 = U_{dr} = R_r I_{dr} - (\omega_s - \omega_r)\psi_{qr} + \dfrac{\mathrm{d}\psi_{dr}}{\mathrm{d}t} \\ 0 = U_{qr} = R_r I_{qr} - (\omega_s - \omega_r)\psi_{dr} + \dfrac{\mathrm{d}\psi_{qr}}{\mathrm{d}t} \end{cases} \tag{2-26}$$

式中　d、q——Park 分解后的 d-q-0 坐标系统分量；

　　s、r——定子和转子；

　　ψ——磁链；

　　R——电阻；

　　ω——角速度。

磁链方程如下：

$$\begin{cases} \psi_{ds} = L_{s\sigma} I_{ds} + L_{sr}(I_{ds} + I_{dr}) \\ \psi_{qs} = L_{s\sigma} I_{qs} + L_{sr}(I_{qs} + I_{qr}) \\ \psi_{dr} = L_{r\sigma} I_{dr} + L_{sr}(I_{ds} + I_{dr}) \\ \psi_{dr} = L_{r\sigma} I_{dr} + L_{sr}(I_{qs} + I_{qr}) \end{cases} \tag{2-27}$$

式中　L_{sr}——定、转子互感系数；

　　$L_{s\sigma}$——定子漏感系数；

　　$L_{r\sigma}$——转子漏感系数。

转子运动方程为：

$$T_J \frac{\mathrm{d}\omega_r}{\mathrm{d}t} = T_E - T_M \tag{2-28}$$

式中　T_J——惯性时间常数；

　　T_E——电磁转矩；

　　T_M——机械转矩。

电磁转矩可通过式（2-29）计算：

$$T_{\mathrm{E}} = \psi_{q\mathrm{r}} I_{d\mathrm{r}} - \psi_{d\mathrm{r}} I_{q\mathrm{r}} \tag{2-29}$$

而机械转矩与角速度有关，可用指数、多项式等多种方式表达：

$$\begin{cases} T_{\mathrm{M}} = T_0[\alpha + (1-\alpha)\omega_{\mathrm{r}}^{\mathrm{P}}] \\ T_{\mathrm{M}} = T_0[A\omega_{\mathrm{r}}^2 + B\omega_{\mathrm{r}} + C] \\ T_{\mathrm{M}} = T_{\mathrm{m0}} + \beta_0 \Delta\omega_{\mathrm{r}}, \Delta\omega_{\mathrm{r}} = \omega_{\mathrm{r}} - \omega_{\mathrm{r0}} \end{cases} \tag{2-30}$$

（2）机电暂态模型。忽略定子绕组的暂态过程，则可得到机电暂态模型。这种模型的形式与采用的状态变量组的形式有关。以定子电流 I_d、I_q 及转差率 s 作为状态变量时，有以下表达：

$$\begin{cases} \dfrac{\mathrm{d}I_d}{\mathrm{d}t} = \dfrac{-c_1 I_d + c_2 I_q + c_3 U_d + c_4 U_q + c_5 U_d + c_6 U_q}{1 + \sigma^2 f^2 T_{\mathrm{s}}^2} \\ \dfrac{\mathrm{d}I_q}{\mathrm{d}t} = \dfrac{-c_1 I_q - c_2 I_d + c_3 U_q - c_4 U_d + c_5 U_q - c_6 U_d}{1 + \sigma^2 f^2 T_{\mathrm{s}}^2} \\ \dfrac{\mathrm{d}s}{\mathrm{d}t} = \dfrac{T_0 (1-s)^{\beta} f^{\beta} - [U_d I_d + U_q I_q - R_{\mathrm{s}}(I_d^2 + I_q^2)]/f}{T_{\mathrm{J}} f} \end{cases} \tag{2-31}$$

$c_1 \sim c_6$ 计算如下：

$$\begin{cases} c_1 = (1 + \sigma f^2 T_{\mathrm{s}}^2)/T_{\mathrm{r}} \\ c_2 = f k^2 T_{\mathrm{s}}/T_{\mathrm{r}} + fs(1 + \sigma^2 f^2 T_{\mathrm{s}}^2) \\ c_3 = 1/R_{\mathrm{s}} T_{\mathrm{r}} + s\sigma f^2 T_{\mathrm{s}}/R_{\mathrm{s}} \\ c_4 = \sigma f T_{\mathrm{s}}/R_{\mathrm{s}} T_{\mathrm{r}} - fs/R_{\mathrm{s}} \\ c_5 = 1/R_{\mathrm{s}} \\ c_6 = \sigma f T_{\mathrm{s}}/R_{\mathrm{s}} \end{cases} \tag{2-32}$$

式中　f——定子侧电源频率；

T_{s}，T_{r}——分别为定子、转子绕组时间常数；

σ——定转子之间的漏磁系数；

k——定转子之间的耦合系数。

以暂态电动势 E_d' 和 E_q' 和角速度 ω_{r} 为状态变量，则有以下关系：

$$\begin{cases} T_{d0}' \dfrac{\mathrm{d}E_d'}{\mathrm{d}t} = -E_d' + (X - X')I_q + (\omega_{\mathrm{r}} - f)E_q' T_{d0}' \\ T_{d0}' \dfrac{\mathrm{d}E_q'}{\mathrm{d}t} = -E_q' + (X - X')I_d + (\omega_{\mathrm{r}} - f)E_d' T_{d0}' \\ \dfrac{\mathrm{d}\omega_{\mathrm{r}}}{\mathrm{d}t} = \dfrac{(P - I^2 R_{\mathrm{s}})/f - T_{\mathrm{m0}} + \beta_0 \Delta\omega_{\mathrm{r}}}{T_{\mathrm{J}}} \end{cases} \tag{2-33}$$

式中　X——定子自电抗；

T_{d0}'——转子绕组时间常数。

进一步将上述模型中的直角坐标形式换算成极坐标形式，令：

$$\begin{cases} E' = \sqrt{E_d'^2 + E_q'^2} \\ \delta = \arctan(-E_d'/E_q') \\ T' = T_{d0}'X'/X \\ C = (X - X')/X \end{cases} \tag{2-34}$$

可得：

$$\begin{cases} T'\dfrac{\mathrm{d}E'}{\mathrm{d}t} = -E' + CU\cos\delta \\ \dfrac{\mathrm{d}\delta}{\mathrm{d}t} = \omega_{\mathrm{r}} - f - \dfrac{CU}{T'E'}\sin\delta \\ T_{\mathrm{J}}\dfrac{\mathrm{d}\omega_{\mathrm{r}}}{\mathrm{d}t} = -\dfrac{UE'}{X'}\sin\delta - T_{\mathrm{M}} \end{cases} \tag{2-35}$$

（3）机械暂态模型。在上述机电暂态模型的基础上，进一步忽略所有电磁暂态，只考虑机械暂态，即可得机械暂态模型。此时为 T 形等值电路，如图 2-4 所示。

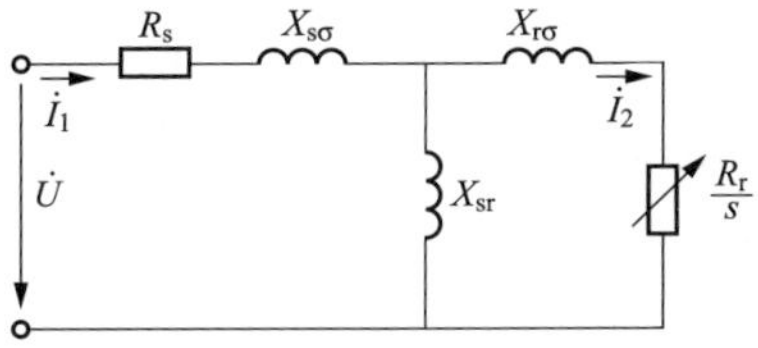

图 2-4　电动机 T 形等值电路图

机械暂态模型的状态方程是一阶的，即只有转子运动方程，可得如下关系：

$$\frac{\mathrm{d}s}{\mathrm{d}t} = \frac{T_0(1-s)^{\beta} f^{\beta} - U^2(R_{\Sigma} - R_{\mathrm{s}})/(R_{\Sigma}^2 + X_{\Sigma}^2)f}{T_{\mathrm{J}}f} \tag{2-36}$$

$$R_{\Sigma} + jX_{\Sigma} = R_{\mathrm{s}} + jX' + \frac{j(X - X')}{1 - jT_{d0}'(\omega_{\mathrm{r}} - f)} \tag{2-37}$$

（4）电压暂态模型。在极坐标形式的机电暂态模型中，忽略 δ 和 ω 的动态过程，可推导得：

$$T'\frac{\mathrm{d}E'}{\mathrm{d}t} = -E' + C\sqrt{U^2 - (T_{\mathrm{M}}X'/E')^2} \tag{2-38}$$

由于该模型只考虑内电动势的变化，因此称为电压暂态模型。

一般来说，电动机定子绕组的暂态过程比转子绕组的电磁暂态要快得多，更比电力系统暂态过程快得多。因此，就电动机对电力系统的影响而言，是否计及定子的暂态影响不大，采用三阶模型就能很好地反映电动机的动态性能。为了进一步减少计算量，在电力系统机电暂态过程分析计算中有时采用一阶的机械暂态模型。随着电力系统电压稳定问题研究的发展，学者提出了一阶的电压暂态模型。三种模型综合比较如表 2-1 所示。

表 2-1　三种模型综合比较

模型	有功精度	无功精度	稳定精度	参数确定	计算量
机电暂态模型	高	高	高	可辨识	大
机械暂态模型	较高	较差	高	不可辨识	小
电压暂态模型	差	较高	较高	不可辨识	小

结论如下：

（1）在计算量不是大问题时，一般适宜采用三阶机电暂态模型。

（2）为了节省计算量，对于有功功率为主的动态问题可以采用一阶机械暂态模型。

（3）为了节省计算量，对于无功功率为主的动态问题可以采用一阶电压暂态模型。

在电动机的静态模型中，将 T 形等值电路进一步化简，将励磁支路移到端口，并忽略定子电阻，得到如图 2-5 所示的 T 形等值电路。

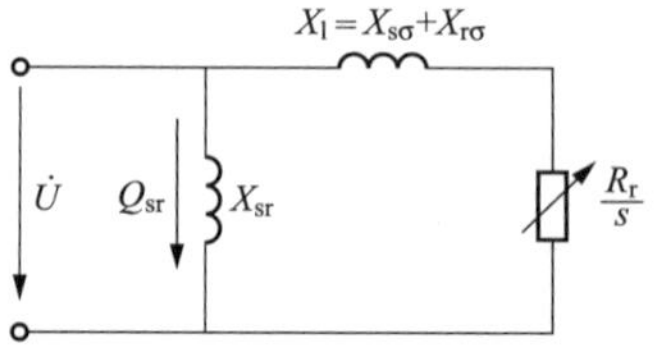

图 2-5　简化后的 T 形等值电路图

在外加电源频率恒定且机械功率恒定情况下，电动机有功功率和无功功率为：

$$\begin{cases} P = I^2 \dfrac{R_r}{s} = \dfrac{U^2 R_r s}{R_r^2 + (X_1 s)^2} \\ Q = I^2 X_1 + Q_{sr} = \dfrac{U^2 s^2 X_1}{R_r^2 + (X_1 s)^2} + \dfrac{U^2}{X_{sr}} \end{cases} \tag{2-39}$$

由于转差率 s 与系统频率 f 近似成正比，且 $R_r \gg X_1 s$，因此可以看出有功功率与 f 成正比。

将负荷看作一个整体选择负荷模型时，可参考以下原则：

（1）当负荷中成分比较单一时，选择机理式模型较好。这种模型物理概念明确，能反映负荷的内部物理现象。而当负荷成分比较复杂时，宜选用直接用输入输出关系表达的非机理模型。这种模型结构简单、通用性强，可以反映负荷的外部总体特性。

（2）当动态运行点偏离稳态运行点较小时，可选用线性模型，这种模型便于分析、计算量少。而当动态运行点偏离稳态运行点较大时，宜采用非线性负荷模型。这种模型精度较高、计算量较大。

（3）电力系统中频率变化比较缓慢。因此，在短期动态过程分析中，可不计及负荷频率特性；而在长期动态过程分析中则要计及。

（4）由于恒定阻抗（恒定电流、恒定功率）模型处理方便、节省计算时间及内存空间，所以这种模型仍将经常被采用，特别是在没有系统数据可供建模使用以及负荷影响较小的场合。

下面，本节将重点介绍机理模型和非机理模型。

传统机理动态负荷模型结构如图 2-6 所示，该模型是电力系统综合稳定计算 PSASP 程序中的标准模型。模型中电网等值阻抗不直接考虑，而是加在电动机等值定子阻抗上，是一种间接考虑配电网的模型结构。

此处的等值电动机采用三阶的机电暂态模型，即考虑转子回路电磁暂态过程和转子机械运动暂态过程。在 PSASP 的实际计算中，电动机采用的等值电路如图 2-7 所示。

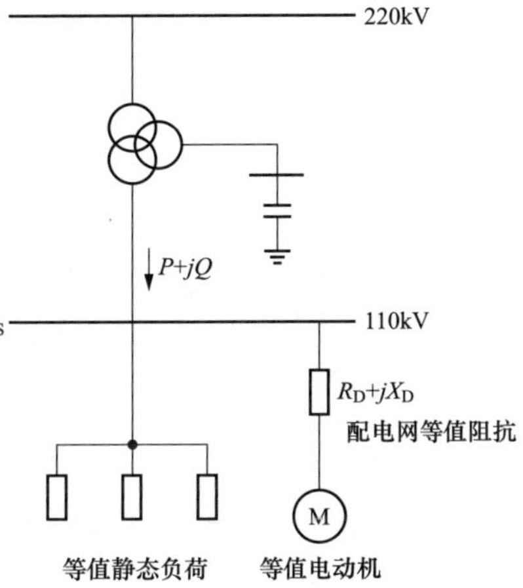

图 2-6　传统机理动态负荷模型结构图

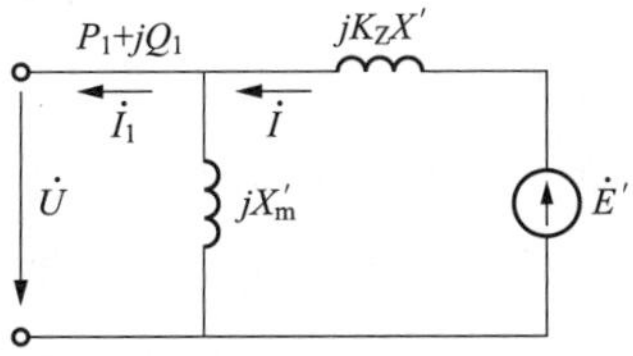

图 2-7　异步电动机暂态等值电路图

方程如下：

$$\begin{cases} \dfrac{\mathrm{d}s}{\mathrm{d}t} = \dfrac{T_M - T_E}{T_J} \\ \dfrac{\mathrm{d}E_d'}{\mathrm{d}t} = \dfrac{K_Z(X - X')I_q + T_{d0}'E_q's - E_d'}{T_{d0}'} \\ \dfrac{\mathrm{d}E_q'}{\mathrm{d}t} = \dfrac{-K_Z(X - X')I_d + T_{d0}'E_d's - E_q'}{T_{d0}'} \end{cases} \tag{2-40}$$

机械转矩和电磁转矩分别为：

$$\begin{cases} T_M = K_L[\alpha + (1-\alpha)(1-s)^P] \\ T_E = -(E_d'I_d + E_q'I_q)K_P \end{cases} \tag{2-41}$$

式中　α ——与转速无关的阻力矩系数；

P ——与转速有关的阻力矩幂；

T_{d0}' ——转子回路时间常数；

K_L ——异步电动机负荷率系数；

K_Z ——等值电路中将机组本身阻抗转换为系统基值阻抗的系数；

K_P ——系统基值标幺值转换为电动机本身基值标幺值的系数。

转子暂态电抗 X'、转子稳态电抗 X 和定转子互感抗 X_m 各自的计算公式分别如下：

$$\begin{cases} X' = X_s + \dfrac{X_r X_m}{X_s + X_m} \\ X = X_s + X_m \\ X_m = T'_{d0} R_r - X_r \end{cases} \tag{2-42}$$

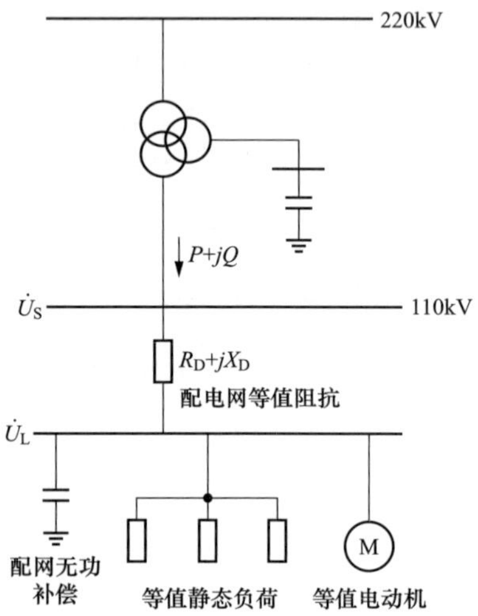

图 2-8　综合负荷模型结构图

在当前的电力系统仿真计算中，负荷一般接在 220kV 变电站的 220kV 母线或 110kV 母线侧。但是，在实际的电力系统中，无论是电动机负荷还是静态负荷都不可能直接接在 220kV 母线或 110kV 母线上，而是经过 110kV/10kV 输配电网来供电的。因此，在负荷模型中有必要考虑配电网络的影响。

下面介绍另一种机理模型，即考虑配电网支路的综合负荷模型。考虑配电网支路的综合负荷模型结构如图 2-8 所示。该模型中除模拟了等值静态负荷和等值电动机负荷，还重新考虑了等值配电网络以及电容补偿。在中间设置了一个虚拟母线，虚拟母线 U_L 与实际负荷母线 U_S 之间是（输）配电网络的等值阻抗。

综合负荷模型中，电动机的暂态等值电路如图 2-9 所示。

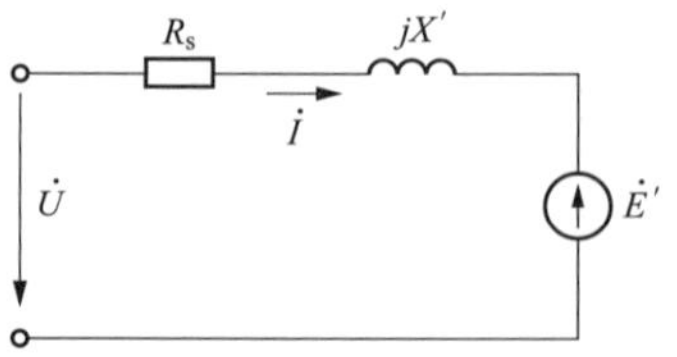

图 2-9　综合负荷模型中电动机暂态等值电路图

其暂态电动势方程为：

$$\begin{cases} \dfrac{dE'_d}{dt} = -\dfrac{E'_d + (X - X')I_q - (\omega_r - 1)E'_q T'_{d0}}{T'_{d0}} \\ \dfrac{dE'_q}{dt} = -\dfrac{E'_q + (X - X')I_d + (\omega_r - 1)E'_d T'_{d0}}{T'_{d0}} \end{cases} \tag{2-43}$$

其转子运动方程为：

$$\begin{cases} \dfrac{d\omega_r}{dt} = \dfrac{T_E - T_M}{T_J} \\ T_E = E'_d I_d + E'_q I_q \\ T_M = (A\omega_r^2 + B\omega_r + C)T_0 \end{cases} \tag{2-44}$$

式中 A、B、C ——均为机械转矩系数；

T_0 ——初始机械转矩。

无论是动态负荷模型还是综合负荷模型，在实际应用中都有3种具体实施方法，即统计综合法、总体测辨法和故障仿真法。

统计综合法是一种自下而上的方法，需要组成及各类负荷所占的比重、网络的参数和负荷的平均特性等数据资料。一般来说，后两种数据变化较小，而第一种数据变化较大。该方法的优点是物理模型比较清晰、概念明确，便于人们定性了解负荷特性。但是也存在着下列困难：

（1）需事先统计成千上万个用户的负荷组成及参数。这种统计工作不但耗时费力，而且难以统计准确。尤其是各类负荷的容量和实际功率并不一致，采用容量比来代替功率比误差可能较大。

（2）统计综合工作不可能随时进行，甚至不能经常进行。而随着时间的推移，实际负荷情况可能发生变化，尤其是各种负荷所占的比例、是否投入使用随时间变化明显。

（3）对用户和设备分类繁多，负荷成分往往比较复杂，包含的用电设备可达数十种。若将所有这些类型的负荷都考虑进去，则因各类用电设备的模型不同，从而导致总的模型难以应用。随着负荷成分的日益复杂化，这个问题将更加突出。

总体测辨法是一种自上而下的方法，其基本思想是将负荷群体看作一个整体，先从现场采集测量数据，然后确定负荷模型的结构，最后根据现场采集的数据辨识出模型参数。与统计综合法相比，它具有以下优点：

（1）无需知道各个用户的负荷组成及参数，不依赖于用户统计资料。

（2）在负荷母线处长期装设测量装置，可以根据各个时刻的测量数据得到相应的负荷特性参数，从而解决了负荷特性的时变性问题。

（3）有希望获得较好的参数估计值。

（4）当负荷组成比较复杂时，仍可以用简单的输入/输出模型来描述。这种模型的参数易于辨识，模型结构统一，便于处理。

（5）总体测辨法实质上是将负荷看作“灰色系统”或“黑色系统”，而现代系统理论为总体测辨法提供了有力的理论依据和分析工具。

应用总体测辨法最大的困难在于难以在系统中所有变电站都安装有关装置且参数不平稳。此外，这种方法所必需的现场测量工作比较复杂，甚至会受到实际条件的限制。输入/输出数据辨识负荷模型是一个系统辨识问题，其中采用最多的方法是最小二乘法、卡尔曼滤波法和非线性递推滤波法。非线性递推滤波法是以卡尔曼滤波器为基础的，对于参数线性系统来说，它与递推最小二乘法有一定联系，能得到无偏最优估计，且具有良好的稳定性；对于非线性系统来说，它只能得到次优的估计，其次优程度取决于截断误差。此外，近年来，基于优化的非线性辨识方法逐渐应用在电力负荷辨识中。其主要过程是寻找一组

最优的参数向量 $\boldsymbol{\theta}^*$，使得预定的误差目标函数 E^*达到最小，即：

$$E^* = \min E(\boldsymbol{\theta}) \tag{2-45}$$

误差目标函数通常选取为输出误差的一个非负单调递增函数：

$$\begin{cases} E = \int_0^T J\left[\left\|Y_\mathrm{m}(t) - Y_\mathrm{c}(t)\right\|\right]\mathrm{d}t & \text{(连续时间)} \\ E = \sum_{k=0}^{N} J\left[\left\|Y_\mathrm{m}(t) - Y_\mathrm{c}(t)\right\|\right] & \text{(离散时间)} \end{cases} \tag{2-46}$$

式中 $J(\,)$——一个单调递增函数；

Y_m，Y_c ——分别为实际测量值和模型计算值。

由于模型计算值 Y_c 与参数 $\boldsymbol{\theta}$ 有关，因此误差目标函数 E 为参数 $\boldsymbol{\theta}$ 的函数。但这一函数具有强非线性，其解空间往往相当复杂，所以需要使用非常有效的优化搜索方法。

故障仿真确定参数流程如图 2-10 所示。确定负荷模型参数先采用典型参数作为负荷模型的未知参数，仿真实际系统事故，将仿真输出曲线与实际曲线进行对比，分析误差，做参数敏感度的分析，进行参数修正，直到仿真输出能够最好地拟合实际曲线。

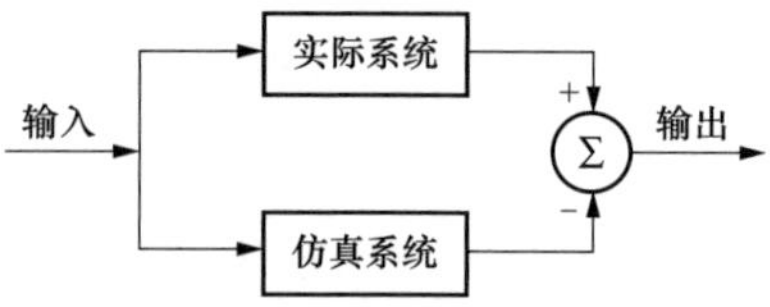

图 2-10 故障仿真确定参数流程

故障仿真法的优点是参数确定过程与在程序计算时选择参数的过程一致，而且在某些故障下能获得重现。但实际上这是一种试凑的方法，在某些故障下的负荷参数是否适用于其他故障难以保证。并且该方法认为全系统负荷参数统一相同、恒定不变，这并不符合负荷的实质。

由于统计综合法比较适合于宏观定性，总体测辨法比较适合于微观定量，故障仿真法比较适合于最终校验，单一地采用某一种方法都是困难或者不妥的。

电力负荷机理模型物理概念明确，易于被人们理解和采用。当负荷群中成分比较单一时，这种模型是合适的。然而，当负荷群中动态元件类型不止一种，或者虽然类型单一但特性相差较大时，就难以用一个等值机理模型去描述。若采用几种机理模型的组合，一方面会因几种机理模型的结构不同而造成计算处理上的困难，另一方面会因未知等值参数的增多而引起参数估计上的困难。为了克服机理模型结构复杂及参数估计困难的缺点，人们开始研究负荷的非机理动态模型。

非机理模型是根据系统总体的外部特性—输入/输出特性建立的模型，因此也称为输入输出式模型。它是在系统辨识理论发展过程中，从大量具体动态系统建模中概括抽象出来的，对一大类动态系统具有很强描述能力的模型，其本质就是将负荷问题看作黑箱或灰箱，只需建立输入/输出的数学表达式，无需知道系统内部的物理过程。非机理模型并不苛求模型的机理解释，主要强调模型对系统行为的描述能力。

在研究中，可以将负荷视作一个系统，其输入变量是负荷母线电压 U 和频率 f，输出变量是负荷吸收的有功功率 P 及无功功率 Q。当输入变量 U、f 变化时，输出变量 P、Q 也随之而变化。这种输入变量与输出变量之间的关系称为系统的输入/输出特性。输入/输出模型是一组能够描述系统输入/输出特性的数学方程。机理模型对不同负荷的负荷元件具有不同的方程结构，而输入/输出模型的方程结构却是统一的，与具体的负荷组成无关。因此，非机理模型具有使用上的方便性与通用性。在建立电力负荷输入/输出模型时，应考虑下列几条原则：

（1）模型应尽量简单，以减少计算量。

（2）模型应反映负荷本质，尽量精确地描述负荷的输入/输出特性。

（3）模型的参数估计应比较简单。

（4）模型应能方便地转换应用于电力系统分析与控制。

传统的非机理动态负荷模型包括常微分方程模型、传递函数模型、状态空间模型、时域离散模型。每一种非机理模型都有其普遍适用的范围，也正是其普遍适用性掩盖了它作为具体系统的具体物理机理。其中较具影响的模型是 Karlsson 和 Hill 于 20 世纪 90 年代提出的 K-H 模型：

$$\begin{cases} P = x + P_{\mathrm{t}}(U) \\ T_{\mathrm{p}}\dot{x} + x = P_{\mathrm{s}}(U) - P_{\mathrm{t}}(U), x(0) = 0 \\ P_{\mathrm{t}}(U) = P_0\left(\dfrac{U}{U_0}\right)^{\alpha_{\mathrm{t}}} \\ P_{\mathrm{s}}(U) = P_0\left(\dfrac{U}{U_0}\right)^{p_{\mathrm{u}}}\left(\dfrac{f}{f_0}\right)^{p_{\mathrm{f}}} \end{cases} \tag{2-47}$$

式中 P ——负荷的有功功率；

U、f ——电压幅值和频率；

p_{u}、p_{f} ——静态幂指数；

P_{s}、P_{t} ——静态负荷和动态负荷；

P_0 ——稳态负荷；

α_{t} ——暂态电压幂指数；

x ——系统状态变量。

近年来，随着机器学习的兴起，有越来越多的智能方法被用来描述输入/输出这类的黑箱模型。机器学习研究从观测数据出发寻找其中的规律，利用这些规律对未来数据或无法观测的数据进行预测。其本质是根据给定的训练样本求对某系统输入输出之间依赖关系的估计，使其能够对未知输出做出尽可能准确的预测。目前常用的模型有支持向量机和神经网络等。

值得注意的是，采用何种类型的非机理模型不仅需要针对具体的对象，还要结合模型验证来判别其有效性以及有效的范围。因为除了真正的机理模型以外，非机理模型都有其相对有效的范围，很难找到一个绝对有效的非机理模型。

2.2.2 含分布式电源的负荷动态建模

随着越来越多分布式电源的接入，负荷的特性会发生一定变化，前文所述的机理动态负荷模型或综合负荷模型都将不再适用于含有分布式电源的负荷模型。一般将这种包含电源，但依然以负荷为主的区域称为广义电力负荷。

对于广义电力负荷的建模，一种想法是在综合负荷模型的基础上，进一步加入等值发电机。广义负荷模型结构如图 2-11 所示。

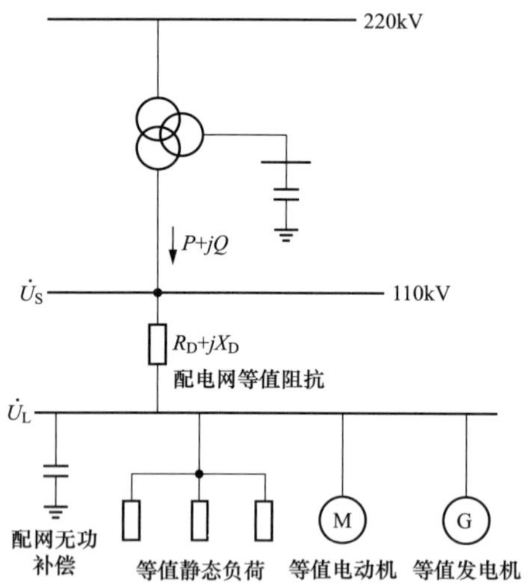

图 2-11　广义负荷模型结构图

对于考虑同步发电机模型后的广义负荷模型，只依靠总电压和总电流的测量数据，采用辨识的途径是不能确定参数的。可以采用理论等值和测量辨识相结合的参数确定策略，其参数确定的基本步骤如下：

（1）根据区域电网中发电机参数和网络结构情况，采用理论等值方法确定等值发电机以及补偿电容的参数。

（2）根据区域电网结构情况，采用理论等值方法确定等值（输）配电阻抗参数。

（3）根据负荷母线测量电压、电流以及配电阻抗，可以确定虚拟负荷母线的电压。

（4）根据虚拟负荷母线电压以及等值发电机和补偿电容的参数，计算该等值支路的电流。

（5）从总电流中扣除等值发电机支路和补偿电容支路的电流后获得纯负荷的电流。

（6）根据虚拟负荷母线电压以及纯负荷电流数据，辨识得到等值电动机和静态负荷的参数。

需要说明的是，虽然实际系统中可能包含有多台发电机和电动机，但如果发电机基本同步且电动机动态特性基本接近，就可以等值为上述模型中的一台等值发电机和一台等值电动机，那么上述方法和步骤就是合适的。但如果电源采用了不同类型的机组，如风力发电、太阳能发电和储能等，则可以对它们展开进一步的讨论。

以双馈感应风机（double fed induction generator，DFIG）为例进行建模。DFIG 风力发电系统主要由风力机、机械传动装置、双馈感应电机、双向变流器、变压器和控制系统组成，基本拓扑结构如图 2-12 所示。其定子绕组直接与电网相连，转子绕组通过双向脉冲宽度调制（pulse width modulation，PWM）变流器连接到电网中，因其定子侧、转子侧都有能量的馈送，故称之为“双馈”。DFIG 可以在很宽的范围内进行转速调节，当风力发电机的转速处于亚同步转速时（低于同步转速），机组从电网吸收部分能量进行励磁，当转速处于超同步转速时（高于同步转速），转子绕组通过双向变流器向电网馈出能量，由于其有风时能实现并网发电，无风时能对电网频率和电压起到调节作用，因而在经济性与可靠性上具有无可替代的优势。

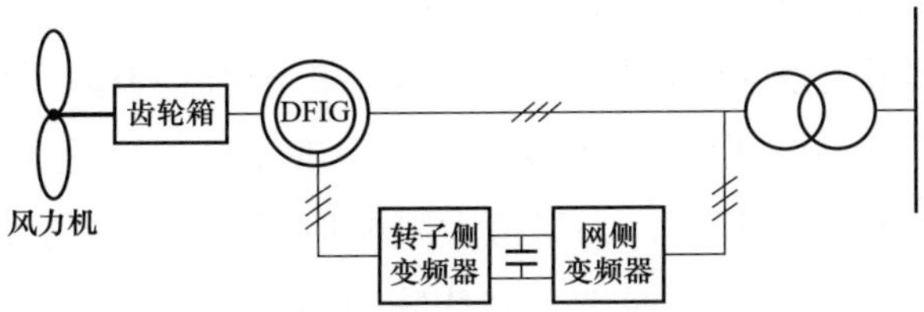

图 2-12 DFIG 风力发电系统基本拓扑结构图

风力机通过叶片捕获风能，再将风能转化为作用在发电机转子上的机械能，其模型可表示为：

$$P_{\mathrm{W}}=\frac{1}{2}\rho C_{\mathrm{p}}(\lambda,\beta)A_{\mathrm{R}}v^{3} \tag{2-48}$$

式中 P_{W}——风机捕获的风功率；

ρ——空气密度；

$C_{\mathrm{p}}(\lambda,\beta)$——风能转换效率系数；

λ、β——叶尖塑比和叶片桨距角；

A_{R}——风轮扫过的面积；

v——风速。

在电力系统机电暂态仿真时间尺度内，可认为风速保持不变，进一步地，在忽略机械传动功率损耗条件下，可认为风机输出的风功率为定值。

DFIG 在本质上可以看作是异步发电机，与普通的三相异步发电机建模类似，主要区别在于提供转子励磁电压的双向变流器及其机侧、网侧控制装置。综合考虑电力系统仿真计算的精度与效率，并参考异步电机电磁方程，可构建 DFIG 的三阶暂态模型如下：

$$\begin{cases}\dfrac{\mathrm{d}E_d'}{\mathrm{d}t}=-\dfrac{E_d'+(X-X')I_q}{T_{d0}'}+s\omega_{\mathrm{s}}E_q'-\omega_{\mathrm{s}}U_q\dfrac{X_{\mathrm{m}}}{X_{\mathrm{r}}}\\[2ex]\dfrac{\mathrm{d}E_q'}{\mathrm{d}t}=-\dfrac{E_q'+(X-X')I_d}{T_{d0}'}+s\omega_{\mathrm{s}}E_d'-\omega_{\mathrm{s}}U_d\dfrac{X_{\mathrm{m}}}{X_{\mathrm{r}}}\\[2ex]\dfrac{\mathrm{d}s}{\mathrm{d}t}=\dfrac{T_{\mathrm{M}}-T_{\mathrm{E}}}{T_{\mathrm{J}}}\end{cases} \tag{2-49}$$

式中 ω_{s}——同步转速。

太阳能光伏发电（photo voltaic，PV）是利用半导体材料界面的光电效应将光能直接转变为电能的一种发电技术，具有能量转化过程安全可靠、无污染和噪声等优点，是一种清洁环保的可再生能源发电方式。按照光伏电池板制造材料的不同，可将光伏电池分为单晶硅电池、多晶硅电池、薄膜电池和非晶硅电池。

以具有代表性的单晶硅太阳能电池为例，根据电子学理论，理想太阳能光伏电池单体可以等效为一个光生电流源并联一个正向偏置的理想二极管。因此其输出电流近似为光生电流与流经二极管的电流之差，光生电流与光照强度大小和温度有关。

太阳能光伏阵列是由电池单体串并联组成的。在光伏阵列电压较低时，PV 单体输出特性近似为恒流源，接近开路电压时，近似为恒压源。在不同的光照条件下（环境温度一定），其最大功率点对应的电压各不相同，为了最大限度地利用太阳能资源，实现 PV 阵列的最大功率输出，必须根据光照条件实时调整光伏阵列的端口电压，使光伏单体尽可能地运行于最大功率点对应的电压附近，这一调整过程即是光伏阵列的最大功率点跟踪（maximum power point tracking，MPPT）。目前已有多种实现最大功率点跟踪的方法，如扰动观测法，神经网络预测法，恒压控制法等。

PV 发电系统等值电路如图 2-13 所示。图中 i_{PV} 为光伏阵列输出电流，C、u_{dc} 分别为直流稳压电容及其电压，R、L 为 PV 系统至并网点的等值电阻和电感，i_{s} 为逆变器注入的电流，$\dot{I}_{\mathrm{abc}}$ 为 PV 系统等效注入的基波正序电压向量，$\dot{U}_{\mathrm{g,abc}}$ 为 PV 系统并网点基波正序电压向量，$\dot{U}_{\mathrm{i,abc}}$ 为逆变器出口侧基波正序电压向量，其幅值和相位受逆变器开关函数和直流稳压电容电压控制。

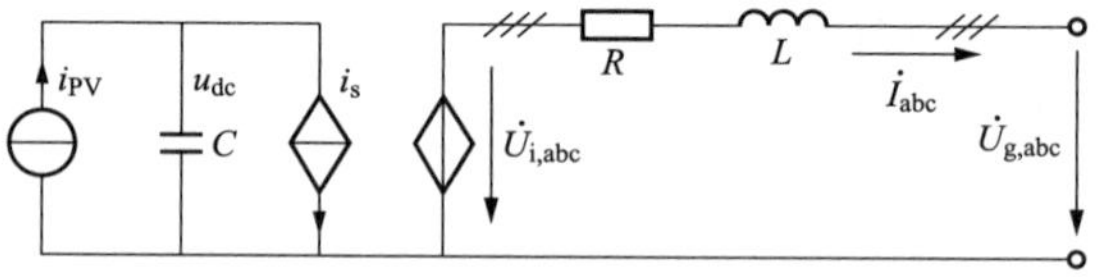

图 2-13　PV 发电系统等值电路图

系统的三阶暂态模型如下：

$$\begin{cases} \dfrac{\mathrm{d}I_d}{\mathrm{d}t} = \dfrac{U_{\mathrm{i},d} - U_{\mathrm{g},d} - I_d R}{L} - \omega_{\mathrm{s}} I_q \\ \dfrac{\mathrm{d}I_q}{\mathrm{d}t} = \dfrac{U_{\mathrm{i},q} - U_{\mathrm{g},q} - I_q R}{L} - \omega_{\mathrm{s}} I_d \\ \dfrac{\mathrm{d}u_{\mathrm{dc}}}{\mathrm{d}t} = \dfrac{i_{\mathrm{PV}} - (S_d I_d - S_q I_q)}{C} \end{cases} \tag{2-50}$$

式中　S_d、S_q——开关向量 S 在同步坐标系下的 dq 轴分量。

对 I_d 和 I_q 使用 Park 逆变换，即可求出同步坐标系下的电流 I_x 和 I_y，进而得出 PV 系统注入电网的功率，即：

$$\begin{cases} P = U_{\mathrm{g},x} I_x + U_{\mathrm{g},y} I_y \\ Q = U_{\mathrm{g},y} I_x + U_{\mathrm{g},x} I_y \end{cases} \tag{2-51}$$

目前电力系统中常用的储能有抽水蓄能、电池储能、压缩空气储能、超级电容储能等。

其中，抽水蓄能机组可等效为同步机组，进而建立三阶暂态模型。下面以电池储能中的铅酸电池储能为例，介绍其暂态模型。铅酸电池三阶动态等值电路如图 2-14 所示，该模型在传统戴维宁等效模型的基础上考虑了变化相对较慢的温度和荷电状态对模型参数的影响，而且对铅酸电池充放电时的自放电效应进行描述，能够较准确地描述铅酸电池在较大时间尺度内的动态过程。

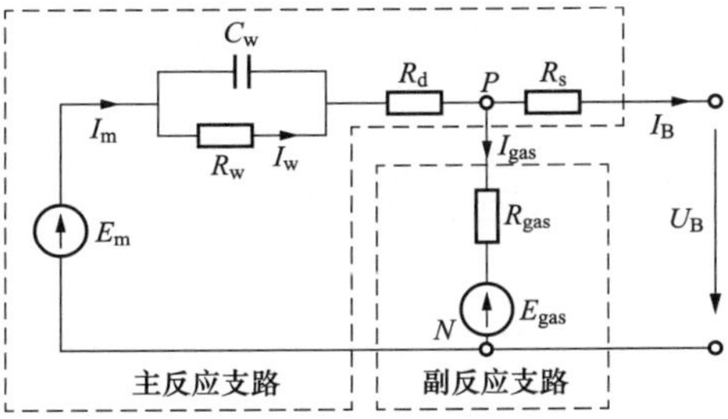

图 2-14　铅酸电池三阶动态等值电路图

电池的三阶动态模型由两部分组成：

（1）主反应支路，即电流 I_m 流过的支路，包括 R_s、R_d、R_w、C_w 和 E_m，表示在充放电过程中电池发生的可逆反应。

（2）副反应支路，即 I_{gas} 流过的支路，包括 R_{gas} 和 E_{gas}，描述铅酸电池在充电过程中发生的电解析气反应，即自放电效应。

其中，U_B 为蓄电池的端电压；I_B 为蓄电池的运行电流；E_m 为电池的开路电压；I_m 为主反应电流；I_{gas} 为流过副反应支路的析气电流；R_s 为欧姆极化电阻，反映由内电阻引起的电压降；R_d 为电荷转移电阻，反映活性材料的活化极化引起的电压降；R_w 为扩散电阻，反映电解质扩散引起的浓差极化现象；C_w 为扩散电容，反映电池的扩散动态。模型中各参数均为电池荷电状态和电解液温度的函数。为了确定蓄电池等效电路模型中的参数值，首先需要确定荷电状态和电解液温度。

在铅酸电池三阶动态模型中，除 SOC 外还使用了另外一个量来描述电池的剩余电量，即充电深度 DOC。

$$\begin{cases} SOC = SOC_0 - \dfrac{Q_e}{C(0,\theta_B)} \\ DOC = SOC_0 - \dfrac{Q_e}{C(I_B,\theta_B)} \end{cases} \tag{2-52}$$

式中　SOC_0 ——电池的初始荷电状态；

Q_e ——放电量；

$C(0,\theta_B)$ ——温度为 θ_B、蓄电池零电流放电时的容量；

$C(I_B,\theta_B)$ ——温度为 θ_B、蓄电池以电流 I_B 放电时的容量。

在实际铅酸电池中，其内部电解液各部分温度会有所不同，但在模型中采用一个等效温度来表示整个电池的电解液温度，即：

$$C_\theta \frac{\mathrm{d}\theta_\mathrm{B}}{\mathrm{d}t} = \frac{\theta_\mathrm{a} - \theta_\mathrm{B}}{R_\theta} + P_\mathrm{s} \tag{2-53}$$

式中　C_θ ——蓄电池热容；

R_θ ——蓄电池与环境之间的热阻；

θ_a ——环境温度；

P_s ——电池内部产生的热量。

在得到蓄电池的 SOC 和电解液温度 θ_B 后，等值电路中主反应支路的各参数可按式（2-54）计算：

$$\begin{cases} E_\mathrm{m} = E_\mathrm{m0} - K_\mathrm{e}(273 + \theta_\mathrm{B})(1 - SOC) \\ R_\mathrm{s} = R_\mathrm{s0}[1 + A_0(1 - SOC)] \\ R_\mathrm{d} = R_\mathrm{d0} \dfrac{\exp[A_{21}(1 - SOC)]}{1 + \exp(A_{22} I_\mathrm{m} / I_\mathrm{Bref})} \\ R_\mathrm{w} = -R_\mathrm{w0} \ln(DOC) \\ C_\mathrm{w} = \tau_\mathrm{w} / R_\mathrm{w} \end{cases} \tag{2-54}$$

式中　I_Bref ——参考电流；

E_m0、K_e、R_s0、A_0、R_d0、R_w0、A_{21}、A_{22} ——经验参数；

τ_w ——时间常数。

在铅酸电池充电过程中，由于电解析气现象的存在，除主反应外还发生副反应，即电解析气反应。电解析气反应指在充电接近结束时，由于大部分活性物质反应完，输入蓄电池的电能开始用于电解水，在阳极生成氧气，阴极产生氢气的过程。当 U_PC 超过析气电压 E_gas 时，开始发生析气反应。随着充电的进行，析气电流 I_gas 呈指数形式增长，同时主反应电流随之减小。最终，充电电流全部变为析气电流，电池内部电压不再继续升高。副反应支路的电压电流关系可以用析气电导 G_gas 描述，其电压电流关系可由式（2-55）给出：

$$\begin{cases} I_\mathrm{gas} = G_\mathrm{gas} U_\mathrm{PN} \\ G_\mathrm{gas} = G_\mathrm{gas0} \exp\left[\dfrac{U_\mathrm{PN}}{U_\mathrm{p0}} + A_\mathrm{p}\left(1 - \dfrac{\theta_\mathrm{B}}{\theta_\mathrm{f}}\right)\right] \end{cases} \tag{2-55}$$

式中　G_gas0、U_p0、A_p ——经验参数。

至此，可以获得等效模型中的所有参数。由于电力系统中的储能单元是由若干电池单体通过串并联形成的，因此对这若干个完全相同的电池采用戴维宁模型，通过串并联，即可得出储能系统的动态模型。

非机理模型是一种不依赖于系统内部具体物理关系的模型，因此其对含有分布式电源的负荷仍然有效。对于内部结构十分复杂的负荷，可以采用非机理模型对其建模，在此不再赘述。

3 集中式新能源的特性分析及建模

3.1 集中式新能源的特性分析

3.1.1 风力发电特性分析

3.1.1.1 风电发展概况

风力发电是风能最主要的利用形式，通过风力驱动风机叶片旋转，带动连接的发电机轮轴旋转发电。与化石能源相比，风能的能量密度较低，因此风力涡轮机的额定容量远小于常规发电机，不利于风能的利用。为了便于风电并网，通常将多个风力发电机组、变压器、电缆和其他设备布置在同一风能密集区，以形成风电场，提高整体风电容量。

小型风电场中的风力涡轮机数量较少，一般设几台或十几台；大型风电场中的风力涡轮机数量较多，一般有数百台。尽管风电场的占地面积较大，但风轮机之间的面积可用于农业种植或其他用途，对生态环境的影响较小。

风力发电最早起源于 1887 年，苏格兰学者 James Blyth 研究并制造出第一部风电机组。但由于其经济效益过低，初期风电机组并没有受到重视。随着化石能源的枯竭与生态环境的恶化，风电以其高效清洁的优点，受到各国的高度重视。在 20 世纪上半叶，丹麦、瑞典、苏联和美国依靠成熟的飞机旋翼制造技术，成功研制了一批小型风电机组。该类风电机组可广泛应用于海岛和偏僻乡村，其发电成本远低于小型内燃机。1978 年，美国在新墨西哥州克莱顿镇建成 200kW 风电机组，其叶片直径为 38m，发电量足够 60 户居民用电。同年，丹麦在日德兰半岛西海岸投入运行的风电机组发电量达到 2000kWh，轮毂高度为 57m，总发电量的 75%送入电网，剩余电量供给附近学校。

如今，各国政府也出台大量的鼓励政策扶持风电产业。这些鼓励政策可大致分为固定电价鼓励政策和固定电量鼓励政策两类。在固定电价鼓励政策中，风电优惠收购电价由政府制定，收购电量则由电力市场决定；而固定电量鼓励政策由政府制定风电产量，然后由市场决定收购电价。在这些支持政策下，各国风电都得到快速发展。

目前，我国风电容量已赶超美国，成为风电容量全球第一的国家，仅在甘肃的风电场总装机容量就超过了 20GW。2022 年 6 月国家发展和改革委员会、国家能源局等九部门联合印发《“十四五”可再生能源发展规划》，明确到2025年，可再生能源年发电量达到3.3万亿kWh左右。“十四五”时期，可再生能源发电量增量在全社会用电量增量中的占比超过50%，风电和太阳能发电量实现翻倍。同时，全球各国也都在新建大型风电场。例如，挪威的Fosen Vind风电场，建成装机容量为10GW，印度的Muppandal风电场总装机容量为1.5GW，英国的London Arrary风电场是全球最大的海上风电场，总装机容量为0.63GW。

3.1.1.2 风机出力特性

风力涡轮机的能量来源是自然形成的动能。而在风的运动过程中，动能和势能都会发生变化。总体上，风速具有较为明显的日周期和季节变化规律，呈现明显的不确定性。一方面，地球上不同地区、不同季节里空气的流动变化多样，因而风向、风速等风况存在复杂特征，体现为风速概率分布多样化、风向随风速随机变化等。另一方面，风速分布特征也随着季节的变化而变化。一般认为，太阳辐射热和地形地貌是对风速影响较大的主要因素。

太阳辐射热是引起风的根本原因。地球表面各处受太阳辐射的强度不同，进而形成温差，使得大气对流运动形成风。虽然地球所受太阳能中仅约有2%转换为风能，但风能总量仍十分庞大。太阳公转轴与地球自转轴间存在较大夹角，导致地球各处的太阳辐射角度不一，并且同一地点不同时刻的太阳辐射角度也在变化。此外，太阳辐射角度的正弦量正比于该处接受的太阳能总量。这些因素导致南北两极接受的太阳能总量较少，温度较低，气压较高；赤道附近接受的太阳能总量较多，温度较高，气压较低。如果地球表面地形平坦，且忽略地球转动的作用，则赤道附近空气受热膨胀向上，流向两极；而两极附近的冷空气沿表面流向赤道。除此之外，地球以24h为周期进行自转，导致其气压和温度昼夜变化。因此，地球各处的气压和温度的间歇变化，致使大气由气压高处向气压低处运动，形成不同风速与风向的风，并伴随产生不同气候现象，气压差值越大，风也就越大。

地形地貌也对风产生影响。如在沿海一带，陆地的比热容较小，接受太阳辐射后，升温较快；而海水的比热容较大，接受太阳辐射后，升温较慢。因此，白天陆地气温通常高于海面气温，大气将由海面向陆地运动，形成海陆风；反之，在夜晚，大气将由陆地向海面运动，形成陆海风。

作为不确定性的表征途径，风速分布是风能评估、含风能电力系统分析等的重要参数。由于风能大小正比于风速的三次方，因此，不准确的风速分布可能将对电力系统规划和运行带来较大误差。由于风电机组的输出功率在很大程度上取决于风速，因此风速模型是评价风机发电不确定性的基础。为了描述风速的变化特征，现有研究提出了很多种风速模型，主要可分为概率分布模型和时序模型两类。

风速概率分布模型是把风速看作随机变量，刻画了风速概率分布特性。风速概率分布可反映风速的均值和方差水平，对风能资源评估具有重要的指导意义。按建模思路的不同，风速概率分布模型又可分为参数估计模型和非参数估计模型。参数估计模型则需要事先假定风速服从某种特定概率分布，通过参数估计得到拟合分布的参数，该类模型构造简单，因而得到了广泛应用。常用于风速概率分布建模的概率分布模型有 Weibull 分布、正态分布、Rayleigh 分布、Lognormal 分布等，其中 Weibull 分布模型应用最为广泛。但是，如果参数估计模型采用的假设分布与实际风速不相符，则基于该模型得出的计算结果可能导致较大的误差甚至错误的结论。事实上，由于风的形成原因及影响因素不同，风速分布可能呈现单峰特征，也有可能呈现多峰特征，则此时两参数 Weibull 分布的估计精度不高。例如，根据美国北达科他州 8 个风电场 2012～2014 年每小时风速数据，对比两参数 Weibull 分布与另外 7 种模型对风速概率分布的估计精度。结果表明当统计风速频方图呈现多峰特性时，两参数 Weibull 分布的拟合优度较低，且不能通过拟合优度检验。类似地，根据中国和荷兰多地区风电场的每小时统计风速，验证了两参数 Weibull 分布在大多数情形下的拟合优度低于核密度概率分布模型的拟合优度。非参数估计方法不需要风速数据分布的先验知识和任何概率分布形式的假设，因此适合于分析任意分布特性的风速。

时序风速模型能够描述风速随时间的变化过程，不仅可以反映风速的概率分布特性，还可以表现风速变化的时序相关特性。按建模思路的不同，时序风速模型可分为时间序列分析法和马尔可夫模型。时间序列分析方法是对风速时间序列进行分析、预测和控制的方法。该类方法运算方便，仅需较少的信息即可完成建模。常用的时间序列模型主要有 AR、MA、ARMA 以及 ARIMA 等模型，其中 ARMA 模型已在风电场风速模拟及含风电能电力系统可靠性评估中得到了广泛应用。马尔可夫模型认为风速在将来时刻的状态与过去时刻无关，而是仅取决于当前时刻的风速状态，从而依据相邻时刻风速状态的转移特性建立风速模型。

在采用某种风速模型模拟风速变化的时空后，根据风机的转换关系，可以准确反映风能的随机性和间歇性特征。在常用的风机动力计算模型中，通过风力机风轮旋转面的气流所蕴含的动能为：

$$E=\frac{1}{2}\pi\rho R^3 v^3 \tag{3-1}$$

式中　ρ ——空气密度，kg/m^3；

R ——风轮半径，m；

v ——气流速度，m/s。

叶尖速比 λ 是用叶片的叶尖圆周速度与风速之比来衡量风力机风轮在不同的风速中的状态：

$$\lambda=\frac{2\pi nR}{v}=\frac{\omega R}{v} \tag{3-2}$$

式中　n ——风轮转速，r/s；

ω——风轮角速度，rad / s 。

由于风速的可变性和不可控性，风力涡轮机几乎一直受到扰动，这将对涡轮机本身发电的特性以及与其相连的电力系统的稳定运行产生一定程度的影响。因此，风力发电系统的动态仿真分析需要建立相应的数学模型。

风力发电机组的动态特性是构成机组各部件动态特性的总和，它包括风轮的气动特性、传动系统动态特性、发电机动态特性和控制系统动态特性。风力发电机组输出特性仿真系统框图如图 3-1 所示。

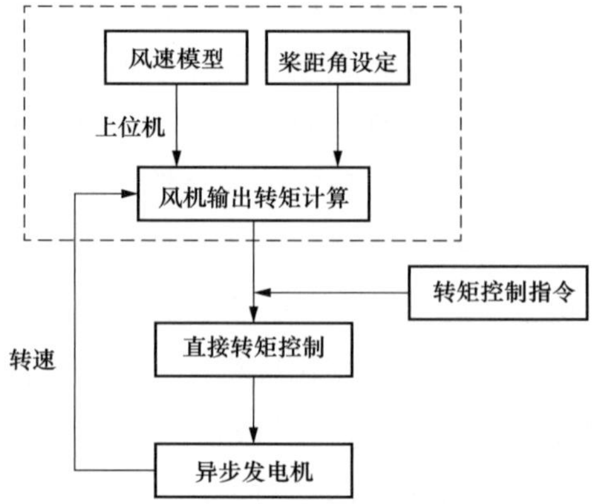

图 3-1　风力发电机组输出特性仿真系统框图

3.1.2　光伏发电特性分析

3.1.2.1　光伏发电概况

集中式光伏电站通常包括光伏阵列、电力电子转换器和电缆等。光伏组件将接收到的太阳能转化为电能，通过线缆汇总到汇流箱，然后经逆变器转化为交流电，最后通过升压逆变器传输到电网，这就是光伏电站能量转化和传输的过程。

在这一过程中，光伏系统的电能或多或少会有一些损耗，其中主要的几个损耗环节包括：①失配损耗，光伏组串或阵列由于输出不匹配所导致的损耗；②逆变设备损耗，包括逆变器自身损耗和直流交流转换中最大功率点跟踪导致的损耗等；③线缆损耗，主要是由于线路电阻的热损耗，与布线方式、材料和线径有很大关系。

此外，光伏电池的材料和光伏组件的规格型号决定了光伏电池在一定光照和温度下输出电流和电势差的物理性能和光电转化效率；同时，光伏组件安装的倾斜角和方位角、光伏阵列的排布和周围建筑物的遮挡情况，也影响着组件表面接收到的太阳辐射；输电线路的规格和长度、逆变器等电气设备的性能指标，也决定了光伏系统的输出性能。

工程上，考虑了上述因素的光伏系统出力常用模型为：

$$P = N \times \eta_1 \times \eta_2 \times A \times G \times [1 - \alpha(T + 25)] \tag{3-3}$$

式中 N——组件个数；

η_1——组件在额定工作条件下的光电转换效率；

η_2——考虑了各类损耗的效率；

A——组件的总受光面积；

G——组件上表面接收到的斜面太阳辐射；

α——组件的温度系数；

T——组件温度。

从式（3-3）可以看出，如果想要通过数学物理建模的方法实现光伏电站出力的高精度预测，需要考虑的因素十分复杂，建模工作量难以估计，同时很多性能参数无法取得精确数值，在工程实际应用中并不可取。而特定的光伏电站，其光伏电站组件的规格型号、物理特性和安装方式已经确定，且输出功率历史时间序列具有一定的自相关性，使得基于历史数据分析的统计类方法来预测光伏电站出力更加科学合理。

3.1.2.2 光伏出力特性

光伏电站出力特性变化主要受外部气象环境因素周期性和随机性变化的影响，包括太阳辐射、温度、相对湿度、风速和云量等。以某一实际光伏电站的数据为例进行分析，光伏电站出力与气象参数对比曲线如图 3-2 所示，实线为功率，其余线型为气象参数。

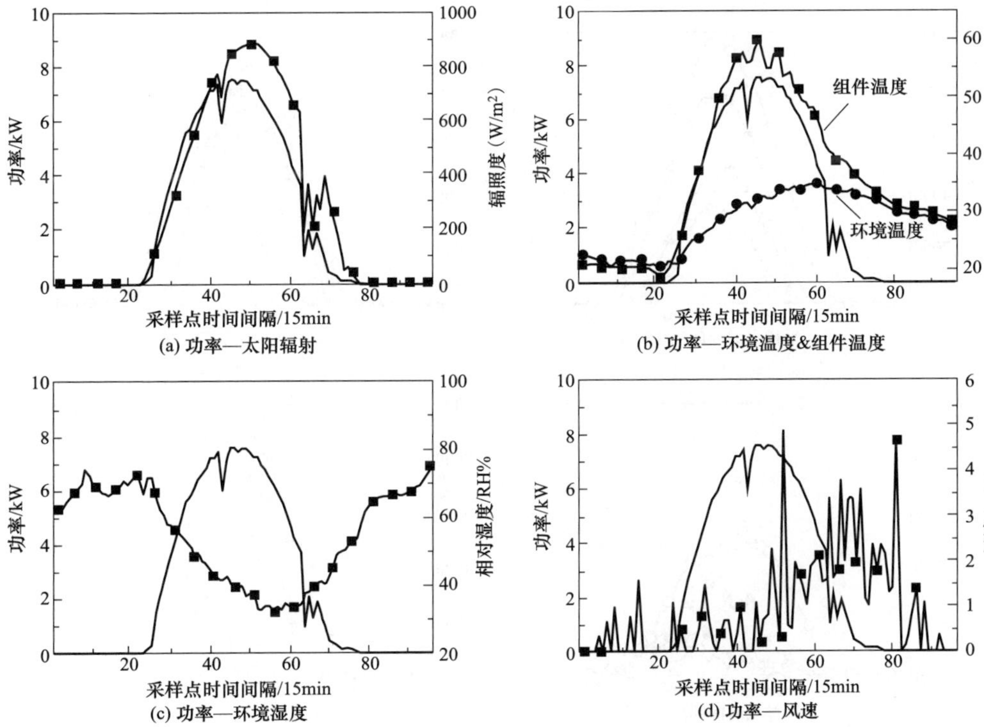

图 3-2 光伏电站出力与气象参数对比曲线

当光伏电站出现剧烈波动时，其输出曲线与太阳辐射曲线高度相似。随着所研究的时间序列时间分辨率的不断提高，这种现象变得越来越明显。如图 3-2（a）所示，太阳辐射与光伏电站日出力的变化高度基本一致。

图 3-2（b）显示了光伏电站日出力变化曲线与环境温度、组件温度的对比结果。环境温度主要通过影响光伏组件的温度间接影响光伏电站产生的功率。太阳能电池的电性能随组件的温度而变化，主要表现为太阳能电池的功率随着温度的升高而降低，典型的温度系数为–0.35%/℃。组件的温度受环境温度、太阳辐射和组件散热等条件的影响，因此组件的温度与环境温度相似，但仍存在较大差异。从中可以看出：①组件温度和环境温度的上升和下降趋势基本相同，夜间两者基本相等，白天组件温度大于环境温度；②组件温度曲线类似于白天光伏电站的日出力曲线，但具有一定的滞后性。

图 3-2（d）显示了光伏电站日出力变化曲线和风速的比较结果。可以看出，它们之间存在一定的关系，但变化规律相对复杂。一方面，风速通过影响光伏组件的散热来间接影响光伏模块的光电转换效率。另一方面，光伏组件表面接收的太阳辐射受到大气浊度、云层覆盖和云层移动的间接影响。例如，在北部地区，大风天气会减弱雾霾，大气对太阳辐射的衰减也会减弱，因此可以获得更多的太阳辐射。

为比较不同天气条件下光伏出力特性，对典型季节和典型天气条件下的光伏电站出力进行分析，如图 3-3 所示。

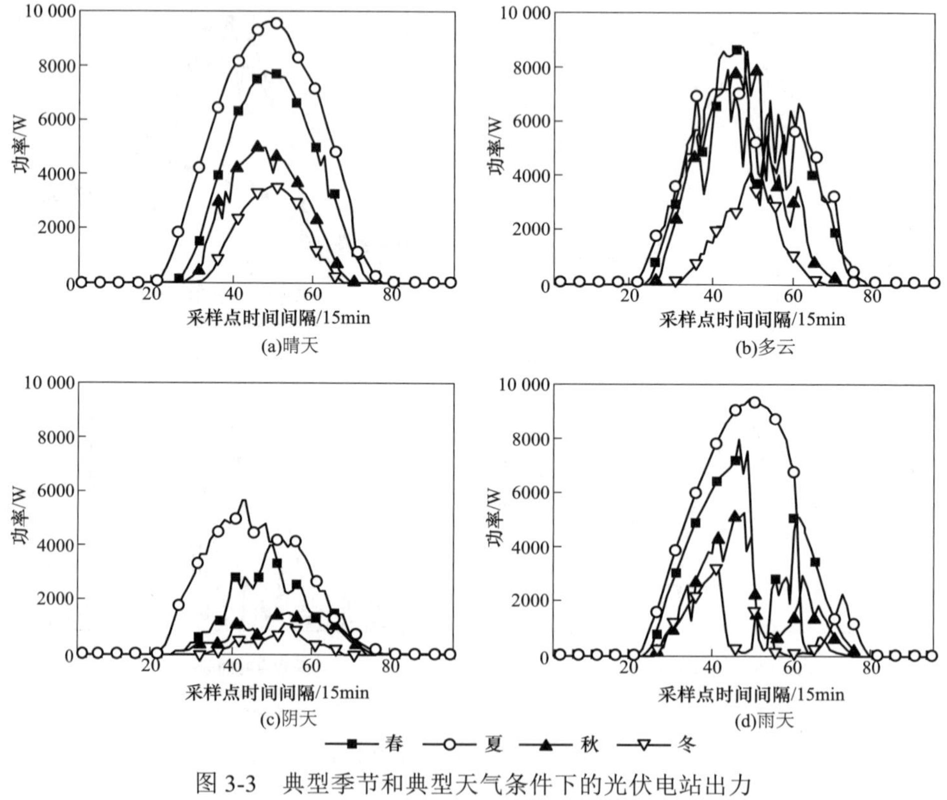

图 3-3　典型季节和典型天气条件下的光伏电站出力

图 3-3 描述了晴天、多云、阴天、雨天 4 种典型天气条件下光伏电站出力情况，其中 4 种线型对应 4 个季节。具体来说：①晴天天气下光伏电站实际出力曲线平滑，少有波动；②多云天气下，受云层影响光伏电站实际出力曲线出现高频波动；③阴天天气下光伏电站实际出力的明显降低，波动较多云天气要小；④雨天天气下光伏电站实际出力有可能出现较大幅度的波动。

分析图 3-3 可发现：①光伏电站出力具有以每天为周期的周期性，表现为上午功率上升，下午功率下降，夜间无光照时段无输出功率，具有非线性的特性；②光伏电站出力在不同季节总量上具有明显差异性，表现为夏季光伏电站输出功率总体最高，春秋季次之，冬季最低，以年为周期规律性变化。

3.2 集中式新能源的通用动态模型

现有暂态研究中，新能源机组模型主要分为详细模型和通用模型。两类模型在模拟精度、计算复杂度以及参数需求等方面存在明显差异，因此，需要根据连锁故障的分析需求选择适用的集中式新能源动态模型。

详细模型一般针对某一类具体的机组类型，如双馈风机和永磁风机需采用不同的详细模型。即使是同一种新能源机组，在不同的研究需求下，由于简化假设的不同，也存在多种详细模型。比如，根据是否考虑定子和转子的暂态过程，双馈风机有三阶、五阶和八阶等不同复杂度的暂态模型。详细模型多用于分析单台新能源机组在给定电网扰动下的电磁暂态特性。虽然详细模型可以准确反映新能源机组的内部动态，但设备参数难以获取，建模难度较高。当并网新能源机组数量较多或需要大量模拟系统故障扰动时，其计算复杂度较高。

不同于详细模型侧重描述单台设备的内部动态，通用模型的建立主要是为在大电网运行规划中进行安稳动态仿真，重点关注新能源场站与输电网之间的电气交互动态。由于采用模块化建模，通用模型中的同一个模块既可用于风电场，也可用于光伏电站，具有较好的可移植性和统一性。

考虑到脆弱性评估对系统安稳分析的需求，同时为克服新能源场站模型的参数非标性问题，可以采用通用模型刻画集中式新能源在并网点处的动态特性。例如，在输电网发生电压跌落后，由并网点的注入功率和电压水平体现新能源机组的无功支撑或低电压穿越等动态特性。

由美国西部电力协调委员会建立的 WECC 新能源通用动态模型是目前最受关注的通用模型之一。第一代的 WECC 通用模型于 2009 年被正式提出，主要包括 4 类风机的简化模型。经过模型结构的改进和控制策略的更新后，第二代 WECC 通用模型于 2014 年推出。第二代 WECC 新能源机组通用动态模型如图 3-4 所示，第二代 WECC 通用模型采用模块化建模的思路，主要包括 7 个模块。针对不同种类的风机和光伏电站，仅需从中选取通用模块即可构建集中式新能源模型，用于大电网的动态分析。

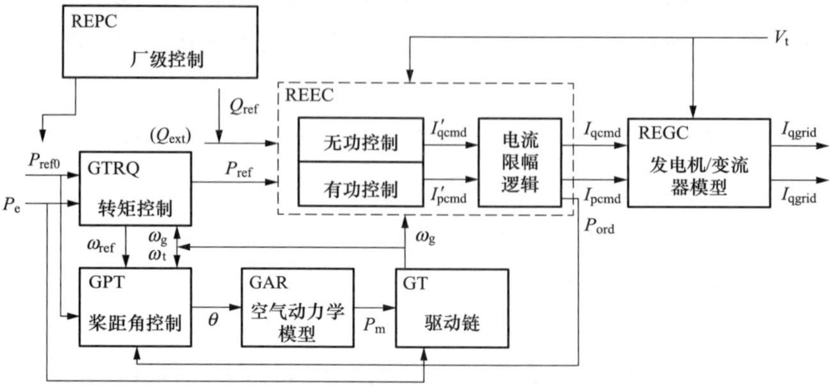

图 3-4　第二代 WECC 新能源机组通用动态模型

考虑到双馈风机包含所有的 WECC 通用模块，本节以其为例介绍集中式新能源的动态模型。同时，为了模拟新能源场站并网点处的电气交互动态，本节考虑以下两个前提，在连锁故障中采用 WECC 新能源通用模型分析系统的安稳动态。

（1）连锁故障中考虑系统动态的时间尺度为秒级至分钟级，一般不关注发电机的毫秒级功率振荡。因此，不考虑 WECC 通用模型中测控信号的时延模拟，即去除时间常数低于 0.02s 的一阶动态环节，仅保留其增益系数。去除小时间常数动态环节，将有利于增大机电暂态的模拟步长，提高连锁故障中的动态模拟效率。

（2）第二代 WECC 通用模型包括 3 个电气模块，分别为新能源变流器控制模型（renewable energy electrical control，REEC）、新能源发电机/变流器模型（renewable energy generator/converter，REGC）和新能源厂级控制模型（renewable energy plant controller，REPC）。其中，REEC 与 REGC 模拟新能源机组的秒级控制，而 REPC 模块主要模拟新能源的厂级控制，时间尺度为数分钟。在较大的电网扰动下，集中式新能源的动态响应主要取决于时间尺度更短的 REEC 和 REGC 模块。此外，REPC 模块的验证工作仍在进行，尚缺少有效参数设定。目前在应用 WECC 通用模型时，REPC 模块并非必须模块。因此，本书主要考虑电气模块中的 REEC 和 REGC 模块。

基于以上前提，面向连锁故障对 WECC 通用模型的各个模块进行简化处理，分别建立集中式新能源的电气动态模型和传动动态模型。结合传统电力系统的动态模型，即可分析含新能源电力系统在连锁故障中的安稳动态。需要注意的是，潮流方程 $g(x, y, z)$ 的节点负荷应为计及分布式新能源接入的净负荷水平。

在连锁故障的传播过程中，当输电网的运行状态发生变化时，根据并网点的电压扰动，集中式新能源相应地调整注入电网的功率，以及时支撑系统恢复运行状态。去除 WECC 通用模型的电气模块中小时间常数动态环节后，集中式新能源的电气动态由简化的 REEC 与 REGC 模块描述。

1. 变流器控制模型（REEC 模块）

REEC 模块描述正常情况下和电压扰动下的有功/无功控制策略。其中，正常情况下无功控制包括恒功率和恒电压等不同模式，本节采用恒功率控制模式。但是，当电压扰动出现时，无功功率则主要由故障控制逻辑决定。REEC 模块控制逻辑如图 3-5 所示。对应的控制方程为：

$$I_{qinj}=\begin{cases}K_{qv}(V_{ref}-V_t) & V_t<V_{dip} \text{ 或 } V_t>V_{up}\\ 0 & V_{dip}\leqslant V_t\leqslant V_{up}\end{cases} \tag{3-4}$$

$$I_{qcmd}=sigm\left(I_{qinj}+\frac{Q_{ext}}{V_t}\right) \tag{3-5}$$

$$P_{ord}=sigm(\omega_g P_{ref}) \tag{3-6}$$

$$I_{pcmd}=\min\left[sigm\left(\frac{P_{ord}}{V_t}\right),\sqrt{I_{max}^2-I_{qcmd}^2}\right] \tag{3-7}$$

式中 I_{qinj}——无功注入电流；
K_{qv}——无功电流控制增益系数；
V_{ref}——电压参考值；
V_t——当前电压；
V_{dip}——电压正常值下限；
V_{up}——电压正常值上限；
I_{qcmd}——无功电流指令；
I_{pcmd}——有功电流指令；
Q_{ext}——外部输出无功值；
P_{ord}——有功输出指令；
P_{ref}——有功参考；
ω_g——发电机转速；
I_{max}——电流限制值。

上述模型中，式（3-4）描述了电压异常扰动下（V_t 高于 V_{up} 或低于 V_{dip}）集中式新能源的无功支撑策略。式（3-5）描述了无功电流指令 I_{qcmd} 由正常运行控制和异常运行控制两部分共同决定。式（3-6）和式（3-7）描述了有功电流指令 I_{pcmd} 由有功功率参考 P_{ref} 和电流限制逻辑共同决定，其中电流限制逻辑考虑无功电流优先。以上控制方程中，函数 *sigm*（*x*）的功能是采用 sigmoid 型曲线模拟控制器实现幅值限制。sigmoid 曲线的饱和区域可近似表征限幅作用，同时又保证微分方程的取值在限幅逻辑生效时仍然可微，因此采用 *sigm*（*x*）可以提升考虑幅值限制时动态方程的收敛性。

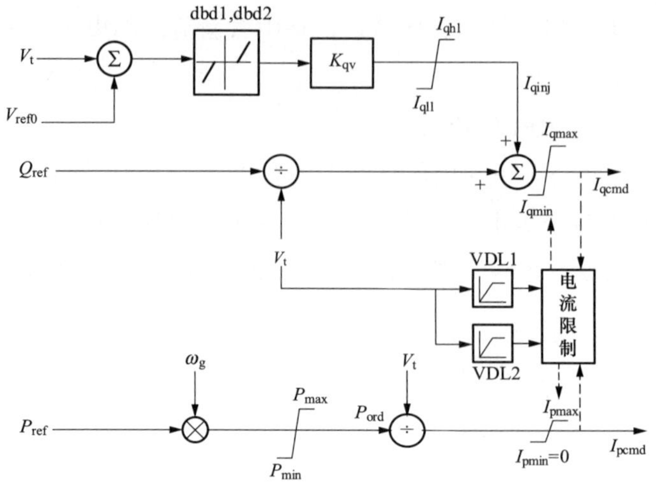

图 3-5　REEC 模块控制逻辑

2. 新能源发电机/变流器模型（REGC 模块）

REGC 模块控制逻辑如图 3-6 所示，用于描述变流器在高压扰动下的无功控制和在低压扰动下的有功控制，输入为有功电流指令 I_{pcmd} 和无功电流指令 I_{qcmd}，输出为并网点注入电网的有功电流 I_{pgrid} 和无功电流 I_{qgrid}，可由式（3-8）和式（3-9）描述：

$$I_{pgrid}=\begin{cases}0 & V_t\leqslant L_{p0}\\ \dfrac{V_t-L_{p0}}{L_{p1}-L_{p0}}I_{pcmd} & L_{p0}<V_t\leqslant L_{p1}\\ I_{pcmd} & V_t>L_{p1}\end{cases} \tag{3-8}$$

$$I_{qgrid}=\begin{cases}I_{qcmd} & V_t\leqslant V_{olim}\\ I_{qcmd}-K_{hv}(V_t-V_{olim}) & V_t>V_{olim}\end{cases} \tag{3-9}$$

上述模型中，式（3-8）描述了当节点电压较低时，根据电压跌落情况降低注入电网的有功电流 I_{pgrid}。式（3-9）描述了当节点电压高于 V_{olim} 时，根据电压偏差调整并网点的无功注入电流 I_{qgrid}，有助于并网点电压降低到正常水平。

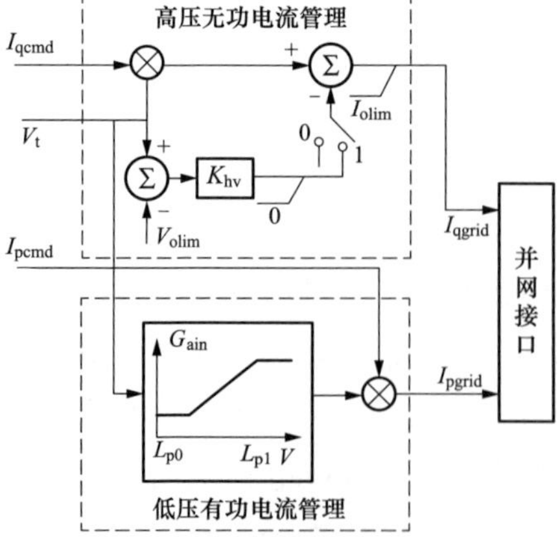

图 3-6　REGC 模块控制逻辑

除电气模块以外，WECC 新能源通用模型还包括 4 个传动模块，分别为转矩模型（generation torque，GTRQ）、桨距角控制（generator pitch controller，GPT）、空气动力学模型（generator aero-dynamic，GAR）和驱动模型（generator drive-train，GT）。由于光伏电站不含转动模块，而永磁风机的转子通过变流器与电网解耦，4 个传动模块主要用于分析双馈风机在扰动下的转速变化和扭矩振荡。

3. 转矩模型（GTRQ 模块）

GTRQ 模块控制逻辑如图 3-7 所示，用于描述风机的转矩调节控制，输入为并网点有功功率 P_e 和机组转速 ω_g，输出为有功参考 P_{ref} 和转速参考 ω_{ref}，可由式（3-10）～式（3-12）描述：

$$\frac{d\omega_{ref}}{dt}=\frac{1}{T_{\omega ref}}[f(P_e)-\omega_{ref}] \tag{3-10}$$

$$P_{ref}=\begin{cases} sigm[K_{pp}(\omega_g-\omega_{ref})+P_{ref2\_fz}] & V_t<U_{dip} \\ sigm[K_{pp}(\omega_g-\omega_{ref})+P_{ref2}] & U_{dip}\leqslant V_t \end{cases} \tag{3-11}$$

$$\frac{dP_{ref2}}{dt}=K_{ip}(\omega_g-\omega_{ref}) \tag{3-12}$$

式中 $f(P_e)$ ——并网点有功功率 P_e 的分段线性函数；

P_{ref2_fz} ——低压扰动过程中积分控制器的闭锁输出。

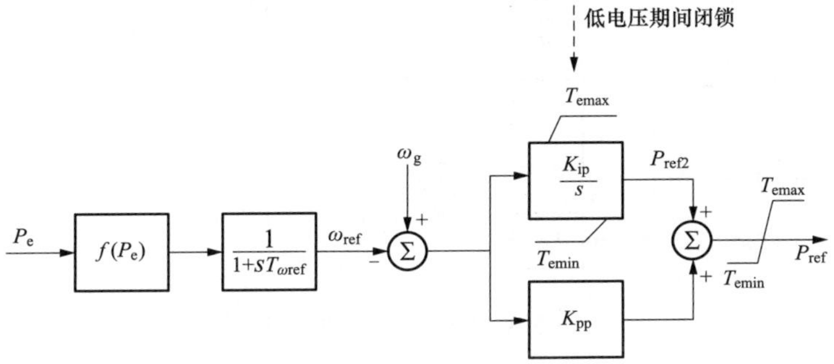

图 3-7 GTRQ 模块控制逻辑

4. 桨距角控制（GPT 模块）

GPT 模块控制逻辑如图 3-8 所示，用于描述风机的桨距角调节控制，可由式（3-13）～式（3-17）描述：

$$\frac{d\theta}{dt}=sigm\left[\frac{1}{T_\theta}(\theta_1+\theta_2-\theta)\right] \tag{3-13}$$

$$\theta_1=sigm[K_{pw}(\omega_t-\omega_{ref}+K_{cc}P_{ord}-K_{cc}P_{ref})+\theta_{12}] \tag{3-14}$$

$$\theta_2=sigm[K_{pc}(P_{ord}-P_{ref})+\theta_{22}] \tag{3-15}$$

$$\frac{d\theta_{12}}{dt}=K_{iw}(\omega_t-\omega_{ref}+K_{cc}P_{ord}-K_{cc}P_{ref}) \tag{3-16}$$

$$\frac{d\theta_{22}}{dt}=K_{ic}(P_{ord}-P_{ref}) \tag{3-17}$$

式中 T_θ ——桨距角时间常数；

θ ——桨距角；

θ_1、θ_2、θ_{12}、θ_{22} ——桨距角控制系统的中间变量；

K_{pw} ——变桨控制比例增益；

ω_t ——涡轮机转速；

K_{cc} ——比例增益；

P_{ord} ——有功指令；

P_{ref} ——有功参数；

K_{pc} ——变桨补偿比例增益；

K_{iw} ——变桨控制积分增益；

K_{ic} ——变桨补偿积分增益。

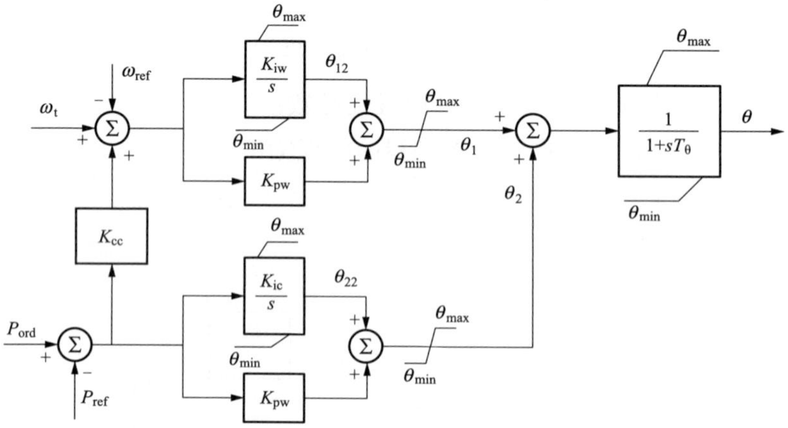

图 3-8　GPT 模块控制逻辑

5. 空气动力学模型（GAR 模块）

GAR 模块控制逻辑如图 3-9 所示，用于描述当前桨距角 θ 下的机械功率 P_m，可由式（3-18）描述：

$$P_m = P_{m0} - K_a\theta(\theta - \theta_0) \tag{3-18}$$

式中　θ_0 ——初始桨距角；

P_{m0} ——初始机械功率。

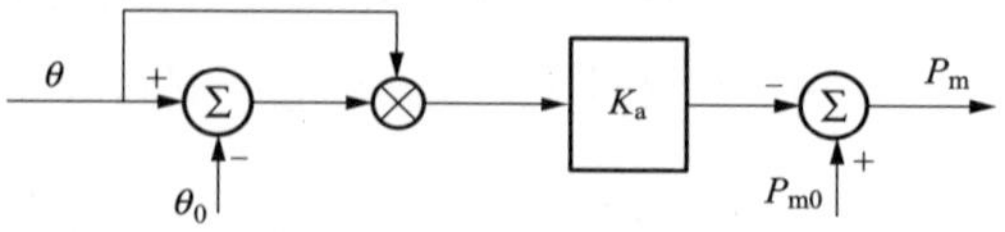

图 3-9　GAR 模块控制逻辑

6. 驱动模型（GT 模块）

GT 模块控制逻辑如图 3-10 所示，主要根据双质块结构描述当前机械功率输入 P_m 和有功功率输出 P_e 下的转速变化，输入为 P_m 和 P_e，输出为涡轮机转速 ω_t 和发电机转速 ω_g，可由式（3-19）～式（3-23）描述：

$$\frac{\mathrm{d}\Delta\omega_t}{\mathrm{d}t}=\frac{1}{2H_t}\left[\frac{P_m}{\omega_t}-K_{shaft}\delta_{tg}-D_{shaft}(\Delta\omega_t-\Delta\omega_g)\right] \tag{3-19}$$

$$\omega_t=\omega_0+\Delta\omega_t \tag{3-20}$$

$$\frac{\mathrm{d}\Delta\omega_g}{\mathrm{d}t}=\frac{1}{2H_g}\left[-\frac{P_e}{\omega_g}+K_{shaft}\delta_{tg}+D_{shaft}(\Delta\omega_t-\Delta\omega_g)\right] \tag{3-21}$$

$$\omega_g=\omega_0+\Delta\omega_g \tag{3-22}$$

$$\frac{\mathrm{d}\delta_{tg}}{\mathrm{d}t}=\Delta\omega_t-\Delta\omega_g \tag{3-23}$$

式中　H_t——涡轮机惯性常数；

K_{shaft}——转轴弹性系数；

D_{shaft}——转轴阻尼系数；

δ_{tg}——涡轮机与发电机转角差；

H_g——发电机惯性系数。

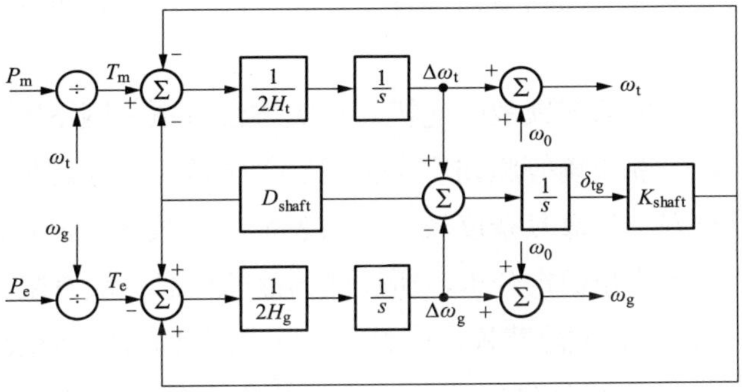

图 3-10　GT 模块控制逻辑

考虑以上的集中式新能源动态模型，结合含新能源电力系统的动态模型和电网元件的保护控制逻辑，即可模拟初始故障发生后电网的动态过程，完成电网的安全性分析。

4 电力系统的多时间尺度仿真理论

4.1 电力系统连锁故障机理

新能源电力系统脆弱性分析的核心是揭示电网的连锁故障机理，现有研究中，连锁故障传播机理包括电气拓扑、稳态过程以及动态过程等多角度，涉及设备过载、保护控制配合不合理和系统暂态失稳等一系列复杂事件。连锁故障事故建模机理的现有研究大致可分为以下几类：

（1）基于复杂网络分析的连锁故障建模。该类方法将电力网络等效为复杂网络，采用节点度分布、电气介数、潮流熵等脆弱度指标识别关键故障，通过依次触发关键故障构成连锁故障事故链。该类方法计算复杂度较低、易表征为事故链，但是，由于事故链生成过程没有计及完整的潮流计算和稳定分析，所反映的故障信息也较有限。

（2）基于稳态潮流的连锁故障建模。该类方法以电网潮流计算或最优潮流为基础，通过前一阶段故障发生后的潮流转移确定下一阶段的故障事件。为计及新能源的不确定性，一些研究采用随机潮流分析新能源电网的连锁过载风险。也有研究采用该类方法分析了高温天气和极端事件等因素对连锁故障的影响。为加快连锁故障的筛选，一些研究结合了潮流分析和复杂网络理论，可以搜索更具代表性的下一阶段故障。该类方法计算复杂度适中、易表征为事故链，但是故障信息仅包含潮流信息，无法描述电网失稳后的崩溃现象。

（3）基于动态仿真的连锁故障建模。该类方法采用时域仿真方法模拟连锁故障的演化过程，通过求解代数微分方程组刻画线路热效应、机组电压/励磁控制、转子动态和安稳控制装置等动态特性，可更全面地分析各类故障的交互作用。有些研究对比了潮流仿真和动态仿真的故障路径模拟精度，发现在大停电的系统崩溃阶段，二者的结果可能存在明显差异。也有研究在随机潮流中嵌入调频特性计算，以实现频率动态的快速仿真。该类方法模拟的故障机理最为全面，但计算复杂度较高，难以嵌入故障阻断决策模型，且多时间尺度故障演化过程难以直接忽略时间效应后表征为事故链，给故障阻断时机分析带来挑战。

4.2 电力系统动态仿真的基本理论

传统电力系统采用火电和水电等同步机作为主要电源。在连锁故障中刻画系统的动态安稳特性时，一般构建如下代数微分方程组：

$$\begin{cases} 0 = g(x,y,z) \\ \dfrac{\mathrm{d}x}{\mathrm{d}t} = f(x,y,z) \\ z_{k+1} = h(x,y,z_k) \end{cases} \tag{4-1}$$

式中 x——同步发电机的状态变量（如机组转速与暂态电势）；

y——系统网络方程和控制方程的代数变量（如节点电压和相角）；

z——同步发电机的状态变量（如机组转速与暂态电势）。

式（4-1）的代数方程组 $g(x,y,z)$ 主要描述网络功率平衡，对应的交流潮流可表示为：

$$P_{\mathrm{g},i} - P_{\mathrm{d},i} = \sum_{j=1}^{N} |V_i||V_j|(g_{ij}\cos\theta_{ij} + b_{ij}\sin\theta_{ij}) \tag{4-2}$$

$$Q_{\mathrm{g},i} - Q_{\mathrm{d},i} = \sum_{j=1}^{N} |V_i||V_j|(g_{ij}\sin\theta_{ij} - b_{ij}\cos\theta_{ij}) \tag{4-3}$$

式中 $P_{\mathrm{g},i}, Q_{\mathrm{g},i}$——节点 i 的发电机有功、无功出力；

$P_{\mathrm{d},i}, Q_{\mathrm{d},i}$——节点 i 的有功、无功负荷；

V_i, V_j——节点 i 和节点 j 的电压幅值；

θ_{ij}——节点 i 和节点 j 的电压相角差；

g_{ij}, b_{ij}——节点导纳矩阵中的电导与电纳；

N——系统节点数。

式（4-1）的微分方程组 f（x，y，z）主要描述同步发电机的暂态过程。在分析电网动态时，由于连锁故障的模拟时间尺度一般从秒级到小时级，机组动态通常采用机电暂态模型描述，不考虑微秒级的电磁暂态过程。同步发电机的机电暂态模型可由式（4-4）～式（4-6）表示，包括转子运动方程和励磁绕组方程。

$$M\frac{\mathrm{d}\omega_i}{\mathrm{d}t} = P_{\mathrm{m},i} - P_{\mathrm{g},i} - D(\omega_i - 1) \tag{4-4}$$

$$\frac{\mathrm{d}\delta_i}{\mathrm{d}t} = 2\pi f_0(\omega_i - 1) \tag{4-5}$$

$$\frac{\mathrm{d}|E'_{q,i}|}{\mathrm{d}t} = -|E'_{q,i}|\frac{X_{d,i}}{T'_{d0,i}X'_{d,i}} + \left(\frac{X_{d,i}}{X'_{d,i}} - 1\right)\frac{|V_i|}{T'_{d0,i}}\cos\delta_i + \frac{E_{fd,i}}{T'_{d0,i}} \tag{4-6}$$

式中 ω_i——常规机组 i 的角速度标幺值；

M, D——惯性时间常数和阻尼系数；

$P_{m,i}, P_{g,i}$——机组 i 的机械功率和电磁功率标幺值；

δ_i——机组 i 的转子角；

f_0——系统额定频率有名值；

$E'_{q,i}, E_{fd,i}$——机组暂态电势，励磁电势；

$X_{d,i}, X'_{d,i}$——机组 d 轴电抗和暂态电抗；

$T'_{d0,i}$——机组 d 轴暂态时间常数。

除了以上暂态模型外，同步机组的励磁控制和调速控制是系统应对故障扰动的重要手段。采用励磁器和调速器刻画连锁故障中同步机的控制系统包括采用积分控制模拟的二次调频，对应的微分方程组详见相关文献，此处不再赘述。

对于集中式与分布式新能源，高比例新能源的并网给电力系统的电源结构带来了本质上的变化，对连锁故障的影响首先体现在电源与输电网的故障交互过程。不同于传统的火电和水电机组，由于风电、光伏等新能源机组依赖于电力电子设备，且风/光等一次能源具有明显的不确定性，新能源机组对系统的动态支撑能力一般弱于常规机组，对电网侧故障扰动的耐受度也低于常规机组。因此，为了在连锁故障中准确考虑新能源并网对系统安稳的影响，需要结合集中式和分布式两种新能源并网形式，解决以下两个关键问题：

（1）建立适用于大电网动态稳定分析的新能源模型。集中式新能源的总装机和单机容量均较大，且通过并网点直接连接输电系统。由于集中式新能源的动态特性与常规机组、输电元件存在紧密交互，需建立集中式新能源的动态模型。而分布式新能源的单机容量一般较小，且直接接入配电网，因此输电网的连锁故障一般不考虑其动态过程。本章介绍的仿真模型主要通过节点净负荷水平体现分布式新能源对主网运行的影响。

（2）建立扰动下的新能源脱网风险模型。集中式新能源可能由于系统的电压或频率扰动发生大规模脱网。类似地，分布式新能源在主网扰动下也可能发生脱网，进而影响主网的运行状态。因此在连锁故障中有必要同时计及集中式和分布式新能源的脱网风险。

4.3 计及集中式和分布式新能源电力系统的多时间尺度仿真

4.3.1 计及集中式和分布式新能源的电网保护模拟逻辑

连锁故障的传播过程主要对应于各种设备保护的相继触发，而保护的触发逻辑由式（4-1）中的离散方程组 $h(x, y, z_k)$ 描述。具体地，在求解含新能源电力系统动态模型的代数微分方程组后，即可得到系统的运行状态，通过与保护的动作逻辑比较，可以进一步模拟保护的触发。如果某个保护的预设触发条件被满足，则相应的保护动作会产生新的扰动。各类保护的判定逻辑主要与系统的电压、电流或频率状态相关。其中，电压和电流由交流潮流方程求解确定，频率信息由电气距离相近的同步发电机转速确定，而同步机转速则可通过机电暂态方程模拟。

在含新能源电力系统的连锁故障中，除了常规机组、输电线路等设备保护以及低频/低压减载等系统保护外，还需要考虑集中式和分布式新能源的保护逻辑。以下分别介绍各类保护的模拟逻辑。

（1）集中式（场站型）新能源保护逻辑。第二代 WECC 新能源通用模型虽然刻画了新能源场站的动态特性，但未包括电压保护模块和频率保护模块。新能源机组的耐扰动特性明显不同于常规机组，因此，需要进一步建立集中式新能源的保护模型。

我国现有新能源并网标准中，为降低系统侧扰动引发新能源机组连锁脱网的风险，风/光等集中式新能源均应满足电压扰动耐受要求。当并网点电压 V_t 为 0.90～1.10p.u.时，集中式新能源应保持不脱网持续运行；否则，根据电压穿越曲线要求，考虑电压保护的动作延时 t_{delay} 如下：

$$t_{delay}=\begin{cases}0\ \text{s} & V_t\leqslant 0.20 \text{ 或 } V_t\geqslant 1.10\\ \dfrac{V_t-0.20}{0.90-0.20}0.625\ \text{s} & 0.20<V_t\leqslant 0.90\end{cases} \tag{4-7}$$

类似地，根据并网的频率要求，本节考虑集中式新能源的高频保护动作阈值为 51Hz，动作延时为 0.2s；低频保护动作阈值为 48Hz，动作延时为 0.2s。

（2）输电网负荷中分布式新能源的保护逻辑。除了集中式新能源外，分布式新能源直接接入配电网，不存在长距离输送问题。正常运行状态下，分布式新能源的并网会降低配电网的净负荷。但是为防止分布式新能源与负荷形成孤岛而危害配网用户安全，一般在出现孤岛时要求快速切除分布式新能源，因此需配置反孤岛保护。当主网的运行状态因扰动而快速变化时，分布式新能源也可能被反孤岛保护切除。这会导致系统净负荷异常增长，进一步恶化系统扰动。例如，2019 年的英国“8.9”大停电中先后有 500MW 的分布式新能源脱网，其中大多数是由于系统频率变化率超过 0.125Hz/s 而被 RoCoF 保护切除。为此，可考虑 RoCoF 保护为分布式新能源的反孤岛保护，动作阈值为 0.50Hz/s，动作延时为 0.1s（即满足 5 个周波的测量值要求）。

（3）常规机组保护逻辑。为保护发电机设备安全，当机组的电压/频率偏移过大时，需要将机组从系统中切除。根据《大型发电机组涉网保护技术规范》（DL/T 1309—2013），对于频率保护，考虑高频保护的动作阈值为 51.5Hz，动作延时为 10.0s；低频保护的动作阈值为 47.5Hz，动作延时为 10.0s。对于电压保护，考虑过电压保护的动作阈值为 1.3p.u.，动作延时为 1.0s；低电压保护的动作阈值为 0.8p.u.，动作延时为 1.0s。

（4）线路保护逻辑。当线路负载超过设计水平时，过流保护动作会将线路跳闸，防止输电元件因过载发生永久损坏。除了触发过流保护外，过负荷状态还会增加线路弧垂，可能引起触树等故障。考虑线路过载时保护触发的反时限特性作为动作判据，当发生过负荷时，保护动作阈值为线路的累计过负荷程度。根据线路容量 F_{max}、负载率 β 和允许过载时

间 T_{ol}，累计过负荷的计算式为 $\beta \times F_{max} \times T_{ol}$。对输电容量裕度较高的系统，负载率 β 可保守设计（如 110%），而对裕度较低的系统，β 可取较高值（如 150%）；允许过载时间 T_{ol} 可参照文献设定为 5s。

（5）低频/低压减载保护逻辑。当故障扰动导致电压或频率超出系统稳定运行的边界时，低频减载或低压减载将切除部分负荷，以恢复系统运行状态。对于每个负荷节点，考虑低频减载的动作阈值为 47.5Hz，延时为 0.5s，削负荷量为 25%；低压减载的动作阈值为 0.90p.u.，延时为 0.5s，削负荷量为 25%。低压减载和低频减载的设定也可根据系统的实际运行特性进行调整。以低压减载为例，在运行电压较高的地区可设置较高的电压阈值，反之则可设置较低的阈值，如我国青海省的低压减载阈值为 0.90p.u.，而福建省则为 0.83p.u.。

4.3.2 计及集中式和分布式新能源的电网动态仿真模型

结合含新能源电力系统的动态模型和电网元件的保护控制逻辑，即可模拟初始故障发生后连锁故障的动态传播过程，具体步骤如下：

（1）系统状态初始化。根据机组注入功率和节点负荷求解交流潮流方程以及潮流计算的结果初始化微分方程组的状态变量，选取初始化模拟时间 t 为 0s、动态模拟步长 d_t 为 0.01s。

（2）初始故障选取，主要包括输电系统中的断线故障和短路故障。其中，短路故障类型考虑三相短路。这是因为相较于单相和双相短路故障，三相短路的后果最为严重，而且 WECC 新能源通用模型适用于对称性故障下的机组动态模拟。短路故障发生时，输电元件的短路点位置采用均匀分布抽样，故障清除时间采用正态分布抽样，其中均值为 0.15s，标准差为 0.10s。

（3）系统解列判断。若当前故障发生后系统解列，则生成各个子系统数据，并分别在每个子系统内模拟连锁故障的后续过程。

（4）更新当前系统的导纳矩阵，然后求解系统动态模型的代数方程组。当线路处于断开状态时，直接从系统导纳矩阵中将对应支路的分量移除。当线路处于短路故障时，先采用 Y-Δ变换处理短路点，然后更新系统导纳矩阵。求解代数方程组时，首先采用考虑凸极效应的迭代法提供初始解，再采用牛顿法计算收敛解。

（5）采用隐式梯形法联立求解系统动态模型的代数微分方程组。若收敛，转步骤（6）。否则，判断步长 d_t 是否大于最小步长 d_{tmin}。若大于，令 d_t=0.5d_t 并重新求解。否则，当前子系统失稳，全部负荷停运，结束当前子系统模拟。

（6）根据步骤（5）中的系统运行状态和元件保护逻辑，更新保护触发状态。

（7）判断是否发生短路故障清除或保护动作延时为 0。若是，则更新系统状态，更新当前时间 $t=t+d_t$，转步骤（3），否则转步骤（8）。

（8）更新动态模拟步长，令 $d_t=2d_t$，以提升在没有新的离散事件发生时的仿真效率。

（9）若当前 t 大于预设的动态模拟终止时间 t_{max}，转步骤（10），否则转步骤（5）。

（10）连锁故障模拟结束，输出故障事件记录。

含新能源输电系统的连锁故障动态模拟流程如图 4-1 所示。

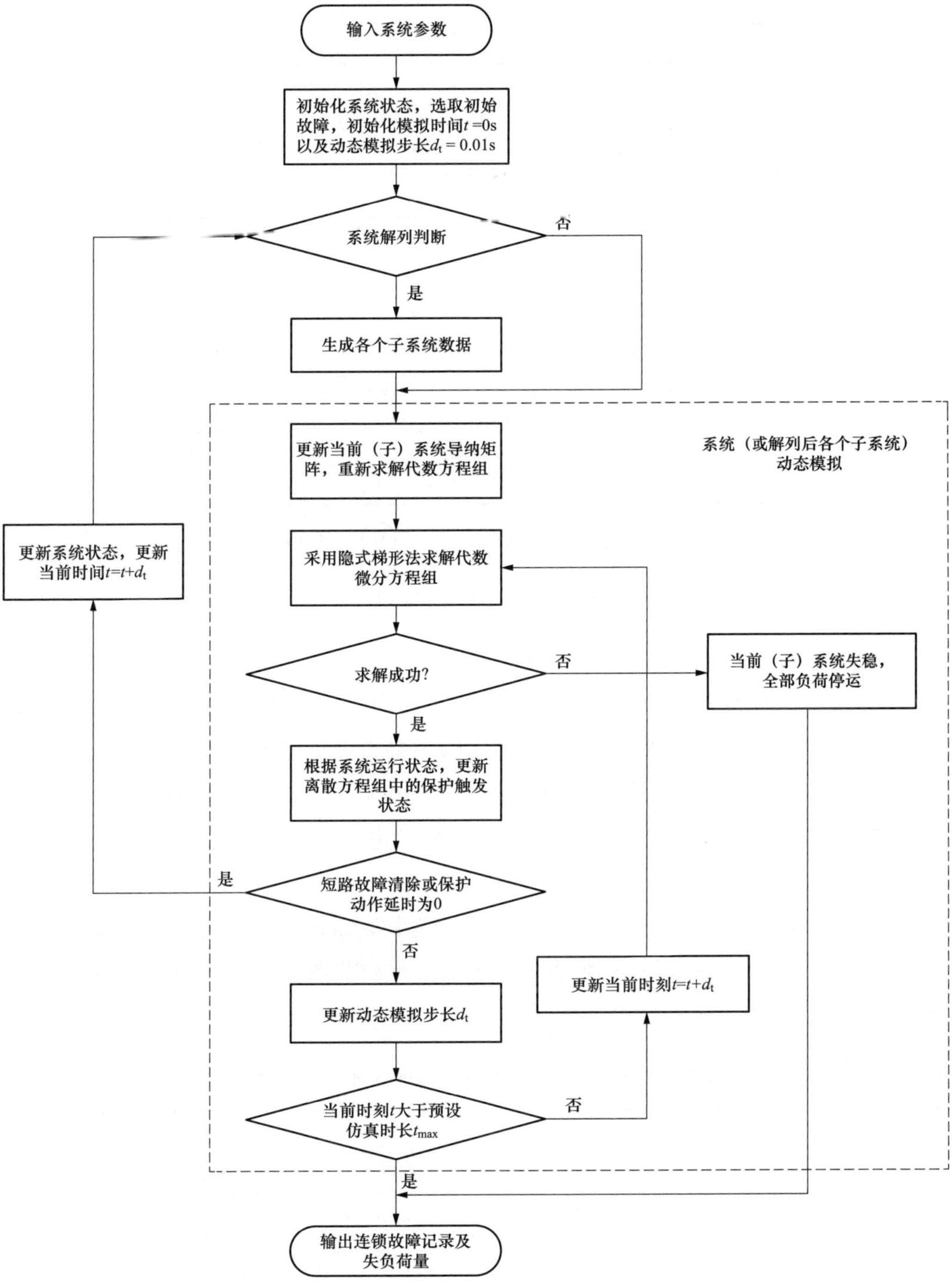

图 4-1　含新能源输电系统的连锁故障动态模拟流程图

以 IEEE 39 节点系统为例，基于 MATLAB 实现所提出的连锁故障动态模型，分析集中式和分布式新能源对大停电风险的影响。该系统包括 10 台常规机组、46 条输电线路，拓扑如图 4-2 所示。

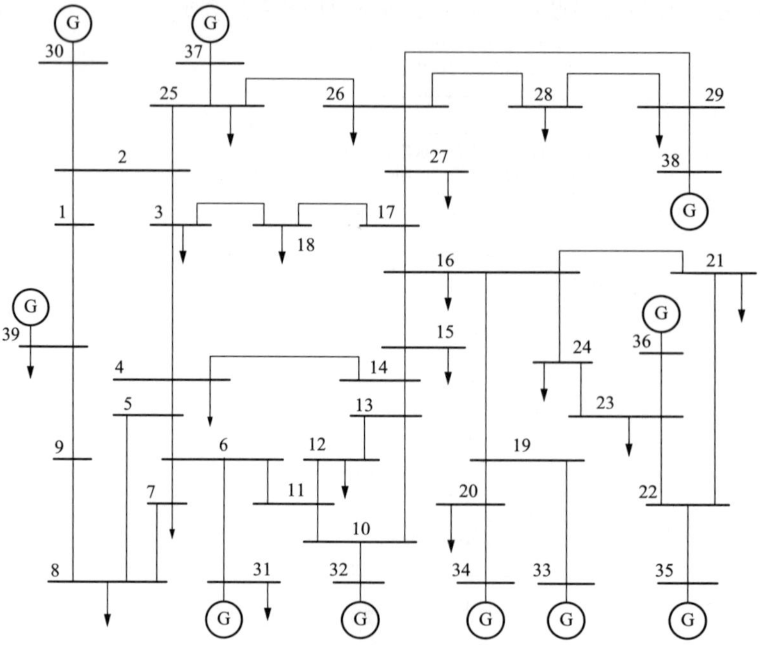

图 4-2　IEEE 39 节点系统拓扑

（1）含新能源电力系统的连锁故障动态模拟。

将该系统节点 30 和节点 31 的 2 台常规机组替换为等容量风电场，此时风电渗透率约为 20%。风电场模型采用双馈风机，WECC 通用模型参数详见官方报告。同时，考虑每个负荷节点接入的分布式新能源出力为原负荷水平的 10%，即每个节点的净负荷为原负荷的 90%。负荷采用恒阻抗模型。初始故障后连锁故障动态模拟时长 t_{max} 为 100s，以保证系统在仿真结束时已进入新的稳态阶段。

下面以 $t = 0.1$s 时线路 2-25 和线路 6-31 断开为初始故障，举例说明连锁故障的动态模拟过程。对应的连锁故障传播过程如表 4-1 所示，负荷节点电压曲线和常规机组频率曲线分别如图 4-3 和图 4-4 所示。

表 4-1　　线路 2-25 和线路 6-31 断开后的连锁故障传播过程

仿真时段	事件
0.10s	线路 2-25 和线路 6-31 断开，系统解列
0.20～2.25s	系统频率下降，节点 25、39 和节点 27 等 18 处分布式新能源的 RoCoF 保护陆续动作
2.76s	线路 16-17 发生过载，被保护跳开
3.44s	线路 4-14 发生过载，被保护跳开

续表

仿真时段	事件
3.52～3.66s	节点 7、8 和节点 4 的低压减载先后动作
3.92s	线路 3-18 发生过载，被保护跳开，系统再次解列
4.36s	节点 30 处风电场的低频保护动作，风电场脱网
4.78s	节点 3、4、7、8 和节点 39 的低频减载动作
14.40s	节点 39 的常规机组因低频保护动作而退出运行

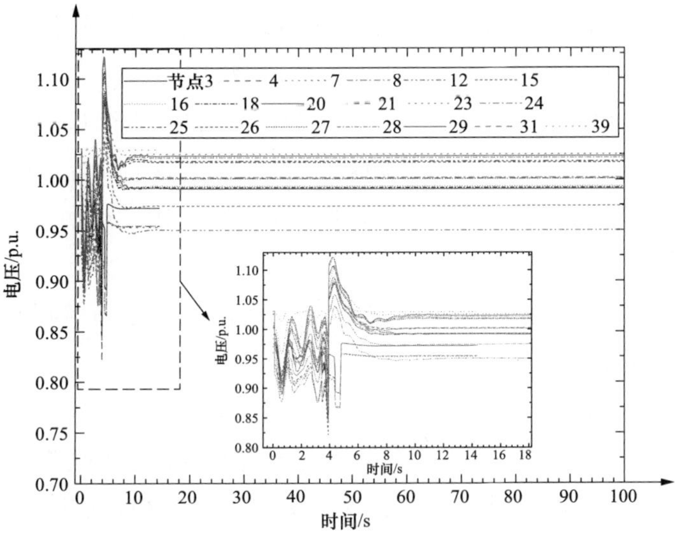

图 4-3　线路 2-25 和线路 6-31 断开后的负荷节点电压曲线

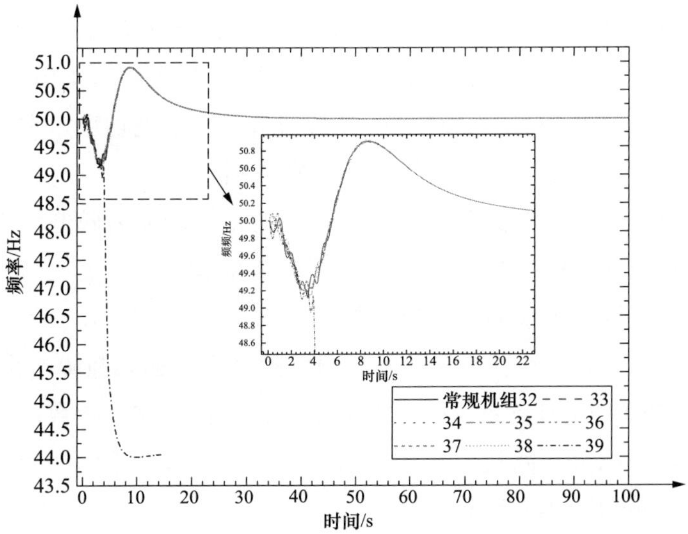

图 4-4　线路 2-25 和线路 6-31 断开后的常规机组频率曲线

如表 4-1 所示，0.1s 时线路 6-31 的断开导致节点 31 的风电场退出运行，造成有功功率缺额 515.61MW。由于系统有功出力低于负荷需求，常规机组频率下降。在 0.1～0.2s 期间，节点 39 和节点 32 处机组的频率变化率分别为 0.91Hz/s 和 0.52Hz/s，超出分布式新能源的 RoCoF 保护动作阈值（0.50Hz/s），因此，节点 25 和节点 39 的分布式新能源率先脱网。这进一步增大了系统的有功缺额，使机组频率下降速度加快。在 0.20～2.25s 期间，节点 18 和节点 27 等其余 16 处分布式新能源的 RoCoF 保护先后分 8 次陆续动作。由于功率不平衡导致系统电压发生波动，节点 12 的电压在 0.40s 最先跌破低压减载的阈值（0.90p.u.），但经机组调节出力后，在 0.77s 时该节点电压恢复至 0.90p.u.以上，历时约 0.37s，小于低压减载动作延时（0.50s），因此，该节点未触发低压减载。其余部分节点的电压虽然也在短时间内跌破 0.90p.u.，但由于时长较短，也未触发低压减载。

由于净负荷水平的提高，线路 16-17 发生过载，在 2.76s 由于保护动作而退出运行，并导致节点 4、7、8 等处的电压发生跌落。随后，线路 4-14 由于潮流转移出现新的过载，在 3.44s 退出运行，导致节点 4、7、8 等处的电压再次下降。由于短时间内发生的两次连续压降，节点 7、8 和节点 4 的电压低于低压减载阈值（0.90p.u.）的累计时长超过 0.50s，对应的低压减载在 3.52～3.66s 期间陆续动作。系统潮流变化在 3.92s 时触发线路 3-18 的保护动作，随后系统再次解列。

在 3.92s 时系统解列为两个子系统。其中子系统 1 由节点 1、2、3、4、5、6、7、8、9、30 和节点 39 形成。在解列前，系统频率虽然由于功率缺额有所跌落，但在机组的出力调控下仍保持在 49.1Hz 以上。解列后，由于该子系统的电源仅包括节点 39 的常规机组和节点 30 的风电场，负荷需求（2367.81MW）远大于发电功率（1169.78MW），因此节点 39 处常规机组的频率快速下降，并在 4.27s 时跌落至低频减载动作阈值（47.5Hz）。经过 0.50s 的延时后，该子系统内负荷节点 3、4、7、8 和节点 39 的低频减载被触发。节点 30 的风电场和节点 39 的常规机组也分别在 4.36s 和 14.40s 时由于低频保护动作而退出运行。随后子系统 1 的负荷全部停运。此外，子系统 2 内负荷需求低于发电功率，常规机组的频率经历短暂上升后，在调速器和调频器的控制下恢复正常范围。

从上述过程中可以看出集中式和分布式新能源的耐扰动能力较低，连锁故障中电源脱网风险上升，同时输电元件的保护动作风险也受到交互影响。

（2）故障类型对连锁故障风险的影响分析。

在新能源接入设定下，分别以断线故障和短路故障作为初始故障类型，进行 3000 次连锁故障模拟。由于 IEEE 39 节点系统的原始数据不含元件可靠性参数，采用线路故障概率的平均值和方差，以正态分布随机生成线路的初始故障概率。不同初始故障类型下的失负荷百分比累积概率分布如图 4-5 所示。

从图 4-5 可以看出初始故障考虑为短路故障时，相较于断线故障，失负荷风险有所增加。在初始故障考虑为断线故障的样本中，单个常规机组和单个风电场的保护平均动作次数分别为 0.008 次和 0.13 次。而在考虑为短路故障的样本中，对应的平均动作次数分别为

0.01 次和 0.24 次。这表明故障类型对集中式新能源的影响远大于常规机组。这是因为从短路故障发生到清除，系统通常会经历较大的电压扰动，并通过调节常规机组的励磁器恢复系统的电压。在这一过程中，受系统运行状态变化影响，集中式和分布式新能源的脱网风险升高，可能进一步造成新的电压和频率扰动，甚至系统失稳。

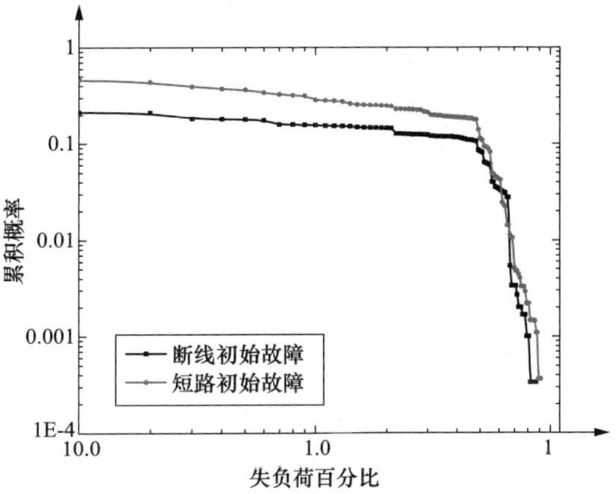

图 4-5 不同初始故障类型下的失负荷百分比累积概率分布

（3）集中式新能源对连锁故障风险的影响分析。

为分析集中式新能源渗透率对连锁故障风险的影响，考虑以下 3 种场景。

场景 1：不考虑风电接入，即原 IEEE 39 节点系统，此时集中式新能源的渗透率为 0%。

场景 2：将原 IEEE 39 节点系统中节点 30 和节点 31 处的常规机组替换为等容量风电场，此时集中式新能源的渗透率约为 20%。

场景 3：将原 IEEE 39 节点系统中节点 30、31 和节点 38 处的常规机组替换为等容量风电场，此时集中式新能源的渗透率约为 30%。

以上 3 种场景中均考虑各负荷节点的分布式新能源渗透率为 10%。初始故障选为短路故障，以保证风险分析反应系统最恶劣的扰动情况。需要说明的是，为了便于对比，系统初始运行状态中新能源机组的出力均按所替换的常规机组设定。如需考虑风/光等一次能源的随机性影响，在系统初始运行状态设定中作相应调整即可。

不同集中式新能源渗透率下的失负荷百分比累积概率分布如图 4-6 所示。不同集中式新能源渗透率下的保护平均动作次数如表 4-2 所示。为了便于比较，常规机组保护和风电场保护的平均动作次数都以单台机组给出。

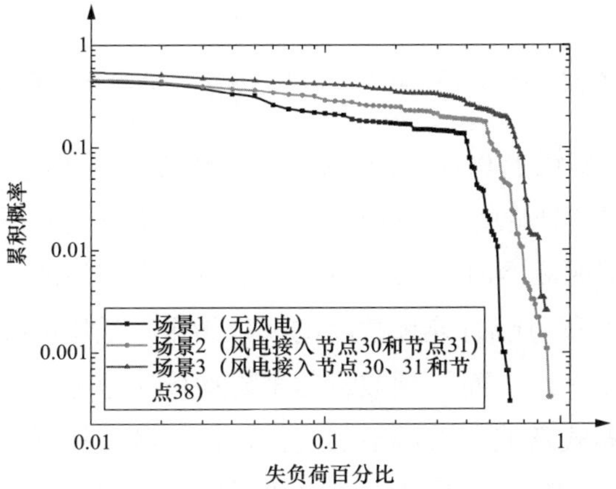

图 4-6 不同集中式新能源渗透率下的失负荷百分比累积概率分布

表 4-2　　不同集中式新能源渗透率下的保护平均动作次数　　（次）

保护类型	场景 1	场景 2	场景 3
线路	1.65	1.89	1.98
常规机组	2.00×10^{-3}	0.01	0.02
风电场	—	0.24	0.37
低压减载	2.97	4.06	6.37
低频减载	0.21	1.94	4.73

（4）分布式新能源对连锁故障风险的影响分析。

进一步地，为分析分布式新能源渗透率的影响，除场景 2 中 10%的分布式新能源渗透率外，考虑以下 3 个场景。

场景 4：分布式新能源渗透率为 0%。

场景 5：分布式新能源渗透率为 20%。

场景 6：分布式新能源渗透率为 30%。

场景 4～6 的集中式新能源设定与场景 2 一致。不同分布式新能源渗透率下的失负荷百分比累积概率分布如图 4-7 所示。

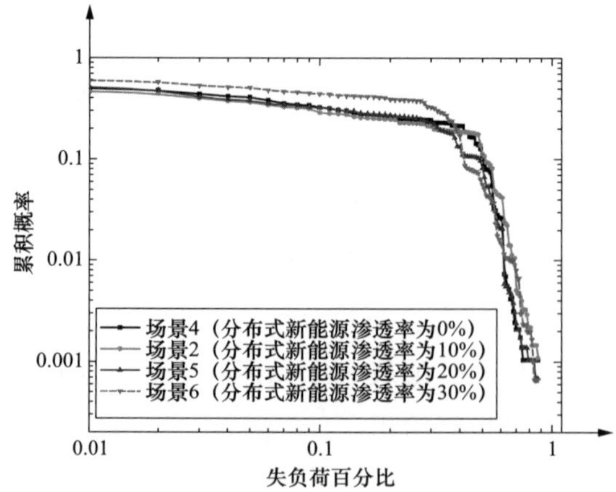

图 4-7　不同分布式新能源渗透率下的失负荷百分比累积概率分布

从图 4-7 中可以看出相较于 0%的分布式新能源渗透率场景，10%的渗透率场景下失负荷风险降低最为明显，而 30%的渗透率场景下失负荷风险反而有所升高。这是因为当系统频率扰动导致分布式新能源脱网时，系统功率不平衡会进一步恶化。统计当分布式新能源渗透率为 0%、10%、20%和 30%时连锁故障的模拟结果，低压减载的平均动作次数分别为 4.25、4.05、4.43 次和 5.79 次，而低频减载的平均动作次数分别为 2.00、1.95、3.47 次和 5.99 次。这表明随着分布式新能源渗透率的上升，低压减载和低频减载的动作风险可能因大量分布式新能源的脱网而升高。此外，分布式新能源脱网后，由于多个节点的负荷状态同时变化，系统可能发生失稳，对应地，大停电概率也发生改变。

此外，当分布式新能源渗透率为0%、10%、20%和30%时，线路保护的平均动作次数分别为2.24、1.88、1.26次和1.07次。这是因为分布式新能源的接入降低了各节点的净负荷水平，进一步由潮流转移引发线路连锁停运的风险也有所降低。

以上分析表明在大量的分布式新能源接入输电网的负荷节点后，有必要考虑主网与分布式新能源的动态交互，而不是仅将其作为固定的负荷。特别是当分布式新能源的耐扰动能力较弱时，分布式新能源可能成为输电网大停电的重要影响因素。

5 复杂电网的过负荷脆弱性分析理论

电力系统作为世界上最庞大复杂的系统之一，容易受到各种极端事件的影响，包括极端自然灾害（台风、暴雨、冰灾等）和极端人为攻击（网络攻击、电磁脉冲等）。不同于电力系统日常运行中个别设备故障等概率高危害低的事件，极端事件的发生概率极低但危害极高，一旦发生可能造成大面积停电。

根据国内外的停电灾害统计，现有研究中关注的电力系统极端事件如表 5-1 所示。

表 5-1　　电力系统极端事件

极端事件	典型案例	影响元件	考虑因素
飓风	2020 年“黑格比”台风造成浙江电网全省 584 条线路停运，198.6 万户用户用电受到影响	线路和杆塔	配电网线路、变压器、负荷、隔离开关
地震	2008 年汶川大地震使得川西北电网瘫痪，四川省全网瞬时损失负荷达 32%，造成了绵阳、广元、巴中等多个地区停电	变电站	传统发电厂、负荷、线路、变压器、变电站
冰灾	2008 年初，湖南电网遭遇了有历史纪录以来最严重的长时间大面积雨雪、冰冻灾害袭击，造成 500kV 西电东送北部、中部、南部通道停运，500kV 电网最严重时期分隔为 5 个区域孤立运行	线路	发电机、线路、负荷
磁爆	超级磁暴产生地磁感应电流，造成多起跳闸、变压器损坏事故，造成了加拿大魁北克和瑞典马尔默的大规模停电	变压器	输电线路、变压器、变电站
暴雨、洪灾	2022 年河南暴雨	线路、变电站	传统发电厂、负荷、线路、变压器、变电站
暴风雪	2021 年 2 月 15 日，美国得州大停电，影响 480 万人	线路和杆塔	—
网络攻击	2015 年 12 月 23 日，乌克兰电网被黑客植入病毒，导致 7 个 110kV 的变电站和 23 个 35kV 的变电站出现故障，140 万名居民受到停电影响	保护装置	发电机、线路、负荷、保护设备

在以上事件中，过负荷是电力系统发生大停电的主导因素之一。然而新能源电力系统过负荷传播演化路径众多，识别关键事故链是阻断大停电风险的主要依据，其核心是分析海量故障事件之间的关联性。为了充分挖掘连锁故障事故链的关联信息，现有研究采用的算法主要分为以下几类：

（1）网页链接排序算法。该类方法将网络搜索引擎中经典的网页排序算法，如 Google

的 PageRank 算法，引入电力系统的事故链分析。其总体思路是将连锁故障中的故障传播模式类比为网页浏览中点击当前网页后跳转至其他网页的过程。该类算法的难点在于如何考虑电网特性构建适用的排序指标，同时，为了类比网页点击过程，此类算法常假设每阶段的故障仅包含一个事件，这在应用于复杂多时间尺度事故链分析时面临较大的局限。

（2）影响图算法。该类方法通过将所有连锁故障的传播路径映射生成电力网络的“对偶图”，然后采用出入度等复杂网络指标分析“对偶图”中的关键链接。与基于复杂网络的连锁故障建模方法不同，该类方法基于“对偶图”的拓扑开展分析，而非电网的实际拓扑。也有研究将“对偶图”进行维度拓展，进一步分析故障区域空间分布、负荷损失节点分布等重要风险信息。当事故链的某一代内包含多个事件时，可采用贝叶斯等统计推断理论估计故障关联关系。但是，该类方法目前仅采用潮流计算分析线路停运的事故链模型，无法在保留故障事件的多时间尺度特征时分析事故链的关联特性。

（3）基于马尔可夫过程的事故链搜索算法。该类方法采用马尔可夫链刻画连锁故障的状态转移过程，通过求解状态转移矩阵描述故障传播概率。一些研究结合故障树搜索方法实现状态空间缩减和截断，构建高风险事故链的快速搜索算法。也有研究结合马尔可夫过程和影响图算法，从而实现不同停电规模的事故链辨识。但是，在齐次马尔可夫链中，需要假设系统将来的状态分布只取决于现在，跟过去无关。这一假设可能与连锁故障的演化过程相悖，因为在历次大停电中故障传播存在明显的跨时间尺度和隔代的持续影响效应。

5.1 基于过载的复杂电网连锁故障模型

电力系统的连锁故障涉及潮流转移和稳定分析等多种复杂机理。目前，大多数的连锁故障模型在故障传播过程中主要刻画潮流转移的风险，其中由 ORNL、PSerc 和 Alaska 3 个机构提出的 OPA 模型最为经典。因此，本节以 OPA 模型为代表，介绍过负荷脆弱性评估的模拟思路。

OPA 模型的核心是从重载线路中随机抽取后续故障，模拟输电网的连锁故障。具体模拟过程如下：

（1）随机模拟负荷状态。其中每个节点的负荷 D_i 随机生成如下：

$$D_i = k_{\mathrm{D}} D_i^0 \tag{5-1}$$

式中 D_i^0 ——节点 i 的基准负荷，MW；

k_{D} ——负荷水平随机变量，取值范围为 $\left[\frac{1}{\gamma},\gamma\right]$。

（2）根据随机抽样后的负荷水平，采用直流最优潮流确定系统运行状态。

（3）采用初始故障概率 P_0，随机抽取初始故障元件。

（4）跳开故障线路后，采用直流最优潮流更新系统运行状态。

（5）电网连锁故障模拟。

1）孤岛识别及功率平衡模拟。分析当前系统拓扑。若由于出现孤岛导致孤岛内供需功率不平衡，系统通过自动发电控制和低频减载装置自动平衡孤岛内的机组出力和负荷需求。孤岛内部调整平衡策略可分为两种：①如果机组出力之和低于负荷，火电机组首先根据其可用剩余出力按比例增大其出力。如果最大机组出力之和仍低于负荷，则按功率缺额比例依次削减负荷。②如果机组出力之和大于负荷，火电机组应先按比例下调出力以匹配负荷。如果最小机组出力之和仍大于负荷，则按容量大小由小到大依次关停火电机组。

2）线路连锁故障模拟。采用直流潮流模型更新各个孤岛潮流。由于线路潮流过载可能引起保护设备的动作，从而造成输电线路的连锁故障。可采用以下概率模型模拟线路连锁故障：

$$p=\begin{cases} p_0 & F_{\text{line}} \leqslant F_{\text{line}}^{\max} \\ p_0+\dfrac{F_{\text{line}}-F_{\text{line}}^{\max}}{1.4F_{\text{line}}-F_{\text{line}}^{\max}}(1-p_0) & F_{\text{line}}^{\max}<F_{\text{line}} \leqslant 1.4F_{\text{line}}^{\max} \\ & F_{\text{line}} \geqslant 1.4F_{\text{line}}^{\max} \\ 1 & \end{cases} \tag{5-2}$$

式中　p_0——随机故障概率；

F_{line}、$F_{\text{line}}^{\max}$——线路当前功率和额定容量，MW。

如果出现新的线路故障，则返回 1）。否则，至 3）。

3）电网再调度模拟。在电网故障模拟过程终止时，根据最优切负荷模型模拟系统运行方调度行为。

（6）终止判定。连锁故障过程的终止目标通常设定为特定的线路故障数或负载损失量阈值。若已达到终止目标，模型终止模拟，否则返回（3）执行下一阶段的故障模拟。

5.2　基于复杂网络的复杂电网脆弱性分析模型

基于复杂网络的复杂电网脆弱性分析模型将电力网络等效为复杂网络，采用节点度分布、电气介数、潮流熵等脆弱度指标识别关键故障，通过依次触发关键故障构成连锁故障事故链。该类方法计算复杂度较低、易表征为事故链，但是，由于事故链生成过程没有计及完整的潮流计算和稳定分析，所反映的故障信息也较有限。

5.2.1　电气介数分析算法

通过相关的研究以及当前电力系统的特点，定义电气介数为 $B_{\text{e}}(m,n)$，线路为 (m,n)，得到电气介数公式如下：

$$B_{\text{e}}(m,n)=\sum_{i\in G,\, j\in L}\sqrt{W_iW_j}\,|I_{ij}(m,n)| \tag{5-3}$$

式中 $I_{ij}(m,n)$ ——在"发电–负荷"节点对 (i,j) 间加上单位注入电流元后，在线路 (m,n) 上引起的电流，A；

W_i ——发电节点 i 的权重，取发电机额定容量或实际出力，MW；

W_j ——负荷节点 j 的权重，取实际或峰值负荷，MW；

G、L ——所有发电和负荷节点的集合。

与加权介数相似，$B_e(m,n)$ 反映了"发电—负荷"节点对之间潮流对线路的利用情况，同时量化了支路对全网潮流传播的贡献，因此可用于系统关键线路的识别。但因其并未假设潮流只按最短路径流动，而是基于电路方程求得所需结果，所以比加权介数更符合电力系统实际。另外，因式（5-3）综合考虑了不同发电和负荷节点的权重，电气介数也可反映出节点发电容量和负荷水平对线路关键性的影响。即发电容量或负荷水平较小的"发电—负荷"节点对，其对各线路电气介数影响的权重不会很大。

为减少计算量，可对式（5-3）采用简化算法。设该系统共有 $N+1$ 个节点且最后一个为参考节点，则其降阶导纳矩阵为 $\boldsymbol{Y}(N\times N)$。设节点 i 和参考节点间添加的单位注入电流元为 e_i，则其在支路 (m,n) 上引起的电流为：

$$I_i(m,n)=[U_{i(}m)-U_i(n)]y_{mn} \tag{5-4}$$

式中 U_i ——e_i 在各节点上所引起的电压组成的向量，并满足 $\boldsymbol{Y}U_i=e_i$；

$U_i(m)$、$U_i(n)$ ——U_i 在节点 m 和 n 上的分量；

y_{mn} ——支路 (m,n) 的导纳。

若设节点 i 和节点 j 之间添加的单位注入电流元为 e_{ij}，则有 $e_{ij}=e_i-e_j$。同时根据线性电路的可加性，可得：

$$I_{ij}(m,n)=I_i(m,n)-I_j(m,n) \tag{5-5}$$

即 e_{ij} 在支路 (m,n) 上所引起的电流等于 e_i 和 e_j 在该支路上分别引起的电流的线性和。故计算 $B_e(m,n)$ 时可不必逐一对各个节点对进行计算，而应先根据式（5-4）求出各节点和参考节点间的单位注入电流元单独作用时在各支路上引起的电流，然后按式（5-5）直接相减即可求出任意"发电—负荷"节点对间加上单位注入电流元的情况，再代入式（5-3）求出各支路的电气介数，可大大简化运算。同时对系统解列后不在同一个分区内的两个节点，因在其间添加的注入电流元不会引起任何电流，也可不必计算以进一步提高效率。

5.2.2 潮流熵分析算法

熵反映了一种自然界现象有序程度演化的规律，是应用范围非常广泛的一门科学理论，熵不仅是一个物理学概念，而且是一个数学函数，更是一种自然法则，被广泛应用于系统不确定性、稳定程度的描述中。电力系统作为一个能量平衡系统，其内部的稳定平衡可以通过系统内部能量分布的熵变过程来描述，定义电力系统中的能量熵 H 为：

$$H = -\sum_{i=1}^{N} \eta_i \ln \eta_i \tag{5-6}$$

式中　$\eta_i = E_i / E$——元件 i 的能量分布率；

N——系统元件总数。

电力系统的能量熵用于描述系统在某一确定状态下系统内部能量的分布规律，分布越均匀系统越稳定。理想情况下，能量均匀分布，各元件平均分摊系统总能量，各元件的能量分布率 $\eta_i = 1/N$，此时，系统的能量熵最大为 $\ln N$，系统最稳定。

电力系统作为一个非线性的复杂系统，由于其本身的自组织特性，还有系统外部对其施加的控制、继电保护等约束条件，面对外界冲击具有一定的自我调节能力，电网多数时候处于从一种平衡态到另一种平衡态的过渡过程中。当电力系统处于平衡态时，系统能量分布有序、确定（均匀分布），系统的能量熵值最大；扰动是对系统的一种能量冲击，即给系统增加了不确定性，注入了能量负熵；而系统外部的约束条件此时会消除扰动的影响，相当于给系统注入能量正熵；当外部约束能够消除能量冲击聚集的能量负熵时，系统进入了一个新的平衡状态；当聚集的能量冲击超过外部约束条件的调控能力（外界约束提供的能量正熵不足以平衡冲击引起的能量负熵）时，系统趋于崩溃。

电力系统具有复杂系统的特性，电力系统的脆弱性与系统对冲击的消纳能力大小紧密相关。系统对冲击的消纳能力通过两个方面来体现：①系统中元件抗冲击能力的大小；②冲击在系统各元件中的分布规律。表示如下：

$$C_k > P_k + D_{ka}\Delta P_a \tag{5-7}$$

式中　C_k——支路容量，表示其抗冲击能力的大小，MW；

P_k——支路基态潮流，MW；

$D_{ka}\Delta P_a$——元件受到的冲击大小，MW；

ΔP_a——节点 a 的过负荷扰动，MW；

D_{ka}——扰动冲击　在支路 k 上的分布。

不满足式（5-7）的约束条件时支路过载。

其中元件的抗冲击能力 C_k 是元件的本身性能，为已知定值，因此，系统的脆弱性主要通过能量冲击在系统中的分布规律 D_{ka} 来描述，即可以采用能量冲击熵的大小作为元件脆弱性的评估标准。能量冲击对系统的影响表现为以下几个方面：①能量冲击大，且分布聚集，系统元件受到的冲击最大；②能量冲击大，能量冲击在系统中分布均匀，系统各元件受到的冲击大大减小；③能量冲击虽然不太强，但是冲击绝大部分聚集在某个元件上，则该元件受到的冲击仍很大；④能量冲击不大，且分布均匀，系统元件受到的冲击最小。

在只考虑单位能量冲击的情况下，能量分布的聚集程度即注入负熵的大小决定了系统各元件受到冲击的强弱，故把熵引入电力系统脆弱性评估中是切实可行的。主要通过讨论冲击过程中潮流分布特性和系统元件传播连锁故障环节的重要性来研究元件的脆弱性。因此，通过不同元件潮流熵值的大小可以反映元件的脆弱性。

系统正常工况下处于平衡基态，此时系统支路 i 的潮流为 P_{i0}；当节点 a 负荷单位增加即系统在受到扰动冲击工况下，支路 i 潮流为 P_{ia}；节点 a 受到扰动后过支路引起的潮流增量为：

$$\Delta E_{ia} = P_{ia} - P_{i0} \tag{5-8}$$

将 ΔE_{ia} 定义为节点 a 对支路 i 的潮流冲击，则节点 a 对系统的潮流冲击为：

$$\Delta E_{a} = \sum_{i=1}^{S}(P_{ia} - P_{i0}) \tag{5-9}$$

式中　S——系统支路数。

支路 i 所承担节点 a 对系统潮流冲击的比例用支路 i 的潮流冲击率 η_{ia} 来表示：

$$\eta_{ia} = \frac{\Delta E_{ia}}{\Delta E_{a}} \tag{5-10}$$

结合式（5-8）～式（5-10），定义节点 a 的潮流分布熵为：

$$H_{\mathrm{D}}(a) = -\sum_{i=1}^{S}\eta_{ia}\ln\eta_{ia} \tag{5-11}$$

$H_{\mathrm{D}}(a)$ 的大小反映了不同节点过负荷扰动下系统所受潮流冲击的分布特性，当各支路潮流冲击率相等时，节点 a 的潮流分布熵达到最大值：

$$H_{\mathrm{Dmax}}(a) = \ln S \tag{5-12}$$

此时各支路均分摊承担节点 a 的潮流冲击，从而将每条支路上的潮流冲击降到最小，各支路越限的可能性最低，系统所承受的节点扰动冲击最小。当潮流冲击全部聚集在某一条线路时，该节点的潮流分布熵 $H_{\mathrm{D}}(a)$ 为最小值 0，此时节点扰动对系统的冲击最大，最容易导致支路越限故障。

因此，结合节点的潮流分布熵定义节点的脆弱指标为：

$$V_{Na} = \frac{\Delta E_{a}}{H_{\mathrm{D}}(a)} \tag{5-13}$$

式中　ΔE_{a}——节点单位扰动对系统的潮流冲击，MW。

ΔE_{a} 越大，节点 a 受扰对系统潮流冲击越大，节点 a 的潮流分布熵 $H_{\mathrm{D}}(a)$ 越小，系统的潮流冲击分布越聚集在少数几条支路上，则节点脆弱指标 V_{Na} 越大，节点 a 的过负荷越容易导致支路越限。

下面继续介绍输电支路的脆弱性评估。传统的支路后果脆弱性评估是指该支路退出系统运行时系统受到的影响，如对系统连通性、失负荷比例、系统最大传输能力的影响等。

以往采用复杂网络理论，只考虑母线间的功率仅沿最短路径流动，支路被最短路径经过的次数定义为支路介数，并验证了介数高的线路在系统中所处位置更重要。但是，电力系统中潮流不仅在最短路径中流动，还在其他路径中流动。电网的潮流传播遵循基尔霍夫定律。当电网中支路 l_i 断开时，支路 l_k 分担支路 l_i 转移的潮流增量为：

$$\Delta\lambda_{ki} = P_{ki} - P_{k0} \tag{5-14}$$

式中　P_{ki}——支路 l_i 断开后支路 k 上的潮流，MW。

定义支路 i 对支路 k 的潮流转移冲击率为：

$$\beta_{ki} = \frac{\Delta\lambda_{ki}}{\sum_{k=1}^{S}\Delta\lambda_{ki}} \tag{5-15}$$

由式（5-11）定义支路 i 的潮流转移熵为：

$$H_{\mathrm{T}}(i) = -\sum_{k=1}^{S}\beta_{ki}\ln\beta_{ki} \tag{5-16}$$

定义基于支路潮流熵的支路后果脆弱指标为：

$$V_{1i} = \frac{P_i}{H_{\mathrm{T}}(i)} \tag{5-17}$$

式中　P_i——支路的潮流，MW。

断开支路的潮流 P_i 越大，其断开后对其他支路冲击越大；支路 i 断开后的潮流转移熵 $H_{\mathrm{T}}(i)$ 越小，系统的潮流转移冲击分布越聚集在少数几条支路上，则支路 i 的后果脆弱指标 V_{1i} 越大，支路 i 断开的潮流转移的冲击越大，对系统造成的影响后果也越严重，即更容易造成系统中支路越限，甚至连锁故障的发生。

除了上述节点脆弱性和支路脆弱性的熵指标外，还可以针对新能源出力波动的不确定性建立脆弱熵指标，用于刻画大规模风电集中接入后电网的网络结构和潮流分布受到的影响。我国大规模风电集中开发模式决定了众多风电场集中接入电网的结构特点，网络中将出现一批连接度很高的节点。从网络角度而言，此类节点的丢失将使网络连通性急剧下降。对电力系统而言，更严重的是会丢失该节点下的电源和负荷，若此时在该节点并网发电的风电场群出力处于高位，则相当于系统中发生大电源丢失事故。同时由于大规模风电基地周边往往缺少能够快速调节的大型常规电源，因此极有可能引起系统频率和电压的下降，进而引发连锁故障。此外，大规模风电基地一般位于负荷小和网架结构薄弱的区域，当大规模风电基地大面积来风时，风电基地有功出力大幅攀升，本地负荷消纳能力有限，网架结构薄弱地区的线路如果故障跳闸，潮流将转移至相邻线路，若相邻线路无法承受其转移的潮流，会引发相邻线路的相继跳闸，最终可能诱发连锁故障，发生大停电事故。因此在新能源渗透率不断攀升的背景下，大电网停电事故的风险也将大幅增加。

对于含大规模风电集中接入的电网，其自组织临界态的演化与风电接入量和风电波动特性密切相关，相应的物理指标有以下两种。

（1）风电日平均上网功率 P_{mean}：衡量风电日出力平均水平的物理指标。

$$P_{\text{mean}} = \frac{1}{w}\sum_{t=1}^{w}\sum_{s=1}^{r}P_{ts} \tag{5-18}$$

式中 P_{ts}——第 s 个风电场在第 t 个采样点的风电出力，MW；

r——对象电网中的风电场总个数；

w——风电场出力采样总点数。

（2）风电波动熵 H_{wind}：衡量风电波动性均匀与否的物理指标。

$$H_{\text{wind}} = -\sum_{k=1}^{n}v(k)\ln v(k) \tag{5-19}$$

式中 $v(k)$——风电波动率处于 $[(k-1)u, ku]$ 区间内的概率，其值为风电恒波动量与风电出力峰谷差的比值。

研究表明，风电波动熵越大，电网发生大负荷损失事故的风险越大。但需要注意的是，在风电波动熵较小的情况下，若风电平均出力继续增大，仍有可能引发连锁故障。

5.2.3 节点度分布算法

节点度分布算法通过将所有连锁故障的传播路径映射生成电力网络的“对偶图”，然后采用出入度等复杂网络指标分析“对偶图”中的关键链接。与基于复杂网络的连锁故障建模方法不同，节点度分布算法基于“对偶图”的拓扑开展分析，而非电网的实际拓扑。也有研究将“对偶图”进行维度拓展，进一步分析故障区域空间分布、负荷损失节点分布等重要风险信息。当事故链的某一代内包含多个事件时，一些研究采用贝叶斯等统计推断理论估计故障关联关系。但是，该类方法目前仅采用潮流计算分析线路停运的事故链模型，无法在保留故障事件的多时间尺度特征时分析事故链的关联特性。

获得系统的离线连锁故障事故集后，连锁故障集需要进行数据压缩以获取连锁故障传播的关键信息和规律。一般采用连锁故障时空图的构建方法来压缩连锁故障传播信息。首先，引入社团结构理论对电网的网架拓扑结构进行分区；然后，将所得的离线事故链集合压缩为连锁故障网络图，在此基础上结合电网分区，将连锁故障网络图拓展为兼具故障传播时序性与空间性的连锁故障时空图。

社团结构是复杂网络的主要属性之一，通常指群内节点之间连接非常紧密，而群之间的连接却相对比较稀疏，从而可将网络划分为若干节点群构成的社团结构。模块度 Q 定量地描述了网络中的社团，刻画了给定网络社团结构划分的质量。模块度 Q 是指网络中连接社团结构内部节点的边所占的比例与随机网络中连接社团结构内部节点的边所占比例的期望值相减得到的差值，计算公式如下：

$$Q=\frac{1}{2M}\sum_{i=1}^{N_{\mathrm{B}}}\sum_{j=1}^{N_{\mathrm{B}}}\left(e_{ij}-\frac{v_i v_j}{2M}\right)\delta(c_i,c_j) \tag{5-20}$$

式中　N_{B} ——网络的节点总数；
e_{ij} ——网络的邻接矩阵的元素；
v_i、v_j ——节点 i 和 j 的度数；
M ——网络中边的个数。

$\delta(c_i,c_j)$ 中 c_i，c_j 为节点 i、j 所在分区，若属于同一分区，则 $\delta(c_i,c_j)=1$，否则 $\delta(c_i,c_j)=0$。不同的区域划分方式对应不同的 Q 值。一般认为，Q 值越大，表明社团结构特征越明显，其对应的区域划分越好，且 Q 值大于 0.3 时说明复杂网络中具有明显的社团结构，分区的质量较高。

连锁故障网络图是将输电线路 L_i 虚拟为拓扑图中的节点，线路间关联度指标作为拓扑图的边，则事故链可以表征为一个有向有权重图 $G=\{V,E\}$，并可以通过合并不同事故链中重复的节点以及整合事故链节点间相应的权重值进行构建。

采用基于相似度阈值 $\alpha=90\%$ 的连锁故障事故链集合，并且考虑到随着事故链中间环节的逐一触发，系统可靠性加速恶化，则中间环节越靠近事故链的末端，该中间环节重要度越低。由此，对于在网络图中由不同事故链的同一节点对 (L_j,L_i) 间的综合总权重指标定义为：

$$W_{ji}=\sum_{1}^{h} w_{ji}^{F_i}/m \tag{5-21}$$

式中　h ——事故链集合中所有包含节点对 (L_j,L_i) 的事故链数目；
$w_{ji}^{F_i}$ ——节点对 (L_j,L_i) 在事故链 F_i 中的关联度指标；
m ——节点对 (L_j,L_i) 在事故链 F_i 中的环节位置。

此外，连锁故障并非仅为区域内传播，可能存在区域间跳跃式传播，而仅计及故障传播的时序特征的连锁故障网络图缺乏对故障传播空间特性的考量。因此合社团结构分区，将时序结构的连锁故障网络图拓展为具有时空特性的连锁故障时空图，以兼顾连锁故障传播的时序性和空间性。以一个含有 6 条线路的电网为例，对上述连锁故障时空图的构建过程进行简单的说明。如图 5-1（a）所示，该简易电网共有 6 条事故链，边权为中间环节间的关联度指标，按照式（5-21）可计算出图 5-1（b）的边权。例如，在图 5-1（a）中有节点 3 指向节点 5 的故障传播为事故链 F1 的第 2 环节、事故链 F3 的第 3 环节和事故链 F4 的第 2 环节（点划线圈出部分），则图 5-1（b）中节点 3 指向节点 5 的边 $W_6=w_{12}/2+w_{33}/3+w_{42}/2$。假定该简易电网原有如下分区：线路 1，线路 3 和线路 6 在同一电网区域内，其余线路在另一分区内，则将图 5-1（b）按电网网络拓扑的原始分区重新排布，可得图 5-1（c），即为简易电网的连锁故障时空图。

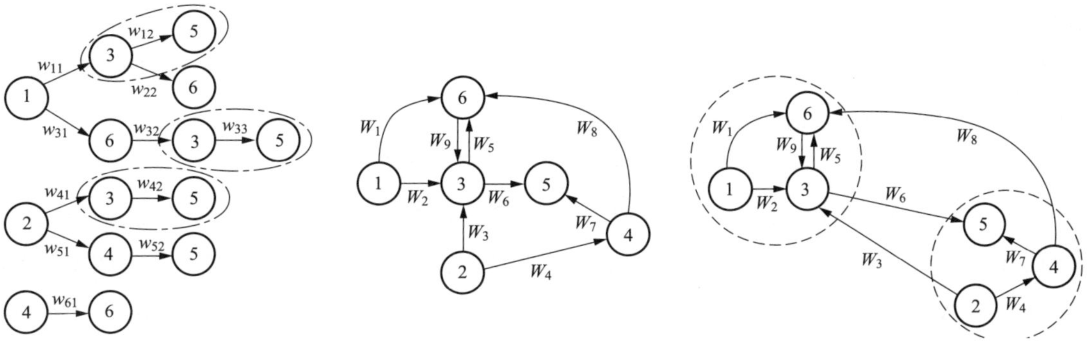

（a）简易电网对应的事故链集合　　（b）连锁故障网络图　　（c）连锁故障时空图

图 5-1　连锁故障时空图构建过程

5.3　基于网页链接搜索的复杂电网脆弱性分析模型

基于网页链接搜索的复杂电网脆弱性分析模型是将网络搜索引擎中经典的网页排序算法引入电力系统的事故链分析。其总体思路是将连锁故障中的故障传播模式类比为网页浏览中点击当前网页后跳转至其他网页的过程。该类算法的难点在于如何考虑电网特性构建适用的排序指标。同时，为了类比网页点击过程，此类算法常假设每阶段的故障仅包含一个事件，发掘事故链集合中所蕴藏的信息，分析连锁故障的事故链集中多条线路之间的关联性。这里的关联性是指在各种连锁故障的发展模式中某些线路可能会频繁地先后出现，在事故链集中表现出比较紧密的前后联系，呈现出一定的规律性，以便于对预防控制连锁故障的进一步发展能提供指导。这类方法在应用于复杂多时间尺度事故链分析时面临较大的局限。

5.3.1　PageRank 排序算法

PageRank 排序算法是一种链接分析算法，它给超链接文档集（如万维网）的每个元素赋予一个数值权重，目的是“衡量”其在该集合中的相对重要性。该算法可应用于任何具有相互引用和引用的实体集合。它分配给任何给定元素 E 的数值权重被称为 E 的 PageRank，由 $PR(E)$表示。

举一个简例，假设有 A、B、C 和 D 4 个网页，从一个页面到它本身的链接会被忽略。从一个页面到另一个页面的多个出站链接被视为单个链接。PageRank 初始化为所有页面的相同值。在 PageRank 的原始形式中，PageRank 对所有页面的总和就是当时网页的总页数，所以本例中的每个页面都有一个初始值 1。但是，PageRank 的后续版本和本节的其余部分都假定概率分布在 0～1 之间。因此，本例中每个页面的初始值为 0.25。

在下一次迭代时，从给定页面转移到出站链接目标的 PageRank 在所有出站链接中平均分配。

如果系统中只有从页面 B、C、D 到 A 的链接，那么每个链接在下一次迭代时将向 A 传递 0.25 个 PageRank，总共 0.75 个 PageRank。

$$PR(\mathrm{A}) = PR(\mathrm{B}) + PR(\mathrm{C}) + PR(\mathrm{D}) \tag{5-22}$$

相反，假设 B 页有一个指向 C 和 A 页的链接，C 页有一个指向 A 页的链接，D 页有指向这 3 个页面的链接。因此，在第一次迭代时，页面 B 将其现有值的一半（或 0.125）转移到页面 A，另一半（或 0.125）转移到页面 C。页面 C 将其所有现有值（0.25）转移到其链接到的唯一页面 A。由于 D 有 3 个出站链接，它将其现有值的 1/3（或约 0.083）转移到 A。在该迭代完成时，页面 A 的 PageRank 约为 0.458。

$$PR(\mathrm{A}) = \frac{PR(\mathrm{B})}{2} + \frac{PR(\mathrm{C})}{1} + \frac{PR(\mathrm{D})}{3} \tag{5-23}$$

换句话说，出站链接授予的 PageRank 等于文档自己的 PageRank 分数除以出站链接的数量。

$$PR(\mathrm{A}) = \frac{PR(\mathrm{B})}{L(\mathrm{B})} + \frac{PR(\mathrm{C})}{L(\mathrm{C})} + \frac{PR(\mathrm{D})}{L(\mathrm{D})} \tag{5-24}$$

在一般情况下，任何页面 u 的 PageRank 值可以表示为：

$$PR(u) = \sum_{v \in B_u} \frac{PR(v)}{L(v)} \tag{5-25}$$

即，页面 u 的 PageRank 值依赖于集合 B_u（包含所有链接到页面 u 的页面）中每个页面 v 的 PageRank 值，除以来自页面 v 的链接数 $L(v)$。

针对给定拓扑结构和物理参数的电网，考虑电网 $N-1$ 运行状态，为了基于拓展 PageRank 算法分析脆弱线路，可建立以线路为节点，以一级故障场景下链接矩阵系数为加权边的浅层电网映射模型 H_1，如图 5-2 所示。

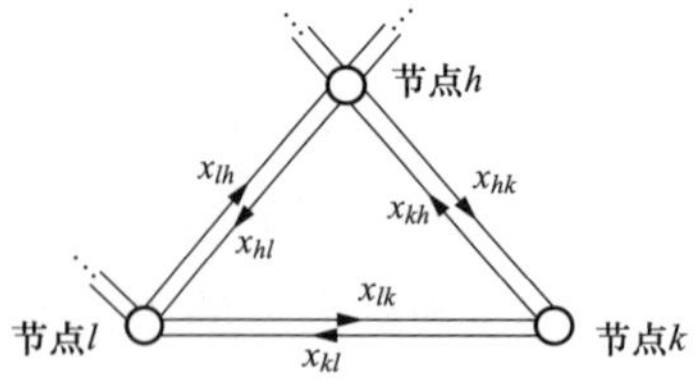

图 5-2　基于链接矩阵系数加权的电网映射图

图 5-2 中节点 h 与节点 k 映射实际电网的线路 h 与线路 k，节点 h 与节点 k 间的链接关系采用链接矩阵 $\hat{\boldsymbol{X}}_1$ 的对应元素表示。电网映射模型为有向加权网络，不仅能够反映实际电网中输电线路间经母线相连的连接关系，更能在计及潮流转移和负荷波动的情况下，进一步反映输电网实际运行特性，是解决电网脆弱线路辨识问题的重要基础。

PageRank 算法认为网络模型中节点的脆弱性与其邻居节点质量和连接节点数量有关。浅层电网映射模型中各节点的脆弱度可构成特征向量，即 PR 向量，并由 PageRank 算法计算获得。电网浅层辨识模型的转移矩阵可表示为：

$$\boldsymbol{G}_1 = d\hat{\boldsymbol{X}}_1 + (1-d)\frac{E_1 E_1^{\mathrm{T}}}{m} \tag{5-26}$$

式中 d——阻尼系数，表示相连节点间的转移概率，本节取值为 0.85；

E_1——元素均为 1 的 m 维列向量，称为逃逸列向量。

对矩阵 $\boldsymbol{G}_1$ 应用幂法，可得：

$$U_1^{(k+1)\mathrm{T}} = U_1^{(k)\mathrm{T}} \boldsymbol{G}_1 \tag{5-27}$$

式中 U_1——浅层辨识模型的 PR 向量，即电网线路脆弱性的浅层辨识结果；

k——迭代次数。

矩阵保证式（5-27）能够收敛于唯一解。向量 U_1 能够表征各输电线路的脆弱性，依据收敛后的向量 U_1 能够确定电网初始快照中输电线路的脆弱性排序。

基于拓展 PageRank 算法的浅层辨识模型，考虑了线路间的交互影响及系统对负荷波动的响应特性，一方面能够反映输电网各一级故障的安全校验结果，另一方面能够指导浅层电网映射模型中各节点依据链接矩阵分配 PR 值。浅层辨识模型提高了 PageRank 算法求解电网脆弱线路辨识问题的适应性，能够依托输电网一级故障场景快速计算各线路的脆弱度。但由于模型中未考虑连锁故障间的级联效应，辨识结果仅能反映当前时序网络的脆弱环节。为进一步提高电网脆弱线路的辨识精度，分析连锁故障过程中线路脆弱性的变化过程，需针对下级故障发生时刻的电网时序网络快照进行深层辨识。

5.3.2 LeaderRank 排序算法

LeaderRank 排序算法是基于 PageRank 算法的一种改进算法，该算法通过在原网络图中增加一个背景节点，并与网络中的每个节点双向连接，保证网络中节点均有出度，推进计算程序继续运行，从而取代了 PageRank 排序算法中节点间相互跳转的随机概率。

LeaderRank 排序算法认为节点的重要度与该节点的入度数及链接该节点的其他节点质量高低有关，该算法设每个节点都有一个 L 值，其值越高，对应节点越重要。每个节点 L 值具体计算过程如下所示：

假设网络中有 n 个节点与一个外加的背景节点，算法首先设定背景节点的初始 L 值为 0，背景节点之外的节点初始 L 值为 1，再将除背景节点外的每个节点这一单位的 L 值均匀分配给其指向的节点，并以此作为分配概率建立状态转移矩阵，通过该矩阵 $\boldsymbol{P}$ 进行不断迭代。在第 $t+1$ 次迭代时，节点 i 的 L 值计算式如下：

$$L_i(t+1) = \sum_{j=1(j\neq i)}^{n+1} \frac{a_{ji}}{k_j^{\mathrm{out}}} L_j(t) \tag{5-28}$$

式中 $a_{ji}/k_j^{\mathrm{out}}$——状态转移矩阵 $\boldsymbol{P}$ 中的元素；

a_{ji}——网络邻接矩阵中的元素，即两个节点间有连接为 1，否则为 0；

k_j^{out}——线路 j 的出度。

迭代到 t_z 次，达到稳定状态后，再将背景节点的 L 值均分给原网络中各个节点。

$$L_i = L_i(t_z) + \frac{L_g(t_z)}{n} \tag{5-29}$$

式中 $L_i(t_z)$ ——节点 i 在迭代达到稳定状态后的 L 值；

$L_g(t_z)$ ——背景节点在迭代达到稳定状态后的 L 值；

L_i ——节点 i 的最终 L 值。

LeaderRank 算法简单，收敛速度快且鲁棒性强，能够快速地辨识最具影响力的节点。同为复杂网络的电网可用该方法寻找网络中关键环节。

5.3.3 SALSA 排序算法

SALSA 排序算法是一种网页链接分析算法，根据网页之间的链接关系进行网页质量排序。它的基本思想是一个网页指向更多的其他网页或被更多的其他网页指向，就越有可能是高质量网页。SALSA 算法根据网页指向与被指向关系，将网页分成 Hub 节点与 Authority 节点，提出用 Hub 值向量 π_h 和 Authority 值向量 π_a 来衡量网页质量。

定义所有网页链接涉及的 m 个页面组成页面集为 $v=\{c_1,c_2,\cdots,c_m\}$，将网页链接关系用无向图 $G(V_h,V_a,E)$ 表示：

$$\begin{cases} V_h = \{c_h \mid c_h \in v, O(c_h)>0\} \\ V_a = \{c_a \mid c_a \in v, I(c_a)>0\} \\ E = \{(c_h,c_a) \mid c_h \to c_a\} \end{cases} \tag{5-30}$$

式中 c_h ——Hub 节点。

c_a ——Authority 节点。

$c_h \to c_a$ ——网页链接关系。

V_h ——Hub 节点集。

V_a ——Authority 节点集。

O ——出度（out-degree）：一个节点所指向的其他类型节点的数量，对于 V_h 中 Hub 节点 c_h，有 $I(c_a)>0$。

I ——入度（in-degree）：一个节点所被指向的其他类型节点数量，对于 V_a 中 Authority 节点 c_a，有 $I(c_a)>0$。若节点入度和出度均大于 0，则该节点同时属于 V_h 和 V_a。

进一步，定义 m_1 为 Hub 节点集 V_h 中 Hub 节点数量，m_2 为 Authority 节点集 V_a 中 Authority 节点数量，则可得 G 中的链接矩阵 $\boldsymbol{W} \in R_{m_1 \times m_2}$。其中，$\boldsymbol{W}(i,j)=1$ 表示 Hub 节点 $c_{h,i}$ 和 Authority 节点 $c_{a,j}$ 之间存在链接关系；$\boldsymbol{W}(i,j)=0$ 表示 $c_{h,i}$ 和 $c_{a,j}$ 之间不存在链接关系。根据用户浏览网页的先后顺序，不断形成 V_h 和 V_a 节点之间的链接，最终得到完整的页面链接传播链。网页的 Hub 值和 Authority 值可由式（5-31）迭代计算得到：

$$\begin{cases} [\pi_h^{(k+1)}]^{\mathrm{T}} = [\pi_h^{(k)}]^{\mathrm{T}} \boldsymbol{H} \\ [\pi_a^{(k+1)}]^{\mathrm{T}} = [\pi_a^{(k)}]^{\mathrm{T}} \boldsymbol{A} \end{cases} \tag{5-31}$$

式中　$\pi_h^{(k)}$ ——第 k 次计算时的 Hub 值向量，由所有 Hub 节点的 Hub 值组成，$\pi_h^{(k)} \in R_{m_1 \times m_1}$；

$\pi_a^{(k)}$ ——第 k 次计算时的 Authority 值向量，由所有 Authority 节点的 Authority 值组成，$\pi_a^{(k)} \in R_{m_2 \times m_2}$；

重复式（5-31）迭代过程，直到满足收敛条件 $\varepsilon > |\pi_h^{(k+1)} - \pi_h^{(k)}|$，$\varepsilon > |\pi_a^{(k+1)} - \pi_a^{(k)}|$，其中 ε 为最大误差量；$\boldsymbol{H} \in R_{m_1 \times m_1}$ 为 Hub 矩阵，$\boldsymbol{A} \in H \in R_{m_2 \times m_2}$ 为 Authority 矩阵，可由式（5-32）计算得到。

$$\begin{cases} \boldsymbol{H} = \boldsymbol{W}_\mathrm{r} \boldsymbol{W}_\mathrm{c}^\mathrm{T} \\ \boldsymbol{A} = \boldsymbol{W}_\mathrm{c}^T \boldsymbol{W}_\mathrm{r} \end{cases} \tag{5-32}$$

式中　$\boldsymbol{W}_\mathrm{r}$ ——链接矩阵 $\boldsymbol{W}$ 的行归一化矩阵，其值等于每个 $\boldsymbol{W}$ 中元素除以其行和；

$\boldsymbol{W}_\mathrm{c}$ ——$\boldsymbol{W}$ 的列归一化矩阵，其值等于每个 $\boldsymbol{W}$ 中元素除以其列和。

矩阵 $\boldsymbol{H}$ 和矩阵 $\boldsymbol{A}$ 可反映同类型网页节点的链接关系。其中，H_{ij} 表示 2 个 Hub 节点 $c_{h,i}$ 和 $c_{h,j}$ 指向同一个 Authority 节点 c_a 的概率，其值越大，则满足条件［$c_{h,i} \to c_a$ 且 $c_{h,j} \to c_a$（$c_{h,i}$，$c_{h,j} \in V_h$，$c_a \in V_a$）］的 c_a 越多，表明 $c_{h,i}$ 和指向相同 c_a 的概率越大。

SALSA 算法能高效地辨识网络中最具影响力、高质量的 Hub 节点和 Authority 节点。若能将电网连锁故障传播关系表示成一个抽象网络，则可以应用类似的方法分别辨识线路作为 Hub 线路和 Authority 线路时的关键性。

将 SALSA 算法进行改进，以适用于电网关键环节辨识。传播线路（对应 Hub 节点）的定义为在连锁故障传播过程中，能恶化故障传播、扩大线路故障规模（即指向其他线路故障）的故障线路。脆弱线路（对应 Authority 节点）是在连锁故障传播过程中，容易受到其他线路故障影响（即被其他线路故障指向）的故障线路。线路故障传播关系（对应 Hub 节点和 Authority 节点之间的链接关系）的定义为由传播线路传递到脆弱线路的传播路径。例如，对于传播关系 $l_i \to l_j$，l_i 为传播线路，l_j 为脆弱线路。基于 SALSA 算法的关键线路辨识的目标是分别根据传播值向量和脆弱值向量量化评估传播线路和脆弱线路的关键性。

5.3.4　FP-growth 排序算法

FP-growth 排序算法是数据挖掘技术在关联规则发现领域的重要应用，可以高效发现数据集合中的频繁项集以及数据间隐藏的关联规则。FP-growth 排序算法主要分为 FP-tree 的构建和递归挖掘 FP-tree。

FP-tree 是 FP-growth 排序算法的特殊数据结构，用于存储原始数据集中的信息。仅通过两次数据扫描，可将原始数据中的事件压缩到一个 FP-tree 中，该 FP-tree 类似于前缀树，相同前缀的路径可以共用，从而达到压缩数据的目的，这对提高算法效率至关重要。

假设存在数据集 $C = \{c_1, c_2, \cdots, c_n\}$，其中 $c_i (i = 1, 2, \cdots, n)$ 为一条事务，任一事务 c_i 为多个元素组成的集合；$l = \{l_1, l_2, \cdots, l_v, \cdots\}, l_v$ 为事务中的元素。下面以数据集 C 为例介绍 FP-tree 的构建过程。

（1）第一次遍历数据集 C，记录每一个元素项 l_v 出现的频率 f_v。将各元素项按照 f_v 降序排列，然后将各元素项 l_v 标识信息（item_name）及其出现频率 f_v 保存于头指针表 Tab_{head} 中；预先设置最小支持度 $f_{\min}$，若 $f_v < f_{\min}$，则从头指针表中去掉该元素项。针对头指针表中所剩的各元素项建立指针（node_link），用于指向 FP-tree 中与该元素项具有相同标识信息的第一个节点，后续 FP-tree 各节点都将建立指针，在具有相同标识信息的元素项节点之间建立链接关系。

（2）第二次遍历数据集 C，对 C 中的每一个子集 c_i 进行筛选和排序处理。首先将 c_i 中 $f_v < f_{\min}$ 的元素项滤除，然后对剩余元素项按照头指针表 Tab_{head} 中的排列顺序进行重新排序得到新数据集 C_N，$C_N = \{c_1, c_2, \cdots, c_n\}$。该步骤实现数据集重新扫描及再处理，$C_N$ 将直接用于 FP-tree 构建。

（3）由 C_N 构建 FP-tree。从空集开始，将 C_N 中的各事务 c_i 依次添加到树中。首先判断 FP-tree 中是否存在与事件 c_i 相同的前缀分支：若存在，则共同前缀分支包含节点的元素项计数值增加 1；若不存在，则在共同前缀分支最后一个节点的子节点处建立新的分支，新的分支所含节点的计数值赋值为 1。所有事务 c_i 递归处理，直至 FP-tree 构建完成。

数据集合 C 总共包含 9 条事务，取最小支持度为 $f_{\min} = 3$，按照上述步骤构建 FP-tree，从空集开始生长得到如图 5-3 所示的 FP-tree 结构。头指针表包含数据集所含的元素项及其出现次数，并通过曲线链接 FP-tree 中所有同类元素项；直线相连节点表示父代与子代关系，父代在上。

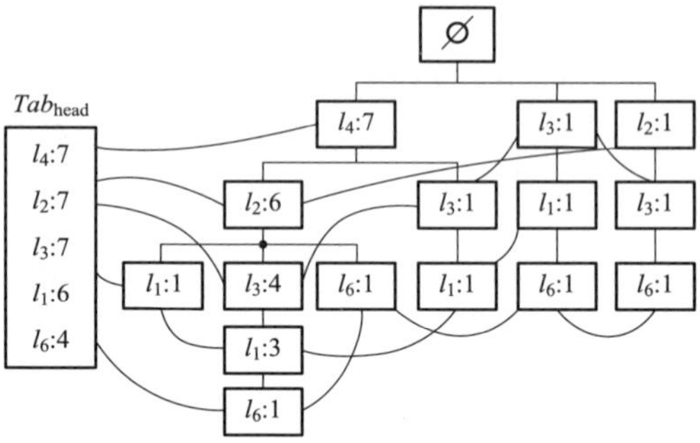

图 5-3　FP-tree 结构

频繁项集挖掘的核心思想在于递归挖掘 FP-tree，发现各元素项的条件模式基并构建条件 FP-tree，在递归过程中挖掘频繁项集。定义条件模式基为以某元素项为结尾的路径集合，路径包含介于该元素项与根节点之间的所有子节点项。定义条件 FP-tree 为以某元素项的条件模式基为输入数据构建的 FP-tree。具体步骤如下：

（1）从 FP-tree 中获得某元素项的条件模式基。从头指针表某元素项 l_v 指向的第一个节点开始，遍历该元素项在 FP-tree 中存在链接关系的所有节点。每当遇到一个节点，便进行一次上溯，并记录该节点至根节点间保存的所有元素项，生成一条前缀路径，并为该前缀路径赋值，该值取起始节点元素项的计数值。该元素项的多条前缀路径集合即为条件模式基。

（2）由条件模式基构建条件 FP-tree。首先建立频繁项集列表，并将 l_v 加入频繁项集列表中，然后以 l_v 为根节点，l_v 对应的条件模式基作为输入数据构建 FP-tree，得到结果即为 l_v 的条件 FP-tree（条件 FP-tree 根节点由空集改为 l_v）。将条件 FP-tree 中的元素项（除根节点外）分别加入频繁项集列表中。

（3）递归挖掘条件 FP-tree 中的频繁项。对条件 FP-tree 中的各元素项（除根节点外）递归获取条件模式基，构建条件 FP-tree，保存频繁项，直到 FP-tree 仅存一条分支终止递归，得到最终的频繁项集列表，该列表保存含 l_v 的频繁项。

（4）针对头指针表中的元素项按照支持度进行升序排列，然后对每一个元素项进行步骤（1）～（3）处理，可得各元素项的频繁项集。

关键线路挖掘流程如图 5-4 所示。首先设定初始故障，基于运行可靠性模型对电网进行 N 次连锁故障模拟，生成故障链集合；然后对故障链进行数据格式化处理，选取合适的最小支持度，利用基于 FP-growth 算法的频繁项挖掘程序对故障链进行频繁项挖掘，得到与初始故障具有强关联关系的频繁项集合，可知频繁项集所包含的线路即为连锁故障演变进程中的关键线路。

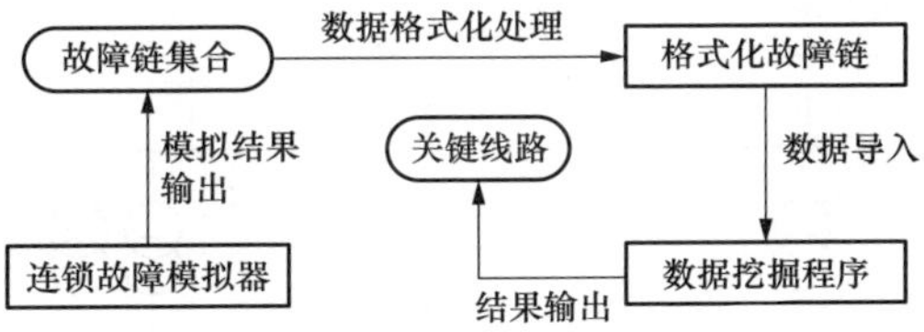

图 5-4 关键线路挖掘流程

5.3.5 Apriori 排序算法

Apriori 排序算法是由 Agrawal 教授基于关联性分析首先提出的数据挖掘算法，在行为分析、网络媒介传播等领域有着广泛应用，也同样适用于电网的脆弱性关联分析。

首先阐述关联分析中的相关概念。

（1）项或候选项：数据库中具有唯一标识的项目。假设数据库由 m 个属性构成 $(A,B,\cdots M)$，则 1 阶项集 $=\{\{A\},\{B\},\cdots,\{M\}\}$，2 阶项集由 1 阶项集两两组合而成，即 $\{\{A,B\},\{A,C\},\cdots,\{A,M\},\cdots,\{B,M\},\cdots,\{L,M\}\}$，以此类推。

（2）支持度：是指某条规则的前件或后件对应的支持数与记录总数的百分比。

（3）频繁项：k 阶频繁项定义为支持度不小于设置的最小支持度的值的 k 阶候选项。同时称支持度小于所设定的最小支持度阈值的为 k 阶非频繁项。

Apriori 算法是一种常用的分析布尔关联规则的算法，核心是一种递推算法，其基础是两阶段的频集思想。具体运算过程分为两个步骤：

（1）搜索出隐藏在于原始数据库中频繁项集。

（2）在得到所有频繁项之后，再基于频繁项集产生出关联规则。

在上述两个步骤中，第一步难度较大，第二步相对简单。原因在于第二步要做的只是在分析所有的频繁集之后列出所有关联规则，而第一个步骤则是 Apriori 排序算法挖掘关联规则的关键。

Apriori 在搜索频繁集时，考虑了频繁集的 Apriori 性质逐层搜索。Apriori 性质简单说来就是频繁项的子集必然是频繁项，数学表述为如果某 k 项集 I_k 不是频繁项，则包含 I_k 的 $k+1$ 项也不是频繁项。Apriori 排序算法的得名就是在产生频繁项集时使用了 Apriori 性质，搜索时，在生成频繁集的同时减小搜索空间，从而大幅度减少了工作量。Apriori 排序算法迭代过程每次都是上述两个步骤轮流计算，产生候选集 C_k；计算候选集 C_k 的支持度，得到频繁集。

以 IEEE14 节点系统为例进行说明，结构如图 5-5 所示。

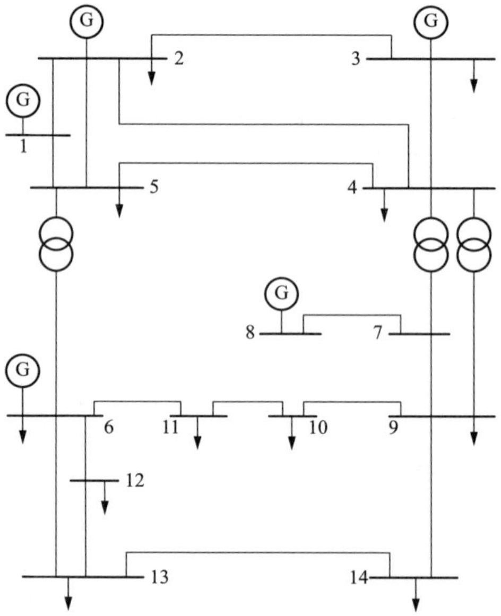

图 5-5　IEEE14 节点系统结构图

按 Apriori 排序算法，计算 IEEE14 节点系统所有线初始风险值，按设定的阈值进行筛选后初始故障集包括 8 条线路按照初始风险值从大到小依次是线路 2、线路 1、线路 6、线路 16、线路 14、线路 18、线路 4 和线路 10。

用 Apriori 排序算法对 IEEE14 节点连锁故障事故链集中的线路进行关联性分析，结果如表 5-2 所示。

表 5-2 关联性分析结果

1 阶频繁项	1，2，3，4，6，7，14，17
2 阶频繁项	1，2，1，4；1，6；2，4；2，6；3，6；3，7；4，6；6，7；14，17
3 阶频繁项	1，2，3；1，2，6；1，4，6，2，6，6；3，6，7

5.4 基于故障交互作用的脆弱性识别方法

虽然连锁故障的机理模型可以详细模拟大停电过程和故障传播机理，但无论是基于潮流计算的稳态模型，还是基于暂态分析的动态模型，在模拟小概率高影响的大停电时，均存在计算复杂度过高的不足。此外，在实际电网中，由于连锁故障或大停电均很少发生，导致历史统计数据中可用的连锁故障样本数量非常有限。因此，从少量样本中有效提取连锁故障的关键信息，建立连锁故障的概率评估模型，是近年来大停电风险评估的一个重要课题。

现有的连锁故障概率评估模型主要分为两类。第一类主要关注输电系统的大停电风险评估，如估计线路停运数量或失负荷量的概率分布。其典型代表为连锁故障的分支过程模型，该模型仅分析停运元件的总数量，而不区别发生停运的具体元件对象，虽然该模型简化了停电风险估计所需要的数据信息，但也限制了分支过程在辨识连锁故障薄弱环节和支撑阻断决策中的应用。第二类是基于交互作用网络和影响图提出的连锁故障概率评估模型。该类模型在提取连锁故障统计信息的同时，关注不同元件在故障传播中的影响，因此，该类模型既可以评估大停电风险，也可以用于辨识薄弱环节。

现有的概率评估模型主要关注线路元件的故障传播，而未考虑节点失负荷的故障传播特性。实际上除了线路故障数量外，失负荷量也是评价大停电风险的主要指标，而且与停电损失的关联度更高。通过对线路故障和失负荷的传播规律分析，可以更全面地描述连锁故障的统计特性，更有效地辨识系统薄弱环节。

为此，本节给出连锁故障传播路径和失负荷风险的耦合交互作用矩阵定义，采用最大期望算法（expectation-maximization algorithm，EM）实现少量样本下的耦合交互作用矩阵估计，进而提出基于耦合交互作用的连锁故障概率评估模型，可快速评估连锁故障中线路停运的风险分布和失负荷的风险分布。

5.4.1 连锁故障传播路径和失负荷风险的耦合矩阵

电力系统的连锁故障事件数据一般来源于历史统计或机理模拟，采用停运线路数和总失负荷量作为不同事件的停电规模度量。根据电网历史统计数据或连锁故障模拟样本中故障事件的发生序列，一个连锁故障可以分为不同的传播阶段，记为 g。假设系统中有 N_l 条线路和 N_b 个负荷节点。为了便于描述，将线路索引号转化编号$\{1，2，\cdots，N_l\}$，负荷节点索引编号转换为{1，2，…，N_b}。将每一个连锁故障划分为不同故障阶段后，包括 M 个连锁故障的样本集示例如表 5-3 所示。

表 5-3　　M 个连锁故障的样本集示例

故障样本	第 0 代	第 1 代	…	第 g 代	…
故障样本 1	$F^{1,0}$	$F^{1,1}$	…	$F^{1,g}$	…
⋮	⋮	⋮	⋮	⋮	⋮
故障样本 m	$F^{m,0}$	$F^{m,1}$	…	$F^{m,g}$	…
⋮	⋮	⋮	⋮	⋮	⋮
故障样本 M	$F^{M,0}$	$F^{M,1}$	…	$F^{M,g}$	…

表中，$F^{m,g}$ 代表连锁故障样本 m 中第 g 代的故障事件集合，记 $F^{m,g}=\{S_{\mathrm{L}}^{m,g},S_{\mathrm{B}}^{m,g},Z^{m,g}\}$；$S_{\mathrm{L}}^{m,g}$、$S_{\mathrm{B}}^{m,g}$ 代表连锁故障样本 m 的第 g 代中停运的线路集合和发生失负荷的节点集合；$Z^{m,g}\in Z^{N_b}$ 代表记录连锁故障样本 m 的第 g 代中各节点的负荷损失。

在电网历史统计数据或连锁故障模拟样本中，负荷损失通常以 MW 为单位。记 $X_v^{m,g}$ 为连锁故障样本 m 的第 g 代中节点 v 处的失负荷，单位为 MW。需要说明的是，不同于现有概率评估模型以系统为对象统计总失负荷量，本节以负荷节点为对象，分别统计各节点的失负荷量，以更多地保留连锁故障中失负荷的传播规律信息。在概率评估模型中，为了便于分析负荷损失的概率分布，可以将单位为 MW 的负荷损失 $X_v^{m,g}$ 进行离散化处理。具体地，对于节点 v，选择一个负荷损失的离散单位为 $\varDelta_v$ MW（例如 50MW 等），则节点 v 处的失负荷量可以用整型变量 $Z_v^{m,g}$ 表示为：

$$Z_v^{m,g}=\mathrm{int}\left(\frac{X_v^{m,g}}{\varDelta_v}+0.5\right) \tag{5-33}$$

式中　int（x）——x 的整数部分。

例如，令节点 v 处的失负荷量 $X_v^{m,g}$ 为 80MW，如果取 $\varDelta_v$ MW 为 50MW，则根据式（5-33）处理后有 $Z_v^{m,g}$=2。

为简便起见，下文中将负荷损失的离散单位 $\varDelta_v$ 简称离散单位，将 $Z_v^{m,g}$ 简称离散失负荷。

为了描述连锁故障中线路停运与失负荷事件之间的关联性，首先定义连锁故障的耦合交互作用矩阵（简称耦合矩阵）$\boldsymbol{B}\in R^{(N_l+N_b)\times(N_l+N_b)}$ 如下：

$$\boldsymbol{B}=\begin{bmatrix}\boldsymbol{B}^{\mathrm{LL}} & \boldsymbol{B}^{\mathrm{LB}}\\ \boldsymbol{B}^{\mathrm{BL}} & \boldsymbol{B}^{\mathrm{BB}}\end{bmatrix} \tag{5-34}$$

耦合矩阵中的 4 个子矩阵 $\boldsymbol{B}^{\mathrm{LL}}$、$\boldsymbol{B}^{\mathrm{LB}}$、$\boldsymbol{B}^{\mathrm{BL}}$ 和 $\boldsymbol{B}^{\mathrm{BB}}$ 定义分别如下。

（1）$\boldsymbol{B}^{\mathrm{LL}}\in R^{N_l\times N_l}$ 为不同线路停运事件之间的交互作用。记子矩阵 $\boldsymbol{B}^{\mathrm{LL}}$ 中第 i 行第 j 列的元素为 b_{ij}^{LL}。b_{ij}^{LL} 描述了线路 i 在连锁故障的第 g 代中停运后，线路 j 在第 $g+1$ 代发生停运的概率。子矩阵 $\boldsymbol{B}^{\mathrm{LL}}$ 与传统文献中的交互作用矩阵相同。不同于传统文献只关注线路

故障的传播，此处的交互作用不仅考虑线路故障，而且考虑了节点的失负荷事件。

（2）$\boldsymbol{B}^{\mathrm{LB}} \in R^{N_l \times N_b}$ 为线路停运后节点发生失负荷事件的交互作用。不同于线路故障可以采用二项分布描述正常和故障这两种可能的离散状态，节点的失负荷事件可能对应多个离散失负荷。经已有文献验证，从大量的小概率且近似独立的故障事件中随机抽样产生新的失负荷事件时，泊松分布可以拟合系统总失负荷量的故障传播规律。因此，在线路 i 停运后，本节也采用泊松分布描述节点 v 处离散失负荷的概率分布，对应地，在子矩阵 $\boldsymbol{B}^{\mathrm{LB}}$ 第 i 行和第 v 列，记该泊松分布的期望为元素 b_{iv}^{LB}。具体地，如果线路 i 在连锁故障的第 g 代中停运，则负荷节点 v 在第 $g+1$ 代发生 k_v 个离散单位的失负荷的概率为：

$$p_{iv}^{\mathrm{LB}} = \frac{(b_{iv}^{\mathrm{LB}})^{k_v}}{k_v!} e^{-b_{iv}^{\mathrm{LB}}} \tag{5-35}$$

（3）$\boldsymbol{B}^{\mathrm{BL}} \in R^{N_b \times N_l}$ 为节点发生失负荷后线路停运的交互作用。由于系统失负荷后多数线路的过载程度降低，在节点失负荷后线路发生停运的交互作用较为少见。为此，本节主要考虑一种简化情况，即线路故障的概率对节点的失负荷量不敏感。具体地，对于该交互作用，当节点 u 在第 g 代发生失负荷时，线路 j 在第 $g+1$ 代停运的概率为恒定值。在子矩阵 $\boldsymbol{B}^{\mathrm{BL}}$ 中第 u 行第 j 列，记该概率值为元素 b_{uj}^{BL}。需要注意的是，本章中耦合矩阵 $\boldsymbol{B}$ 描述了一个故障事件跟随另一个故障事件发生的可能性，但并非所有交互作用均具有因果性，尤其对于子矩阵 $\boldsymbol{B}^{\mathrm{BL}}$ 和 $\boldsymbol{B}^{\mathrm{BB}}$。例如，当低频减载切除的负荷不足以消除所有的线路过载等越限运行状态时，线路故障仍可能在失负荷事件后发生，但并不代表失负荷事件造成了线路停运。

（4）$\boldsymbol{B}^{\mathrm{BB}} \in R^{N_b \times N_b}$ 为不同节点的失负荷事件之间的交互作用。在多个机组或线路发生连锁停运后，系统输电能力或稳定性可能发生显著减弱，这种情况下，失负荷事件可能会在不同的节点或同一节点多次连续发生。与 $\boldsymbol{B}^{\mathrm{BL}}$ 类似，$\boldsymbol{B}^{\mathrm{BB}}$ 所描述的连续失负荷事件也并不一定具有因果关系。为了描述连续失负荷的可能性，本节假设节点 u 处的每个离散失负荷均独立地与节点 v 的失负荷存在交互作用。该交互作用同样采用泊松分布描述，对应地，在子矩阵 $\boldsymbol{B}^{\mathrm{BB}}$ 中第 u 行第 v 列，将泊松分布的期望记为 b_{uv}^{BB}。如果节点 u 在第 g 代发生 k_u 个离散单位的失负荷，则在该交互作用下，节点 v 在第 $g+1$ 代发生 k_v 个离散单位的失负荷的概率如下：

$$p_{uv}^{\mathrm{BB}} = \frac{(k_u b_{uv}^{\mathrm{BB}})^{k_v}}{k_v!} e^{-k_u b_{uv}^{\mathrm{BB}}} \tag{5-36}$$

耦合矩阵 $\boldsymbol{B}$ 描述了线路停运和失负荷事件等故障之间的连锁传播规律。将输电元件和负荷节点作为电力系统的元件，若矩阵 $\boldsymbol{B}$ 的元素 b_{ij} 不为零，则代表存在从元件 i 到元件 j 的故障传播链接。将电力系统的元件通过所有的故障传播链接连接在一起，可以得到一个耦合交互网络 $G(C,L)$。其中，C 是耦合交互网络的顶点集合，包括输电元件和负荷节点；L 为耦合交互网络的链接集合，L 中任意链接的起始顶点和终止顶点均属于 C。由于 L 中的链接反映了故障的传播方向，即起始顶点所代表的元件故障后，终止顶点所代表元件也可能故障，因此，耦合交互网络 $G(C,L)$ 是一个有向图。中交互网络仅包括线路停运传播链接，根据起始顶点和终止顶点的类型，耦合交互网络 $G(C,L)$ 包括 4 类链接，分别为 $L\to L$ 链接、$L\to B$ 链接、$B\to L$ 链接和 $B\to B$ 链接。

为了估计耦合矩阵 $\boldsymbol{B}$，需用从连锁故障样本集中统计相关的故障传播数据，并将统计结果记录为辅助矩阵 $\boldsymbol{A}\in R^{(N_l+N_b)\times(N_l+N_b)}$：

$$\boldsymbol{A}=\begin{bmatrix}\boldsymbol{A}^{\mathrm{LL}} & \boldsymbol{A}^{\mathrm{LB}}\\ \boldsymbol{A}^{\mathrm{BL}} & \boldsymbol{A}^{\mathrm{BB}}\end{bmatrix} \tag{5-37}$$

对应于耦合矩阵 $\boldsymbol{B}$ 的 4 个子矩阵，辅助矩阵 $\boldsymbol{A}$ 同样包括 4 个子矩阵。当采用 M_u 个连锁故障样本推断耦合矩阵时，辅助矩阵 $\boldsymbol{A}$ 的子矩阵分别定义如下。

（1）$\boldsymbol{A}^{\mathrm{LL}}\in R^{N_l\times N_l}$ 为 M_u 个样本中不同线路停运事件之间的交互作用累计次数。其中，a_{ij}^{LL} 为子矩阵 $\boldsymbol{A}^{\mathrm{LL}}$ 第 i 行第 j 列的元素，记录在 M_u 个样本中，与上一代中线路 i 停运存在交互作用的线路 j 的累计停运次数。根据 a_{ij}^{LL} 可估计 b_{ij}^{LL} 为：

$$b_{ij}^{\mathrm{LL}}=\frac{a_{ij}^{\mathrm{LL}}}{N_i^{\mathrm{L}}} \tag{5-38}$$

式中　N_i^{L}——M_u 个连锁故障样本中线路 i 的累计停运次数。

（2）$\boldsymbol{A}^{\mathrm{LB}}\in R^{N_l\times N_b}$ 为 M_u 个连锁故障样本中线路停运后发生节点失负荷事件的交互作用累计次数。其中，a_{iv}^{LB} 为子矩阵 $\boldsymbol{A}^{\mathrm{LB}}$ 第 i 行第 v 列的元素，记录在 M_u 个样本中，与上一代中线路 i 停运存在交互作用的节点 v 的离散失负荷累计值。根据 a_{iv}^{LB} 可以估计 b_{iv}^{LB} 为：

$$b_{iv}^{\mathrm{LB}}=\frac{a_{iv}^{\mathrm{LB}}}{N_i^{\mathrm{L}}} \tag{5-39}$$

（3）$\boldsymbol{A}^{\mathrm{BL}}\in R^{N_b\times N_l}$ 为 M_u 个连锁故障样本中节点失负荷后发生线路停运的交互作用累计次数。其中，a_{uj}^{BL} 为子矩阵 $\boldsymbol{A}^{\mathrm{BL}}$ 第 u 行第 j 列的元素，记录在 M_u 个样本中，与上一代中节点 u 失负荷存在交互作用的线路 j 的累计停运次数。根据 a_{uj}^{BL} 可以估计 b_{uj}^{BL} 为：

$$b_{uj}^{\mathrm{BL}}=\frac{a_{uj}^{\mathrm{BL}}}{N_u^{\mathrm{B}}} \tag{5-40}$$

式中　N_u^{B}——M_u 个连锁故障样本中节点 u 发生失负荷的累计次数。

（4）$\boldsymbol{A}^{\mathrm{BB}}\in R^{N_b\times N_b}$ 为 M_u 个连锁故障样本中节点失负荷事件之间交互作用的累计次数。其中，a_{uv}^{BB} 为子矩阵 $\boldsymbol{A}^{\mathrm{BB}}$ 第 u 行第 v 列的元素，记录与上一代中节点 u 处失负荷存在交互作用的节点 v 的离散失负荷累计值。由于子矩阵 $\boldsymbol{B}^{\mathrm{BB}}$ 考虑节点 u 处离散失负荷量均服从泊松分布，根据 a_{uv}^{BB} 可以估计 b_{uv}^{BB} 为：

$$b_{uv}^{\mathrm{BB}}=\frac{a_{uv}^{\mathrm{BB}}}{\sum_{m=1}^{M_u}\sum_{g=0}^{G^m-1}Z_u^{m,g}} \tag{5-41}$$

式中 G^m——第 m 个连锁故障样本的总代数；

式（5-41）中分母为 M_u 个连锁故障样本中节点 u 的离散失负荷的累计值。

5.4.2 耦合矩阵的估计算法

尽管在得到辅助矩阵 $\boldsymbol{A}$ 后可直接估计耦合矩阵 $\boldsymbol{B}$，但实际情况下辅助矩阵 $\boldsymbol{A}$ 大都不能直接从连锁故障样本集得到。这是因为辅助矩阵 $\boldsymbol{A}$ 需要分析相邻的第 g 代和第 g+1 代之间的交互作用，而连锁故障的每一代中都可能包括多个线路停运事件或多个失负荷事件。由于故障事件之间的关联性可能显著不同，为得到辅助矩阵 $\boldsymbol{A}$，需要对不同故障事件的关联性进行推断。然而，故障事件的关联性又由耦合矩阵 $\boldsymbol{B}$ 描述。显然，在估计耦合矩阵时，矩阵 $\boldsymbol{A}$ 和 $\boldsymbol{B}$ 均未知。

为解决该问题，本节采用 EM 算法推断故障事件之间的交互作用。EM 算法主要用于解决样本数据中存在隐变量时的参数估计问题。其核心思想是通过反复迭代估计隐变量值和参数值直至收敛，完成参数估计。由于收敛性较好，EM 算法已经在社交网络、病毒传播网络、电网故障传播等问题中广泛应用。

在使用 EM 算法估计连锁故障的交互作用时，主要包括采用期望步（E-step）估计辅助矩阵 $\boldsymbol{A}$、采用极大步（M-step）估计耦合矩阵 $\boldsymbol{B}$，并迭代期望步和极大步直到收敛。此外，为提升泊松分布拟合失负荷故障传播的效果，本节还提出一种在 EM 算法中自适应更新离散单位 $\varDelta_v$ 的方法。算法如下：

（1）初始化离散单位。对每个负荷节点 v 选择一个初始的离散单位 $\varDelta_v^{(0)}$，采用 $\varDelta_v^{(0)}$ 和式（5-33）离散化处理 M_u 个连锁故障样本的节点失负荷数据。

（2）初始化 $\boldsymbol{A}$ 和 $\boldsymbol{B}$。记迭代次数 k=0。为了构造初始辅助矩阵 $\boldsymbol{A}^{(0)}$，假设在 M_u 个连锁故障样本中，第 g+1 代的故障事件与第 g 代的每个故障均存在交互关系。通过统计 M_u 个连锁故障样本的故障数据即可获得 $\boldsymbol{A}^{(0)}$，进一步根据 $\boldsymbol{A}^{(0)}$和式（5-38）～式（5-41）计算初始矩阵 $\boldsymbol{B}^{(0)}$。

（3）E-step［基于 $\boldsymbol{B}^{(k)}$ 更新 $\boldsymbol{A}^{(k+1)}$］。在 EM 算法的第 k+1 次迭代中，首先采用第 k 次迭代中得到的耦合矩阵 $\boldsymbol{B}^{(k)}$ 推断新的辅助矩阵 $\boldsymbol{A}^{(k+1)}$。为了说明该推断过程，假设第 m 个连锁故障样本的第 g 代由线路 i 的停运和节点 u 的失负荷构成，而第 g+1 代由线路 j 的停运和节点 v 的失负荷构成，即 $S_{\mathrm{L}}^{m,g}$ 和 $S_{\mathrm{B}}^{m,g}$ 分别为{线路 i}和{节点 u}，而 $S_{\mathrm{L}}^{m,g+1}$ 和 $S_{\mathrm{B}}^{m,g+1}$ 分别为{线路 j}和{节点 v}。

首先对第 m 个连锁故障样本，推断第 g+1 代的线路 j 停运与第 g 代的两个故障事件之间的交互作用发生概率。记线路 j 的停运与线路 i 的停运之间存在交互作用的概率为 $p_{ij}^{m,g(k+1)}$，而与节点 u 失负荷存在交互作用的概率为 $p_{uj}^{m,g(k+1)}$。概率 $p_{ij}^{m,g(k+1)}$ 和 $p_{uj}^{m,g(k+1)}$ 即为描述该连锁故障中线路 j 停运的交互关系的“隐变量”，根据 $\boldsymbol{B}^{(k)}$ 的子矩阵 $\boldsymbol{B}^{\mathrm{LL}}$ 和 $\boldsymbol{B}^{\mathrm{BL}}$ 分别计算 $p_{ij}^{m,g(k+1)}$ 和 $p_{uj}^{m,g(k+1)}$ 为：

$$p_{ij}^{m,g(k+1)}=\frac{b_{ij}^{\mathrm{LL}(k)}}{1-\prod\limits_{c\in S_{\mathrm{L}}^{m,g}}[1-b_{cj}^{\mathrm{LL}(k)}]\prod\limits_{c\in S_{\mathrm{B}}^{m,g}}[1-b_{cj}^{\mathrm{BL}(k)}]} \tag{5-42}$$

$$p_{uj}^{m,g(k+1)}=\frac{b_{uj}^{\mathrm{BL}(k)}}{1-\prod\limits_{c\in S_{\mathrm{L}}^{m,g}}[1-b_{cj}^{\mathrm{LL}(k)}]\prod\limits_{c\in S_{\mathrm{B}}^{m,g}}[1-b_{cj}^{\mathrm{BL}(k)}]} \tag{5-43}$$

类似地，对第 m 个连锁故障样本，可推断第 $g+1$ 代的节点 v 失负荷与第 g 代的两个故障事件之间的交互作用发生概率。记节点 v 的失负荷与线路 i 的停运之间存在交互作用的概率为 $p_{iv}^{m,g(k+1)}$，而与节点 u 失负荷存在交互作用的概率为 $p_{uv}^{m,g(k+1)}$。概率 $p_{iv}^{m,g(k+1)}$ 和 $p_{uv}^{m,g(k+1)}$ 即为描述节点 v 失负荷的交互关系的“隐变量”，根据 $\boldsymbol{B}^{(k)}$ 的子矩阵 $\boldsymbol{B}^{\mathrm{BL}}$ 和 $\boldsymbol{B}^{\mathrm{BB}}$ 分别计算 $p_{iv}^{m,g(k+1)}$ 和 $p_{uv}^{m,g(k+1)}$ 为：

$$p_{iv}^{m,g(k+1)}=\frac{p_{iv}^{\mathrm{LB}(k)}}{1-\prod\limits_{c\in S_{\mathrm{L}}^{m,g}}[1-p_{cv}^{\mathrm{LB}(k)}]\prod\limits_{c\in S_{\mathrm{B}}^{m,g}}[1-p_{cv}^{\mathrm{BB}(k)}]} \tag{5-44}$$

$$p_{uv}^{m,g(k+1)}=\frac{p_{uv}^{\mathrm{BB}(k)}}{1-\prod\limits_{c\in S_{\mathrm{L}}^{m,g}}[1-p_{cv}^{\mathrm{LB}(k)}]\prod\limits_{c\in S_{\mathrm{B}}^{m,g}}[1-p_{cv}^{\mathrm{BB}(k)}]} \tag{5-45}$$

其中，$p_{iv}^{\mathrm{LB}(k)}$ 和 $p_{uv}^{\mathrm{BB}(k)}$ 可根据 $\boldsymbol{B}^{(k)}$ 由式（5-35）和式（5-36）计算。

以上过程可以直接扩展到第 g 代包括多回线路停运或多个节点失负荷的情况。基于式（5-42）～式（5-45）可以推断 M_u 个连锁故障样本中所有的故障交互作用，更新辅助矩阵 $\boldsymbol{A}$，具体过程如下。

根据 M_u 个连锁故障样本中线路 j 的故障交互分析，子矩阵 $\boldsymbol{A}^{\mathrm{LL}}$ 和 $\boldsymbol{A}^{\mathrm{BL}}$ 中第 j 列的元素分别更新为：

$$a_{ij}^{\mathrm{LL}(k+1)}=\sum_{m=1}^{M_u}\sum_{g=0}^{G^m-2}p_{ij}^{m,g(k+1)} \tag{5-46}$$

$$a_{uj}^{\mathrm{BL}(k+1)}=\sum_{m=1}^{M_u}\sum_{g=0}^{G^m-2}p_{uj}^{m,g(k+1)} \tag{5-47}$$

其中，在第 m 个连锁故障样本中，若线路 i 不属于故障集 $S_{\mathrm{L}}^{m,g}$ 或线路 j 不属于故障集 $S_{\mathrm{L}}^{m,g+1}$，$p_{ij}^{m,g(k+1)}$ 为 0，否则按照式（5-42）计算。若节点 u 不属于故障集 $S_{\mathrm{B}}^{m,g}$ 或线路 j 不属于故障集 $S_{\mathrm{L}}^{m,g+1}$，$p_{uj}^{m,g(k+1)}$ 为 0，否则按照式（5-43）计算。

同样地，根据 M_u 个连锁故障样本中节点 v 的失负荷故障交互分析，子矩阵 $\boldsymbol{A}^{\mathrm{LB}}$ 和 $\boldsymbol{A}^{\mathrm{BB}}$ 中第 v 列的元素更新为：

$$a_{iv}^{\mathrm{LB}(k+1)}=\sum_{m=1}^{M_u}\sum_{g=0}^{G^m-2}Z_v^{m,g+1}p_{iv}^{m,g(k+1)} \tag{5-48}$$

$$a_{uv}^{\mathrm{BB}(k+1)}=\sum_{m=1}^{M_u}\sum_{g=0}^{G^m-2}Z_v^{m,g+1}p_{uv}^{m,g(k+1)} \tag{5-49}$$

其中，在第 m 个连锁故障样本中，若线路 i 不属于故障集 $S_{\mathrm{L}}^{m,g}$ 或节点 v 不属于故障集 $S_{\mathrm{B}}^{m,g+1}$，$p_{iv}^{m,g(k+1)}$ 为 0，否则按照式（5-44）计算。若节点 u 不属于故障集 $S_{\mathrm{B}}^{m,g}$ 或节点 v 不属于故障集 $S_{\mathrm{B}}^{m,g+1}$，$p_{uv}^{m,g(k+1)}$ 为 0，否则按照式（5-45）计算。

为实现负荷节点的离散单位的自适应更新，在以上推断故障交互作用的过程中，同时记录线路停运后节点发生失负荷的交互作用。以统计线路 i 停运后节点 v 发生失负荷的交互作用为例说明。首先，令 U_v 表示 M_u 个连锁故障样本中节点 v 离散失负荷的最大值，N_i^L 表示线路 i 的累计停运次数。令向量 $C_{iv}^{\mathrm{LB}(k+1)} \in R^{U_v+1}$ 记录线路 i 的 N_i^L 次停运发生后，节点 v 处不同离散失负荷值的累计发生次数。具体地，在第 n 次线路 i 停运后，如果节点 v 上没有发生失负荷，则元素 $C_{iv}^{\mathrm{LB}(k+1)}(0)$ 增加 1。否则，如果在节点 v 处有 $Z_v^{m,g+1}$ 个单位的离散失负荷，且节点 v 的失负荷与该次线路 i 停运存在交互作用的概率由式（5-44）推断为 $p_{iv}^{m,g(k+1)}$，则元素 $C_{iv}^{\mathrm{LB}(k+1)}(0)$ 和元素 $C_{iv}^{\mathrm{LB}(k+1)}(Z_v^{m,g+1})$ 分别增加 $[1-p_{iv}^{m,g(k+1)}]$ 和 $p_{iv}^{m,g(k+1)}$。

（4）M-step［（根据 $\boldsymbol{A}^{(k+1)}$ 更新 $\boldsymbol{B}^{(k+1)}$）］。

1）根据 $\boldsymbol{A}^{(k+1)}$ 和式（5-38）～式（5-41）将耦合矩阵 $\boldsymbol{B}$ 初步估计为 $\tilde{\boldsymbol{B}}(k+1)$。需要注意的是，$\boldsymbol{B}$ 中元素取值与负荷节点的离散单位 Δ_v 的选取有关。由于 $\boldsymbol{A}^{(k+1)}$ 是基于 $\boldsymbol{B}^{(k)}$ 的推断结果，而 $\boldsymbol{B}^{(k)}$ 是基于离散单位 $\Delta_v^{(k)}$ 的估计结果，所以 $\tilde{\boldsymbol{B}}^{(k+1)}$ 也是基于 $\Delta_v^{(k)}$ 的估计结果。在离散单位从 $\Delta_v^{(k)}$ 更新为 $\Delta_v^{(k+1)}$ 后，需要更新 $\boldsymbol{B}$ 的估计。在第 k+1 迭代中，为了区别于最后采用 $\Delta_v^{(k+1)}$ 估计的 $\boldsymbol{B}^{(k+1)}$，这里的 $\tilde{\boldsymbol{B}}^{(k+1)}$ 专指采用 $\Delta_v^{(k)}$ 估计的耦合矩阵。

2）根据向量 $C_{iv}^{\mathrm{LB}(k+1)}$，计算在停运线路 i 的交互作用下节点 v 离散失负荷的样本方差为：

$$S_{iv}^{2(k+1)} = \frac{\sum_{l=0}^{U_v} C_{iv}^{\mathrm{LB}(k+1)}(l)[l - \tilde{b}_{iv}^{\mathrm{LB}(k+1)}]^2}{N_i^{\mathrm{L}} - 1} \tag{5-50}$$

式中　$\tilde{b}_{iv}^{\mathrm{LB}(k+1)}$——子矩阵 $\tilde{\boldsymbol{B}}^{\mathrm{LB}(k+1)}$ 的元素，且由式（5-39）可知 $\tilde{b}_{iv}^{\mathrm{LB}(k+1)}$ 即为向量 $C_{iv}^{\mathrm{LB}(k+1)}$ 的样本均值。

3）对于负荷节点 v，更新该节点的离散单位 Δ_v 为：

$$\Delta_v^{(k+1)} = \Delta_v^{(k)} \sqrt{\frac{\sum_{i \in S_v^{\mathrm{LB}}} N_i^{\mathrm{L}} \dfrac{S_{iv}^{2(k+1)}}{\tilde{b}_{iv}^{\mathrm{LB}(k+1)}}}{\sum_{i \in S_v^{\mathrm{LB}}} N_i^{\mathrm{L}} \dfrac{\tilde{b}_{iv}^{\mathrm{LB}(k+1)}}{S_{iv}^{2(k+1)}}}} \tag{5-51}$$

式中　S_v^{LB}——$\tilde{\boldsymbol{B}}^{\mathrm{LB}(k+1)}$ 的第 v 列中非零元素的行索引集合。

采用式（5-51）即可根据交互作用中的失负荷分布自适应更新节点的离散单位。

4）根据更新后的离散单位 $\Delta_v^{(k+1)}$，采用式（5-33）重新对 M_u 个连锁故障样本的失负荷数据进行离散化处理。然后采用 $\Delta_v^{(k+1)}$ 更新 $\tilde{\boldsymbol{B}}^{\mathrm{LB}(k+1)}$ 和 $\tilde{\boldsymbol{B}}^{\mathrm{BB}(k+1)}$ 的元素取值，得到第 k+1 迭代中 $\boldsymbol{B}^{\mathrm{LB}(k+1)}$ 和 $\boldsymbol{B}^{\mathrm{BB}(k+1)}$ 的估计结果为：

$$b_{iv}^{\mathrm{LB}(k+1)} = \frac{\Delta_v^{(k)}}{\Delta_v^{(k+1)}} \tilde{b}_{iv}^{\mathrm{LB}(k+1)} \tag{5-52}$$

$$b_{uv}^{\mathrm{BB}(k+1)}=\frac{\Delta_u^{(k+1)}\Delta_v^{(k)}}{\Delta_u^{(k)}\Delta_u^{(k+1)}}\tilde{b}_{uv}^{\mathrm{BB}(k+1)} \tag{5-53}$$

而 $\boldsymbol{B}^{\mathrm{LL}(k+1)}$ 和 $\boldsymbol{B}^{\mathrm{BL}(k+1)}$ 的估计结果则分别与 $\tilde{\boldsymbol{B}}^{\mathrm{LL}(k+1)}$ 和 $\tilde{\boldsymbol{B}}^{\mathrm{BL}(k+1)}$ 相同。

（5）判断收敛情况。重复步骤（3）～（4），直到满足以下条件：

$$\sigma_B=\sqrt{\frac{\sum_{i=1}^{N_l+N_b}\sum_{j=1}^{N_l+N_b}(b_{ij}^{(k+1)}-b_{ij}^{(k)})^2}{\max(N_{\neq 0},1)}}\leqslant\varepsilon \tag{5-54}$$

式中　$N_{\neq 0}$ —— $\boldsymbol{B}^{(k+1)}-\boldsymbol{B}^{(k)}$ 中非零项的个数；

ε ——预设阈值。

EM 算法收敛后，最后一次迭代中估计的矩阵 $\boldsymbol{B}$ 即描述了通过分析 M_u 个连锁故障样本得到的连锁故障概率信息。

下面讨论上述 EM 算法最大化步骤中离散单位的自适应更新策略。对于连锁故障样本中线路 i 停运后节点 v 的失负荷统计结果 $C_{iv}^{\mathrm{LB}(k+1)}$，设 $\tilde{\lambda}_{iv}^{(k+1)}$、$\tilde{\sigma}_{iv}^{2(k+1)}$ 分别为 $C_{iv}^{\mathrm{LB}(k+1)}$ 的均值和方差。需要说明的是，$C_{iv}^{\mathrm{LB}(k+1)}$ 的统计基于 $\Delta_v^{(k)}$ 进行。将节点 v 的离散单位从 $\Delta_v^{(k)}$ 变为 $\Delta_v^{(k+1)}$ 后，如果忽略 Δ_v 变化对式（5-33）取整的影响，$C_{iv}^{\mathrm{LB}(k+1)}$ 的均值变为 $\lambda_{iv}^{(k+1)}=\tilde{\lambda}_{iv}^{(k+1)}\Delta_v^{(k)}/\Delta_v^{(k+1)}$，方差变为 $\sigma_{iv}^{2(k+1)}=\tilde{\sigma}_{iv}^{2(k)}(\Delta_v^{(k)})^2/(\Delta_v^{(k+1)})^2$。注意到泊松分布的统计特性为均值等于方差，因此，通过改变 Δ_v 的取值令均值 $\lambda_{iv}^{(k+1)}$ 和方差 $\sigma_{iv}^{2(k+1)}$ 的取值尽量接近，则 $\Delta_v^{(k+1)}$ 可以提高泊松分布对失负荷分布的拟合效果。换句话说，可通过均值 $\lambda_{iv}^{(k+1)}$ 和方差 $\sigma_{iv}^{2(k+1)}$ 评价 $\Delta_v^{(k+1)}$ 的选择合理性。此外，当子矩阵 $\boldsymbol{B}^{\mathrm{LB}}$ 中第 v 列的非零元素个数大于 1 时，表明节点 v 的失负荷与多条线路的停运存在交互作用。由于 $\Delta_v^{(k+1)}$ 的改变会影响所有与节点 v 失负荷的交互作用推断，选择 $\Delta_v^{(k+1)}$ 时，应考虑失负荷交互作用中的所有线路，即子矩阵 $\boldsymbol{B}^{\mathrm{LB}}$ 第 v 列中非零元素的行索引 S_v^{LB}。

综上所述，选取节点 v 的离散单位 $\Delta_v^{(k+1)}$ 时，可求解如下优化问题：

$$\min f[(\Delta_v^{(k+1)})]=\sum_{i\in S_v^{\mathrm{LB}}}N_i^{\mathrm{L}}\left[\frac{\lambda_{iv}^{(k+1)}}{\sigma_{iv}^{2(k+1)}}+\frac{\sigma_{iv}^{2(k+1)}}{\lambda_{iv}^{(k+1)}}\right] \tag{5-55}$$

$$s.t.\qquad \lambda_{iv}^{(k+1)}=\frac{\Delta_v^{(k)}}{\Delta_v^{(k+1)}}\tilde{\lambda}_{iv}^{(k+1)} \tag{5-56}$$

$$\sigma_{iv}^{2(k+1)}=\left[\frac{\Delta_v^{(k)}}{\Delta_v^{(k+1)}}\right]^2\tilde{\sigma}_{iv}^{2(k+1)} \tag{5-57}$$

得该问题的最优解为：

$$\Delta_v^{(k+1)}=\Delta_v^{(k)}\sqrt{\frac{\sum_{i\in S_v^{\mathrm{LB}}}N_i^{\mathrm{L}}\frac{\tilde{\sigma}_{iv}^{2(k+1)}}{\tilde{\lambda}_{iv}^{(k+1)}}}{\sum_{i\in S_v^{\mathrm{LB}}}N_i^{\mathrm{L}}\frac{\tilde{\lambda}_{iv}^{(k+1)}}{\tilde{\sigma}_{iv}^{2(k+1)}}}} \tag{5-58}$$

如果考虑 $\tilde{\lambda}_{iv}^{(k+1)} \approx \tilde{b}_{iv}^{\mathrm{LB}(k+1)}$ 和 $\tilde{\sigma}_{iv}^{2(k+1)} \approx S_{iv}^{2(k+1)}$，式（5-58）即转化为式（5-51）。通过计算式（5-51）即可自适应更新各节点的离散单位，提高耦合矩阵对失负荷传播特性的描述效果。

5.4.3 基于耦合交互作用的过负荷脆弱性评估模型

由于大停电属于小概率事件，采用连锁故障机理模型分析大停电风险时计算效率较低，且实际电网中连锁故障的历史统计数据也较有限，因此对大停电风险的评估挑战很大。为此，可以从少量连锁故障样本或历史数据中提取连锁故障的概率信息，进一步基于概率评估模型快速模拟大量的连锁故障，以支撑大停电风险评估和连锁故障阻断决策。基于初始故障概率分布和耦合矩阵 $\boldsymbol{B}$，本节提出一种可以快速模拟线路停运和失负荷的连锁故障概率评估模型，具体步骤如下：

（1）生成初始故障。记当前所模拟连锁故障的序号为 m，令代数 $g=0$。当存在可用的线路随机停运概率数据时，初始故障可以直接采用随机停运概率抽样生成。否则，初始故障可以根据 M_u 个连锁故障样本的第 0 代线路的初始故障概率分布生成。具体而言，第 0 代线路 i 停运的概率为：

$$\pi_i^{\mathrm{L}} = \frac{\sum_{m=1}^{M_u} 1(i \in S_{\mathrm{L}}^{m,0})}{M_u} \tag{5-59}$$

式中 $1(E)$——事件发生与否的指示函数。当对应的事件 E 发生时，取 1；否则取 0。

同样地，第 0 代节点 u 有 k 个离散单位的失负荷的概率为：

$$\pi_{u,k}^{\mathrm{B}} = \frac{\sum_{m=1}^{M_u} 1(Z_u^{m,0} = k)}{M_u} \tag{5-60}$$

根据 π_i^{L} 和 $\pi_{u,k}^{\mathrm{B}}$ 分别抽取第 0 代中的线路停运和失负荷故障后，将发生的故障分别记录为 $S_{\mathrm{L}}^{m,0}$、$S_{\mathrm{B}}^{m,0}$ 和 $Z^{m,0}$。考虑到连锁故障的时间尺度，一般不考虑停运线路的修复过程，即每条线路在一个连锁故障样本中最多停运一次。因此，在抽样到线路 i 停运后，将子矩阵 $\boldsymbol{B}^{\mathrm{LL}}$ 和 $\boldsymbol{B}^{\mathrm{BL}}$ 的第 i 列元素设为 0，以保证在本次模拟连锁故障的后续过程中不会再次生成线路 i 的停运事件。

（2）基于第 g 代的故障事件生成第 g+1 代的线路停运事件。$S_{\mathrm{L}}^{m,g}$ 和 $S_{\mathrm{B}}^{m,g}$ 的每个故障事件均在第 g+1 代独立生成新的线路停运事件。例如，$S_{\mathrm{L}}^{m,g}$ 中的停运线路 i 和 $S_{\mathrm{B}}^{m,g}$ 中的失负荷节点 u 在第 g+1 代分别以概率 b_{ij}^{LL} 和 b_{uj}^{BL} 生成线路 j 的停运。抽样产生的所有停运线路记为 $S_{\mathrm{L}}^{m,g+1}$。在生成新的线路故障后，同样将 $\boldsymbol{B}^{\mathrm{LL}}$ 和 $\boldsymbol{B}^{\mathrm{BL}}$ 中对应列的元素设为 0。

（3）基于第 g 代的故障事件生成第 g+1 代的失负荷事件。类似于生成新的线路停运事件，$S_{\mathrm{L}}^{m,g}$ 和 $S_{\mathrm{B}}^{m,g}$ 中的每个故障事件在第 g+1 代中独立生成新的失负荷事件。例如，$S_{\mathrm{L}}^{m,g}$ 中的停运线路 i 在节点 v 生成的离散失负荷服从均值为 b_{iv}^{LB} 的泊松分布，而 $S_{\mathrm{B}}^{m,g}$ 中的失负荷节

点 u 在节点 v 生成的离散失负荷服从均值为 $Z_u^{m,g}b_{uv}^{\mathrm{BB}}$ 的泊松分布。在抽样后，记第 g 代的故障线路 i 和失负荷节点 u 在第 g+1 代中分别生成节点 v 的离散失负荷为 $Z_{v\leftarrow i}^{m,g+1}$ 和 $Z_{v\leftarrow u}^{m,g+1}$。由于节点 v 从第 0 代到第 g+1 代的总离散失负荷量不能超过该节点负荷的总离散值 Z_v^t，节点 v 在 g+1 代生成的离散失负荷 $Z_v^{m,g+1}$ 记为 $\sum_{i\in S_{\mathrm{L}}^{m,g}} Z_{v\leftarrow i}^{m,g+1} + \sum_{u\in S_{\mathrm{B}}^{m,g}} Z_{v\leftarrow u}^{m,g+1}$ 和 $Z_v^t - \sum_{l=0}^{g} Z_v^{m,l}$ 二者中的较小值。抽样后，所有离散失负荷不为 0 的节点组成 $S_{\mathrm{B}}^{m,g+1}$，相应的离散失负荷记入 $Z^{m,g+1}$。

（4）结束。若 $S_{\mathrm{L}}^{m,g+1}$ 和 $S_{\mathrm{B}}^{m,g+1}$ 均为空，则连锁故障模拟结束；否则，将 g 增加 1 并返回到步骤（2）。

通过不断重复步骤（1）～（4）可以快速模拟大量的连锁故障，用于支撑大停电风险评估和故障阻断决策。上述连锁故障的概率评估模型不同于连锁故障的机理模型，故障的模拟不需要反复计算潮流或动态方程，仅包括随机抽样过程，不存在计算复杂度问题，因此，可显著提高连锁故障的模拟效率。

过负荷脆弱性评估模型算法流程如图 5-6 所示。

为了验证所提出概率评估模型的有效性，本节分别采用连锁故障的稳态机理模型和动态机理模型生成连锁故障样本集合，采用 EM 算法估计样本集合的耦合矩阵，对比分析机理模型和概率评估模型生成的连锁故障样本风险分布。

文献提出的 OPA 模型是最经典的连锁故障稳态模型，主要通过模拟潮流转移分析大停电的风险分布。本小节采用开环的 OPA 模型（即不考虑线路容量改造升级的慢过程）产生连锁故障样本。设置 OPA 模型参数为 $\gamma=2$、$\alpha=0.95$、$\beta=0.30$、$p_0=0.001$。

以 IEEE RTS-96 系统和 IEEE 300 节点系统验证所提出的方法。其中 IEEE RTS-96 系统中包括 51 个负荷节点、120 条线路，总负荷和总装机容量分别为 8550MW 和 10 215MW；IEEE 300 节点系统中包括 191 个负荷节点、411 条线路，总负荷和总装机容量分别为 23 848MW 和 32 678MW。

基于 OPA 模型分别生成两个测试系统的 30 000 个连锁故障样本，并从中随机选取 10% 的连锁故障（M_u =3000）用于估计耦合矩阵 $\boldsymbol{B}$，式（5-54）中的收敛系数 ε 设为 0.01。在 EM 算法中设置离散单位的初始值时，取值过大可能导致一些削负荷事件离散处理后为 0。本小节中所有节点的离散单位初始化为 50MW。以 IEEE 300 节点系统的连锁故障样本为例，88%的节点失负荷事件不小于 25MW，即根据式（5-33）离散化后的数值大于零，对应的失负荷量占总失负荷量的 99.21%。

在 5.4.1 节中，为便于介绍，线路和负荷节点分别从 1 到 N_l 和 1 到 N_b 进行了重新编号。在本小节，为避免混淆，耦合交互网络和结果分析的节点和线路索引号均以算例系统的原始索引号给出。

耦合矩阵 $\boldsymbol{B}$ 中非零元素的数量和占比如表 5-4 所示。从表 5-4 可以看出耦合矩阵 $\boldsymbol{B}$ 属于典型的稀疏矩阵。例如，IEEE 300 节点系统的耦合矩阵 $\boldsymbol{B}$ 中非零元素总数为 2116，仅占 602^2 个元素的 0.58%。这表明在连锁故障中，仅少量元件的故障事件之间存在交互关联性。此外，$\boldsymbol{B}^{\mathrm{BL}}$ 比其他子矩阵更加稀疏，这表明节点失负荷后发生线路停运这种交互作用的存在率更低；

多数线路的故障主要与上一代的停运线路存在交互作用由 $\boldsymbol{B}^{\mathrm{LL}}$ 的非零元素描述。

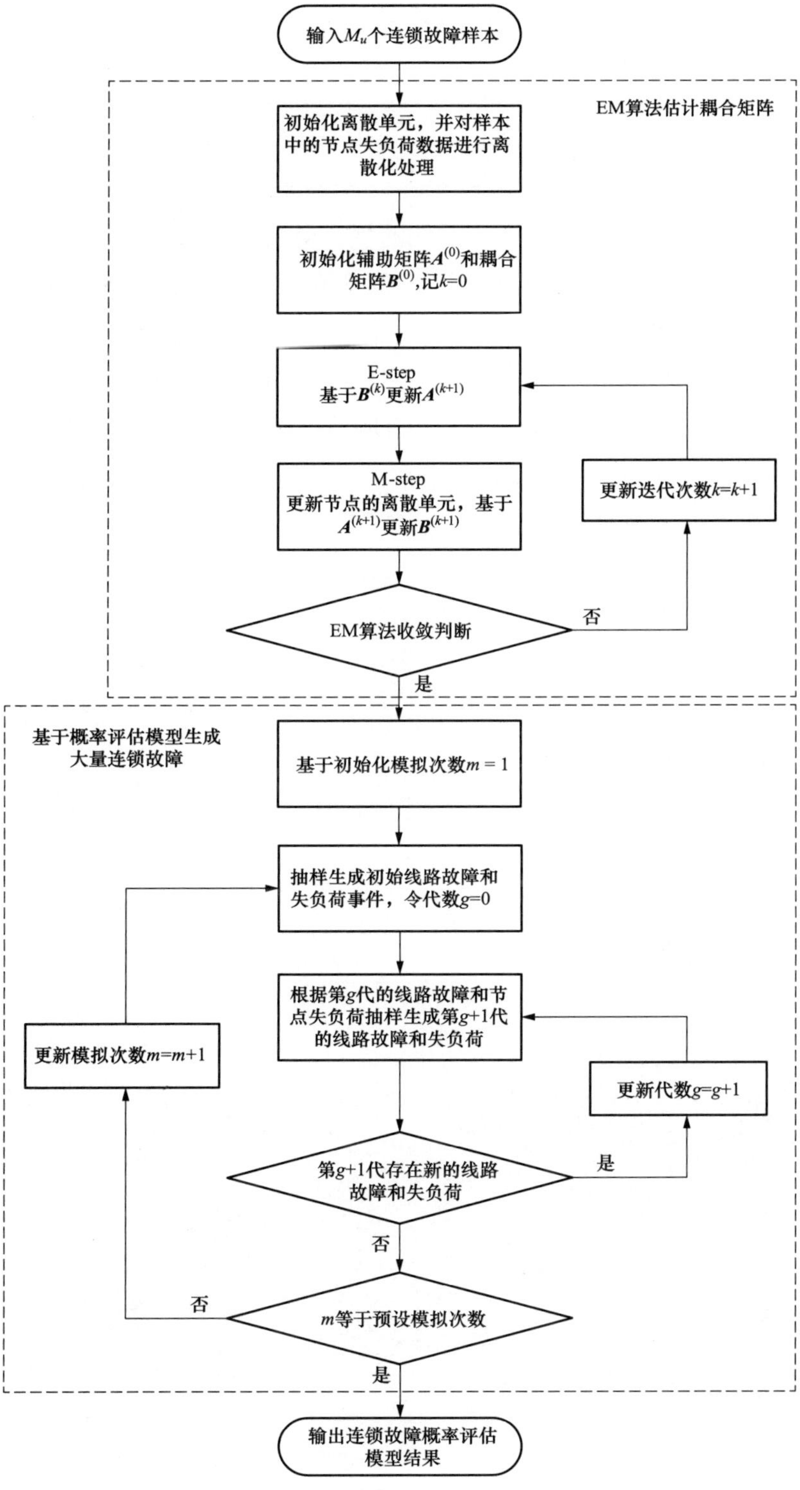

图 5-6　过负荷脆弱性评估模型算法流程

表 5-4　　耦合矩阵 $\boldsymbol{B}$ 中非零元素的数量及占比

测试系统	非零元素	$\boldsymbol{B}^{LL}$	$\boldsymbol{B}^{BL}$	$\boldsymbol{B}^{LB}$	$\boldsymbol{B}^{BB}$	$\boldsymbol{B}$
IEEE RTS-96	数量	392	14	199	17	622
	占比	2.73%	0.16%	2.27%	0.32%	1.67%
IEEE 300 节点	数量	1704	36	246	130	2116
	占比	1.01%	0.05%	0.31%	0.36%	0.58%

IEEE RTS-96 系统和 IEEE 300 节点系统的耦合交互网络分别如图 5-7 和图 5-8 所示。在耦合交互网络中，位于上层和下层的顶点分别表示负荷节点和线路，位于上层内和下层内的边分别对应子矩阵 $\boldsymbol{B}^{LL}$ 和 $\boldsymbol{B}^{BB}$ 中的链接，而从上层顶点指向下层顶点的边对应子矩阵 $\boldsymbol{B}^{BL}$ 中的链接，从下层顶点指向上层顶点的边则对应子矩阵 $\boldsymbol{B}^{LB}$ 中的链接。从图 5-7 和图 5-8 可以看出大多数边均始于上层的顶点，这表明线路故障是连锁故障传播的主导因素。这是因为在连锁故障的稳态模型中，相较于节点的失负荷，某些关键线路的故障会导致更剧烈的潮流转移和更多的重载线路。

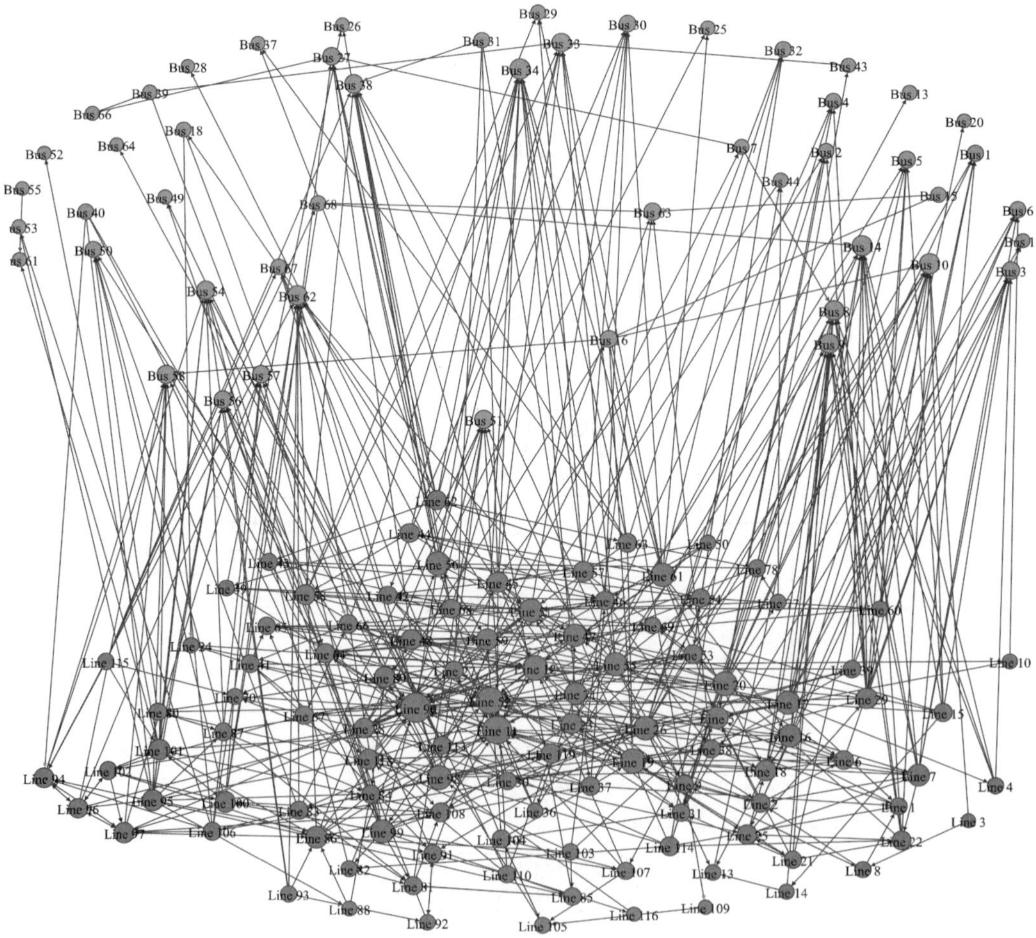

图 5-7　IEEE RTS-96 系统的耦合交互网络

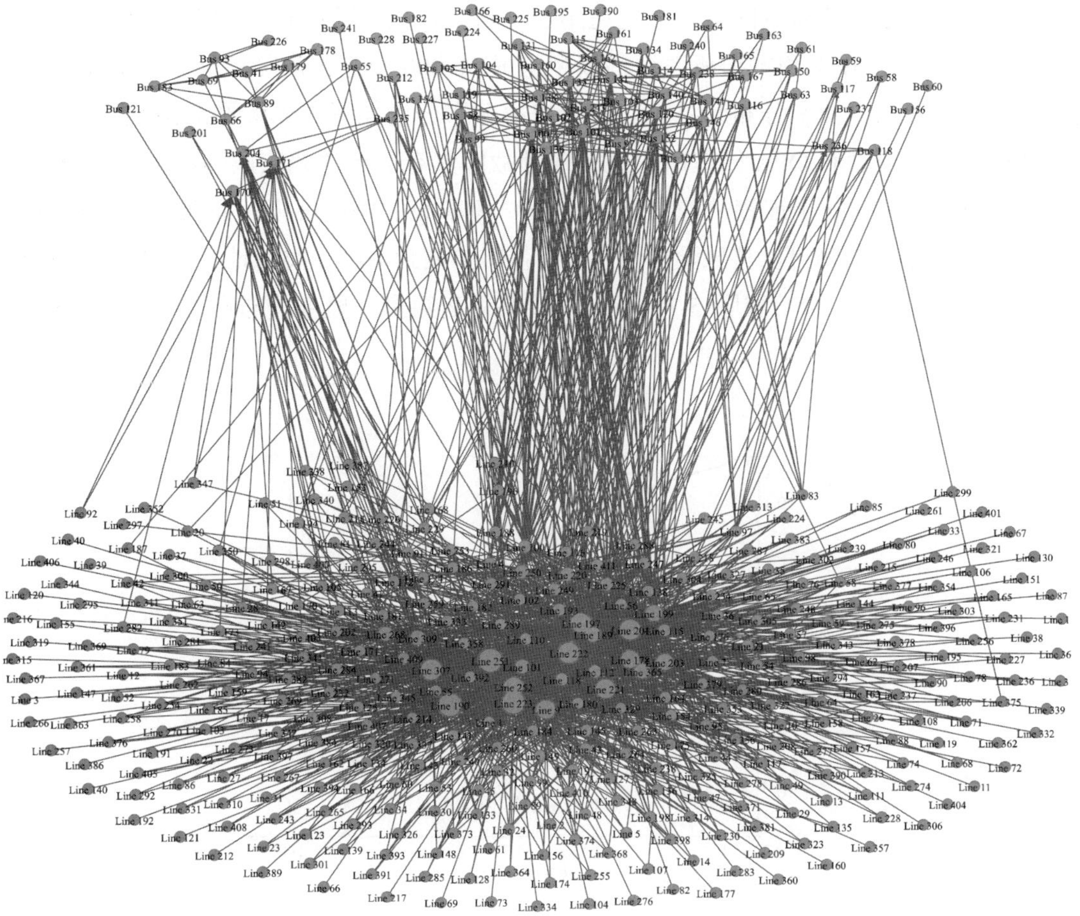

图 5-8　IEEE 300 节点系统的耦合交互网络

子矩阵 $\boldsymbol{B}^{\mathrm{LB}}$ 的非零元素 b_{iv}^{LB} 描述了节点 v 的失负荷与上一代中线路 i 停运之间的交互作用，结合线路 i 与负荷节点 v 在输电系统中的位置关系，可以进一步分析线路停运与失负荷的关联性。从结果中发现 IEEE 300 节点系统在子矩阵 $\boldsymbol{B}^{\mathrm{LB}}$ 的 246 个非零元素中，仅有 9.76%的交互作用所描述的节点 v 与线路 i 在输电系统中直接连接。此外，在 16.67%的交互作用中，线路 i 与发电机节点相连，而不是发生失负荷的节点 v。类似地，IEEE RTS-96 系统的分析结果中也得到相关结论。这表明线路停运并不仅仅影响与其直接相连的负荷节点，也会影响其余负荷节点。这是因为在连锁故障的稳态模型中，发生失负荷的原因有多种，包括但不限于负荷节点或发电节点的解列、可用输电容量限制等。

对线路 i 停运与节点 v 失负荷之间的交互作用，为检验以 b_{iv}^{LB} 为均值的泊松分布的拟合优度，对样本统计结果 C_{iv}^{LB} 进行 0.05 显著性水平的 Kolmogorov-Smirnov 检验（简称 K-S 检验）。结果表明 IEEE RTS-96 系统和 IEEE 300 节点系统通过 K-S 检验的交互作用 b_{iv}^{LB} 分别为 96.41%和 98.78%。类似地，采用 K-S 检验分析节点 v 失负荷与上一代中节点 u 失负荷之间的交互作用，发现所有的交互作用 b_{uv}^{BB} 均可通过 K-S 检验。因此，采用泊松分布不仅可以分析系统总失负荷量的分布，也适用于分析节点失负荷的传播特性。

分别采用 OPA 模型和本节概率评估模型生成 30 000 个连锁故障事件。IEEE RTS-96 系统的线路停运数量—概率分布和总失负荷量概率分布分别如图 5-9 和图 5-10 所示。结果表明本节概率评估模型和 OPA 模型所生成的连锁故障具有一致的线路故障和失负荷分布。此外，OPA 模型的 3000 个连锁故障只能估计 10^{-3} 概率级的停电规模，而概率评估模型通过模拟 30 000 个连锁故障可以将风险评估的概率量级扩展到 10^{-4}。类似地，对 IEEE 300 节点系统，对比分析如图 5-11 和图 5-12 所示的线路停运数量—概率分布和总失负荷量概率分布可得出相同的结论。

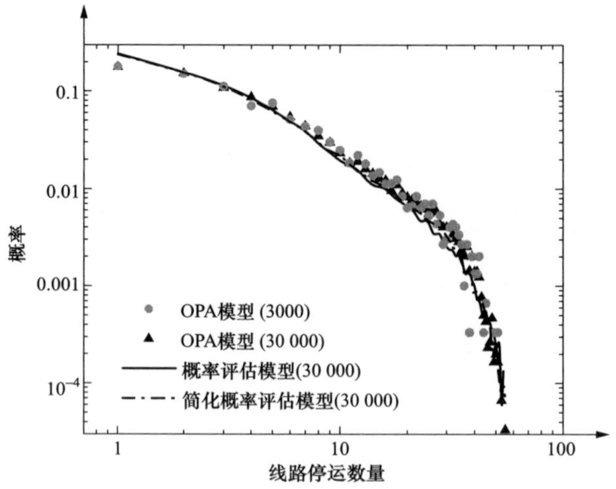

图 5-9　IEEE RTS-96 系统的线路停运数量—概率分布

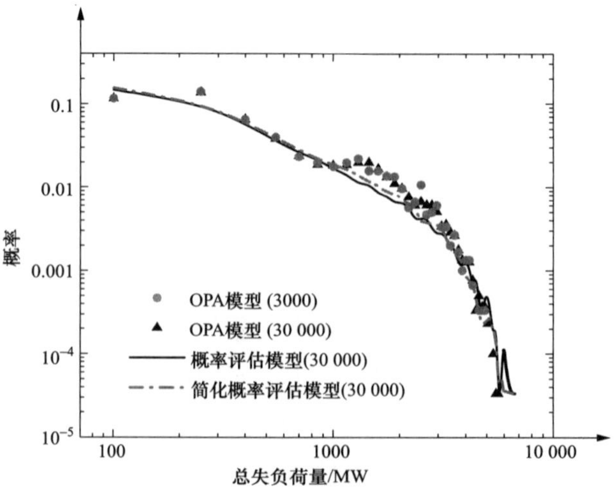

图 5-10　IEEE RTS-96 系统的总失负荷量概率分布

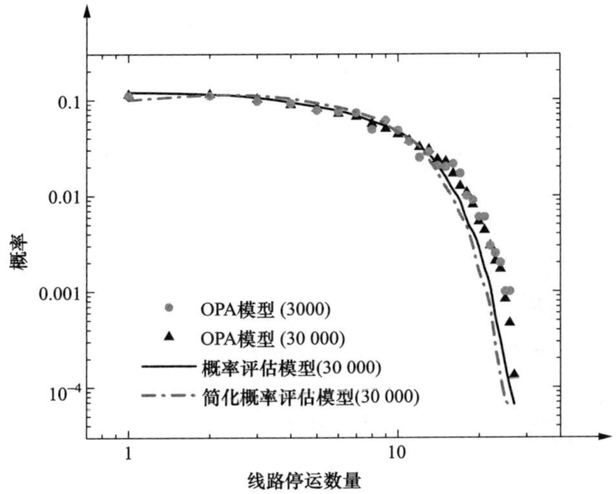

图 5-11　IEEE 300 节点系统的线路停运数量—概率分布

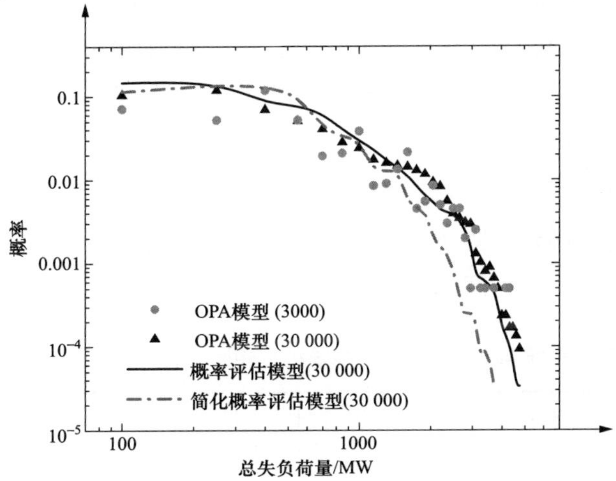

图 5-12　IEEE 300 节点系统的总失负荷量概率分布

此外，以 IEEE 300 节点系统为例，OPA 模型生成 30 000 个连锁故障需要 9214s，而概率评估模型只需要 47s，仅相当于 OPA 模型耗时的 0.51%。另外，在耦合矩阵 $\boldsymbol{B}$ 的估计过程中，首先需采用 OPA 模型生成 3000 个连锁故障，用时为 921s，然后采用 EM 算法的计算用时为 52s。因此，采用概率评估模型生成 30 000 个连锁故障的总用时为 1020s，仅相当于传统方法的 11.07%。这表明本节提出的耦合矩阵 $\boldsymbol{B}$ 可从少量样本中有效提取连锁故障的概率信息，并采用概率评估模型可显著提升大停电风险的分析效率。

最后，为了进一步分析子矩阵 $\boldsymbol{B}^{\mathrm{BL}}$ 和 $\boldsymbol{B}^{\mathrm{BB}}$ 对描述故障交互作用的影响，令耦合矩阵 $\boldsymbol{B}$ 只包含 $\boldsymbol{B}^{\mathrm{LL}}$ 和 $\boldsymbol{B}^{\mathrm{LB}}$，并记修改后的模型称为简化概率评估模型。图 5-9～图 5-12 则为简化概率

率评估模型的故障概率分布。从图 5-9 和图 5-11 的线路停运数量—概率分布可以看出 $\boldsymbol{B}^{BL}$ 对线路停运的拟合特性影响很小。这是因为在 IEEE RTS-96 和 IEEE 300 节点系统中，$\boldsymbol{B}^{BL}$ 的非零元素数量均比 $\boldsymbol{B}^{LL}$ 小得多。从图 5-10 和图 5-12 的总失负荷量概率分布中可以看出 $\boldsymbol{B}^{BB}$ 对 IEEE RTS-96 系统中失负荷概率分布拟合的影响很小，但对 IEEE 300 节点系统则存在明显影响，特别是大规模的失负荷事件。从表 5-3 中可以发现 IEEE 300 节点系统的 $\boldsymbol{B}^{BB}$ 中非零元素数量较多，即除了与线路停运存在交互作用外，有相当部分的失负荷事件被推断为与上一代的失负荷事件存在交互作用。这是因为大停电的后期往往涉及多个负荷节点或同一个节点的连续失负荷，此时大量的连续失负荷难以由某一条线路的停运进行关联性描述，即难以使用子矩阵 $\boldsymbol{B}^{LB}$ 的元素拟合，而 $\boldsymbol{B}^{BB}$ 则可以有效地描述这一情形。

5.4.4 基于连锁故障动态模型的故障交互分析

针对采用连锁故障动态模型生成连锁故障样本，进一步验证所提出的概率评估模型对分析故障交互作用的有效性。以 IEEE 39 节点系统为例，将原系统中节点 30 和节点 31 的两台常规机组替换为等容量风电场。以短路故障为初始故障类型，生成 10 000 个连锁故障样本。同时，为更好地体现我国新能源大规模集中接入、远距离输送等特性，采用 ROTS-2017 可靠性测试系统生成 10 000 个连锁故障样本，该系统包括 38 个节点（30 个负荷节点）、63 条线路、11 台常规机组和 9 个风电场。

首先从连锁故障动态模型生成的样本集中随机选取 300 个样本，估计 IEEE 39 节点系统与 ROTS-2017 系统的耦合矩阵 $\boldsymbol{B}$。耦合矩阵 $\boldsymbol{B}$ 中非零元素的数量及占比如表 5-5 所示，耦合交互网络分别如图 5-13 和图 5-14 所示。

表 5-5　IEEE 39 节点系统与 ROTS-2017 系统耦合矩阵 B 中非零元素的数量及占比

测试系统	非零元素	$\boldsymbol{B}^{LL}$	$\boldsymbol{B}^{BL}$	$\boldsymbol{B}^{LB}$	$\boldsymbol{B}^{BB}$	$\boldsymbol{B}$
IEEE 39 节点	数量	116	26	257	15	414
	占比	5.48%	2.97%	29.41%	4.16%	9.80%
ROTS-2017	数量	77	19	101	40	237
	占比	1.94%	1.01%	5.34%	4.44%	2.74%

从表 5-5 可以看出，IEEE 39 节点系统和 ROTS-2017 系统连锁故障的交互作用具有较紧密的耦合性。这是由于这两个系统的规模相对较小，每个元件的故障都可能影响其他系统元件的运行状态。特别地，IEEE 39 节点系统在考虑系统的动态特性后，由于电源分布不均匀、输电系统的网架结构较为薄弱，线路停运导致该系统出现解列或失稳的概率较高，对应地，IEEE 39 节点系统的耦合交互网络中部分线路可以与大多数的负荷节点之间存在故障交互。因此，相对于 IEEE KTS-96 系统和 IEEE 300 节点系统，IEEE 39 节点系统和

ROTS-2017 系统中非零元素占比明显上升。

采用所提出的连锁故障概率评估模型分别生成 IEEE 39 节点系统和 ROTS-2017 系统的 10 000 个连锁故障。IEEE 39 节点系统和 ROTS-2017 系统的线路停运数量—概率分布和总失负荷量概率分布如图 5-15～图 5-18 所示。从中可以看出由于连锁故障动态模型的故障传播机理较为复杂，线路停运和失负荷概率分布相对不平滑。但所提出的概率评估模型仍可以较好地拟合连锁故障的概率分布特性。由于在 IEEE 39 节点系统中 $\boldsymbol{B}^{BL}$ 和 $\boldsymbol{B}^{BB}$ 的非零元素占比较低，简化概率评估模型的故障概率分布与概率评估模型接近。而在 ROTS-2017 系统中 $\boldsymbol{B}^{BB}$ 的非零元素较多，ROTS-2017 系统的简化概率评估模型估计的大停电概率要略低于概率评估模型。另外，耦合矩阵 $\boldsymbol{B}$ 的估计仅需采用动态模型生成的 300 个连锁故障样本，因此模拟 10 000 个连锁故障时，所提出概率评估模型的计算时间仅为连锁故障动态模型的 3%。

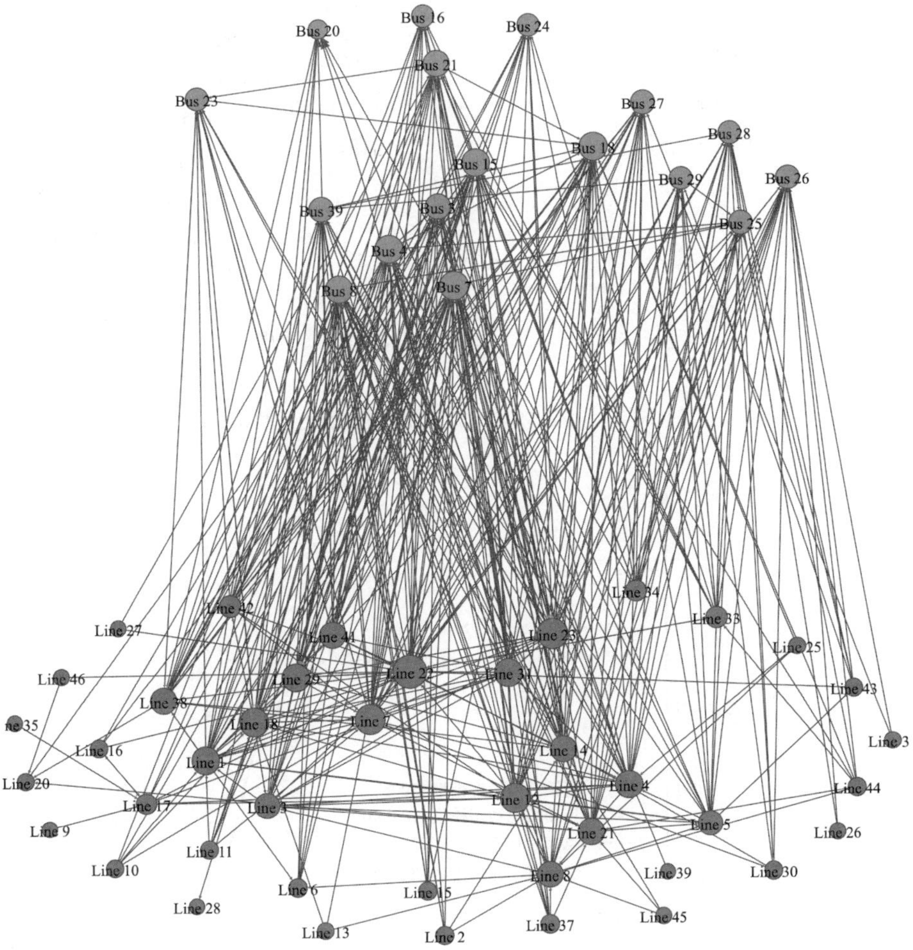

图 5-13　IEEE 39 节点系统的耦合交互网络

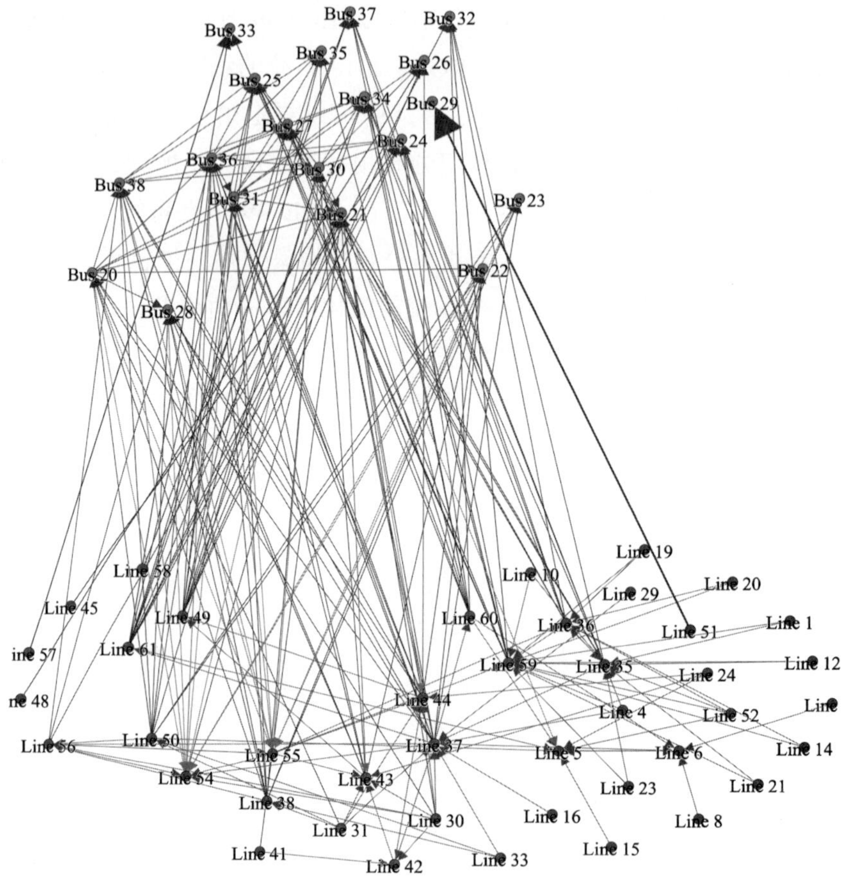

图 5-14　ROTS-2017 系统的耦合交互网络

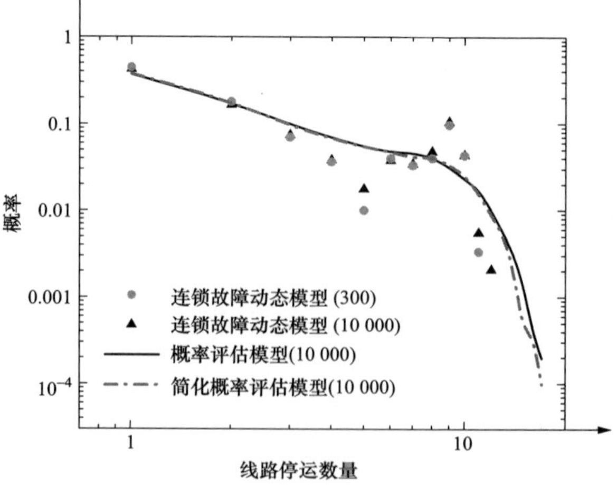

图 5-15　IEEE 39 节点系统的线路停运数量—概率分布

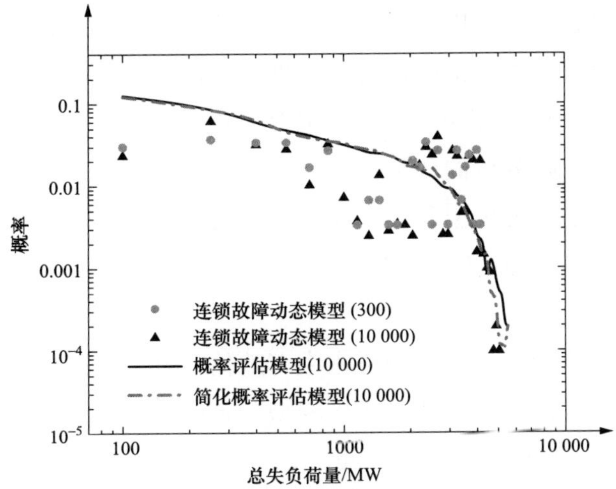

图 5-16 IEEE 39 节点系统的总失负荷量概率分布

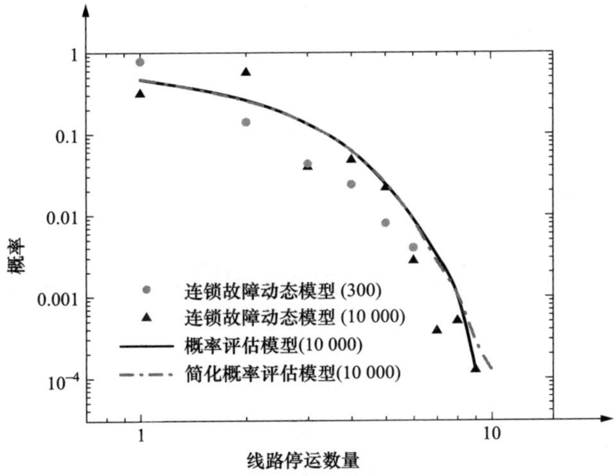

图 5-17 ROTS-2017 系统的线路停运数量—概率分布

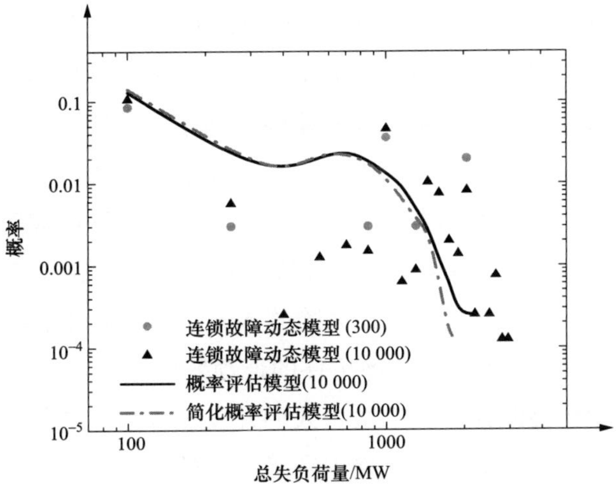

图 5-18 ROTS-2017 系统的总失负荷量概率分布

为了解决连锁故障机理模型的计算复杂度过高和实际电网连锁故障统计数据的样本量有限等问题，本章通过分析连锁故障的传播特性，提出了线路停运传播路径与失负荷风险的耦合交互作用矩阵和其估计算法，并基于耦合矩阵提出一种连锁故障的概率评估模型，可以有效提升连锁故障风险分析的效率。

分别应用连锁故障的稳态模型和动态模型生成连锁故障样本集，对 IEEE 39 节点、IEEE RTS-96、IEEE 300 节点以及 ROTS-2017 4 个系统验证了所提出的概率评估模型。分析结果表明：

（1）所提算法可以从少量连锁故障样本中有效估计耦合交互作用矩阵，根据故障交互作用快速模拟大量的连锁故障，生成与机理模型一致的线路停运数量概率分布和失负荷概率分布，显著降低大停电风险评估的复杂度。以 IEEE 300 节点系统为例，其计算复杂度仅为机理模型的 11.07%。

（2）耦合交互矩阵属于稀疏矩阵，交互作用仅存在于少量故障事件之间。耦合矩阵的 4 个子矩阵对分析故障传播概率特性的影响存在差异。其中，线路停运是连锁故障传播的主导因素，对应地，子矩阵 $\boldsymbol{B}^{\mathrm{LL}}$ 和 $\boldsymbol{B}^{\mathrm{LB}}$ 描述了大多数的故障交互作用；子矩阵 $\boldsymbol{B}^{\mathrm{BL}}$ 和 $\boldsymbol{B}^{\mathrm{BB}}$ 对分析结果的影响相对较小。但是，当连锁故障中存在较多连续失负荷事件时，忽略子矩阵 $\boldsymbol{B}^{\mathrm{BB}}$ 可能降低拟合大停电风险的效果。

5.5 基于混合整数线性规划的脆弱性分析方法

过去几十年的停电事件表明，停电会给人类社会带来灾难性后果。许多停电报告和研究表明，多条输电线路的停运是停电传播过程中的主要因素之一。在电力系统运行和规划的可靠性准则中，广泛要求对 *N-k* 故障事件进行评估。近年来，广域测量系统（wide area measurement system，WAMS）技术在电网的示范应用逐步推广，基于同步相量技术的电网动态监测和控制为电网的大停电防御提供了新的基本信息技术支撑。

根据可靠性的定义，现有的风险评估分别从充裕性和安全性两个角度衡量电网的供电能力，进而量化 *N-k* 故障事件的风险。在充裕性评估中，一般采用重要抽样法、分层抽样等高级抽样方法快速搜索高风险事件。由于充裕性评估通常假设多条线路独立失效，因此充裕性评估的风险通常由低阶故障事件主导，对高阶故障事件的风险体现不足。然而过去的大停电事件已经证明，高阶的 *N-k* 故障事件确有发生并最终导致了灾难性的影响。因此，在充裕性评估的基础上，建立考虑安全性风险的 *N-k* 故障事件评估框架至关重要。

在安全性评估中，为了分析高阶故障事件的连锁发生风险，需要进行大量的潮流计算。为了降低识别关键故障传播路径的复杂性，人们开发了许多先进的搜索技术，包括随机化学算法和复杂网络理论等。然而，当需要识别最严重的连锁故障时，上述基于采样的方法通常不能保证模型结果的鲁棒性。

近年来，混合整数线性规划（mixed integer linear program，MILP）因其鲁棒性被广泛应用于电力系统可靠性评估问题。在相关研究中，N-k 故障事件的概率等于各个独立停运事件概率的乘积，即认为各个故障事件独立发生，但这个方法忽略了故障之间相互传播的耦合关系。为了考虑 N-k 故障的连锁故障传播路径，现有方法以“故障后线路潮流增量”为优化目标构建混合整数线性规划，从而避免直接对连锁故障传播路径发生概率进行建模时的非线性项。但是，由于缺乏对连锁故障发生概率的显式建模，以线路潮流增量为优化目标的模型可能会错过具有最高概率的连锁故障的实际传播路径。这对于大型电力系统来说尤其重要，因为对于 N-k 故障事件，可能的传播路径数为 $k!$条，当 k 很大（高阶故障）时，该路径数量是非常大的，这也增加了线路潮流增量分析错失最严重风险的可能性。

为了解决现有技术存在的不足之处，提出了一种采用 WAMS 实时数据的 MILP 评估模型来识别 N-k 故障事件的传播路径，包括多种线性化技术和滚动搜索算法，具体包括利用电网动态测量系统 WAMS 实时采集电网的电流、电压信息，通过计算获得节点的功率、相位、功角等信息。此方法可以直接揭示停运线路在 N-k 故障事件中的相互依赖关系，并有效地识别出连锁过载故障的关键传播路径。为达到上述目的，采用如下技术方案。

根据 WAMS 实时数据，采用一种基于多种线性化技术和滚动搜索算法识别 N-k 故障事件下概率最大的连锁过载故障传播路径识别模型，步骤如下：

（1）采用 WAMS 采集电流、电压信息，通过计算获得测点的功率、相位、功角等信息。该功能可以通过电力系统的高级调控系统内置模块自动实现。

（2）构建过载传输线路的停运概率模型。

1）选取输电线路的随机停运概率。

2）构建输电线路的过载停运概率模型。研究表明，输电线路过载会增加其弧垂，从而增加触树短路故障的发生概率，另外，过载线路可能会被过热继电器或过电流继电器跳闸，输电线路 l 在连锁故障中的停运概率利用式（5-61）建模：

$$f(F_l)=\begin{cases} p_0 & F_l \leqslant F_l^{\max} \\ p_0+\dfrac{F_l-F_l^{\max}}{RF_l-F_l^{\max}}(1-p_0) & F_l^{\max}<F_l \leqslant RF_l^{\max} \\ 1 & F_l \geqslant RF_l^{\max} \end{cases} \tag{5-61}$$

式中 $F_l^{\max}$——输电线路 l 的最大容量限制，MW；

p_0——输电线路 l 的随机停运概率；

R——过载输电线路在停运概率曲线中的容量系数，经验取值范围通常为 1.2～1.8。

（3）构建 N-k 故障事件的评估模型。令 S 表示 N-k 故障事件中被评估的停运输电线路集。在 S 中停运事件的最关键传播路径可通过式（5-62）进行评估：

$$\max\ p(S)=\prod_{l=1}^{k} p_l \tag{5-62}$$

（4）构造一个通用目标函数式（5-63）来评估故障事件 S 的多阶段传播概率：

$$\max f(S)=\prod_{s=1}^{k}\prod_{l=1}^{k}\left[f(F_l^s)\right]^{v_l^s} \tag{5-63}$$

式中 F_l^s ——阶段 s 中输电线路 l 上的功率，MW；

v_l^s ——阶段 s 中输电线路 l 停运状态转变的 0-1 变量，即如果输电线路 l 在阶段 s 和阶段 s+1 中的状态相同，则 v_l^s 为 0，否则 v_l^s 为 1。

（5）根据 WAMS 实时数据，构建电网当前时刻的功率平衡约束。

1）利用式（5-64）表示在各个阶段系统内的发电量和负荷需求应满足的功率平衡约束：

$$\boldsymbol{K}F_l^s=\boldsymbol{\Gamma}G-D\,(\forall s) \tag{5-64}$$

式中 $\boldsymbol{K}$ ——节点支路关联矩阵；

$\boldsymbol{\Gamma}$ ——节点发电机关联矩阵；

G ——故障前发电机组出力向量；

D ——故障前负荷节点需求向量。

2）利用式（5-65）根据输电线路 l 在阶段 s 的运行状态设置其上的功率：

$$F_l^s=u_l^s\frac{\theta_{l,from}^s-\theta_{to}^s}{x_l}\quad(\forall l,s) \tag{5-65}$$

式中 u_l^s ——阶段 s 中输电线路 l 运行状态的 0-1 变量，如果 u_l^s 为 0，即输电线路 l 在阶段 s 停运，则 F_l^s 为 0；否则 F_l^s 按直流潮流计算；

$\theta_{l,from}^s$，$\theta_{l,to}^s$ ——阶段 s 中输电线路 l 终端节点上的电压角；

x_l ——输电线路 l 的电抗。

（6）为了描述故障事件 S 的传播路径，需要构建传播路径约束。

1）利用式（5-66）设在开始传播的第 1 个阶段，故障事件 S 中所有线路都处于运行状态：

$$u_l^1=1\,(\forall l\in S) \tag{5-66}$$

2）利用式（5-67）表示一旦输电线路 l 在某一阶段发生故障，则在接下来的阶段无法修复：

$$u_l^s\leqslant u_l^{s-1}\,(\forall l\in S,\ s=2,3,\cdots,k) \tag{5-67}$$

3）利用式（5-68）计算输电线路 l 在每个阶段的状态变换关系：

$$v_l^{s-1}=u_l^{s-1}-u_l^s\,(\forall l\in S,\ s=2,3,\cdots,k) \tag{5-68}$$

4）利用式（5-69）表示故障事件 S 中所有输电线路应在 k 个阶段内发生停运：

$$\sum_{s=1}^{k}v_l^s=1\,(\forall l\in S) \tag{5-69}$$

5）利用式（5-70）表示每个传播阶段包含一条线路停运事件：

$$\sum_{l\in S}v_l^s=1\,(\forall\ s=1,2,\cdots,k) \tag{5-70}$$

（7）假设 *N-k* 故障事件不会导致输电网络解列。

（8）根据以下线性化技术将所提的评估模型转换为多阶段 MILP。

1）对目标函数式（5-63）进行对数变换，得到式（5-71）和式（5-72），以处理式（5-63）中停运概率的乘积：

$$\max\ h(S)=\sum_{s=1}^{k}\sum_{l=1}^{k}v_l^s\phi_l^s \tag{5-71}$$

$$\phi_l^s=\log[f(F_l^s)]\quad(\forall l\in S,\ s=1,2,\cdots,k) \tag{5-72}$$

2）使用分段线性化函数来表征 $f(F_l^{s-1})$的非线性。考虑四个断点 0，$F_i^{\max}$，$RF_i^{\max}$，$R_sF_i^{\max}$，将式（5-72）转化为等效的线性约束式（5-73）～式（5-80）：

$$f(F_l^s)=p_0t_{l,1}^s+p_0t_{l,2}^s+t_{l,3}^s+t_{l,4}^s \tag{5-73}$$

$$|F_l^s|=F_l^{\max}t_{l,2}^s+RF_l^{\max}t_{l,3}^s+R_sF_l^{\max}t_{l,4}^s \tag{5-74}$$

$$t_{l,i}^s\leqslant y_{l,i-1}^s+y_{l,i}^s(i=2,3) \tag{5-75}$$

$$t_{l,1}^s\leqslant y_{l,1}^s \tag{5-76}$$

$$t_{l,4}^s\leqslant y_{l,3}^s \tag{5-77}$$

$$\sum_{i=1}^{4}t_{l,i}^s=1 \tag{5-78}$$

$$\sum_{i=1}^{3}y_{l,i}^s=1 \tag{5-79}$$

$$t_{l,i}^s\geqslant 0(i=1,2,3,4) \tag{5-80}$$

式中 R_s ——一个比 R 大的尺度系数；

$t_{l,i}^s$ $y_{l,i}^s$ ——分段线性化变换中的辅助变量。

3）利用式（5-81）和式（5-82）对式（5-74）中的绝对值进行线性化：

$$0\leqslant F_l^s+z_l^s\leqslant \mu_l^sM \tag{5-81}$$

$$-(1-\mu_l^s)M\leqslant F_l^s-z_l^s\leqslant 0 \tag{5-82}$$

式中 M ——一个足够大的正数。

4）将式（5-65）和式（5-71）中的变量乘积线性化为式（5-83）～式（5-85）：

$$\psi_l^s=v_l^s\phi_l^s \tag{5-83}$$

$$-Mv_l^s\leqslant\psi_l^s\leqslant Mv_l^s \tag{5-84}$$

$$-M(1-v_l^s)\leqslant\psi_l^s-\phi_l^s\leqslant M(1-v_l^s) \tag{5-85}$$

5）对于式（5-72）中的非线性对数函数，采用另一类分段线性化函数处理。由于对数函数是凸函数，它的线性化函数不同于式（5-61），表示为式（5-86）：

$$\phi_l^s\leqslant\log(t_p)+\frac{1}{t_p}[f(F_l^s)-t_p]\quad[\forall t_p\in\Omega(t_p)] \tag{5-86}$$

式中　t_p ——0～1 的断点；

$\Omega(t_p)$ ——断点的集合。

6）综上所述，利用线性目标函数式（5-87）代替原目标函数式（5-63），并提出基于 MILP 的评估模型（M1）如下：

$$\max\ h(S)=\sum_{s=1}^{k}\sum_{l=1}^{k}\psi_l^s \tag{5-87}$$

$s.t.$式（5-64）～式（5-70），式（5-73）～式（5-82），式（5-84）～式（5-86）

（9）提出一种滚动搜索算法以加快求解过程。

1）用 k_s 表示搜索算法的步长。初始化步长 k_s。另外，设置循环标志 n 为 1。

2）设置 N-k 故障事件的传播路径最大长度为 nk_s 和 k 中的最小值，当 nk_s 小于 k 时，评估模型（M1）修改为（M2），（M2）表示如下：

$$\max\ h(S)=\sum_{s=1}^{k}\sum_{l=1}^{k}\psi_l^s$$

$s.t.$式（5-64）～式（5-69），式（5-73）～式（5-82），式（5-84）～式（5-86）

$$\sum_{l\in S}v_l^s=1 \quad (\forall\ s=1,2,\cdots,k_s-1) \tag{5-88}$$

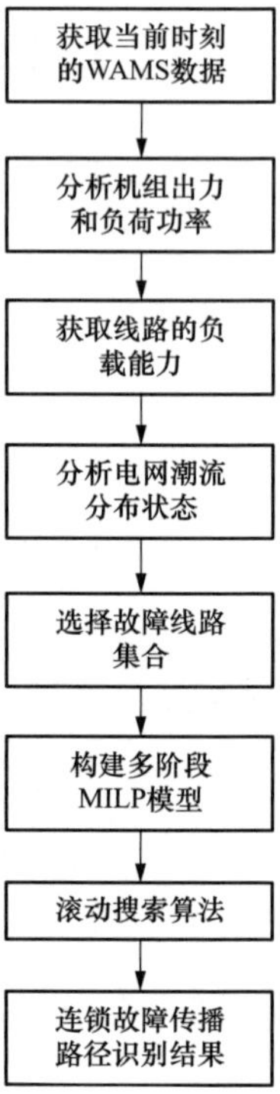

图 5-19　方法流程图

约束式（5-69）和式（5-88）表明阶段 k_s 发生的停运事件数为（k–k_s），其他阶段由一个停运事件组成。

3）求解评估模型（M2）并得到解为［$\boldsymbol{v}^{*(n)}$］。

4）将循环标志 n 更新为 n+1。

5）用更新的步长 nk_s 重建评估模型（M2）。根据上一次迭代的解 $\boldsymbol{v}^{*(n-1)}$，设置前面［$(n-1)k_s-1$］个阶段的线路停运状态。这可以通过在评估模型（M2）中添加约束式（5-89）来实现：

$$v_l^s=v_l^{s*(n-1)}[\forall l\in S,\ s=1,\cdots,(n-1)k_s-1] \tag{5-89}$$

6）重复步骤 3）～5），直到传播路径的最大长度达到 k。

方法流程如图 5-19 所示。

与现有技术相比，此方法的有益效果在于：

（1）提出了一个多阶段 MILP 评估模型，来根据 WAMS 实时数据在线评估 N-k 故障事件的传播路径，可以直接模拟不同阶段中过载输电线路的停运概率，因此能更明确地揭示停运线路在 N-k 故障事件中的相互依赖关系。

（2）采用了对数变换和分段线性化等多种线性化技术将提出的评价模型转化为多阶段混合整数线性规划问题，可以有效地识别出概率最大的连锁过载故障的传播路径。

（3）提出了一种滚动搜索算法来加速传播路径的识别，所提出的评估模型利用该算法递归地选择关键线路，可以极大地降低计算成本。

滚动搜索算法示例如图 5-20 所示。

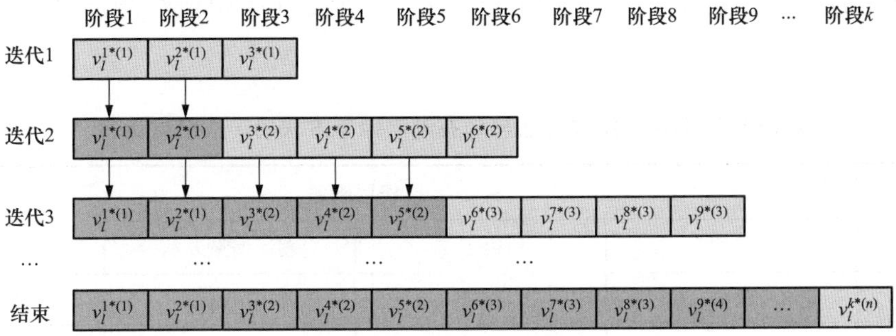

图 5-20　滚动搜索算法示例

将所提出的多阶段 MILP 和滚动搜索算法识别连锁过载故障关键传播路径应用于 IEEE 118 节点系统，具体执行过程如下：

（1）选择一个 N-10 故障事件进行评估，其中停运线路为 8-5、4-11、25-27、38-37、64-65、22-23、66-67、79-80、26-30、30-17。

（2）将步长 k_s 设置为 5，即滚动搜索算法需要两次迭代来识别关键的故障传播路径。第一次迭代中，所提方法识别的传播路径为{8-5}→{30-17}→{38-37}→{64-65}→{4-11，25-27，22-23，66-67，79-80，26-30}；第二次迭代中，所提方法识别的传播路径是{8-5}→{30-17}→{38-37}→{64-65}→{22-23}→{79-80}→{4-11}→{66-67}→{25-27}→{26-30}。N-10 故障事件下已识别传播路径的潮流结果如表 5-6 所示。

表 5-6　　N-10 故障事件下已识别传播路径的潮流结果

线路	F^{max}	F^1	F^2	F^3	F^4	F^5	F^6	F^7	F^8	F^9	F^{10}	F^{11}
8-5	350	409.59	—	—	—	—	—	—	—	—	—	—
4-11	123	114.56	−1.58	−2.18	−1.79	−1.74	−1.47	−1.47	—	—	—	—
25-27	350	154.12	170.82	268.83	365.30	375.49	421.01	421.10	421.10	423.07	—	—
38-37	350	257.63	323.04	555.29	—	—	—	—	—	—	—	—
64-65	350	−444.79	−446.56	−452.37	−536.29	—	—	—	—	—	—	—
22-23	123	−86.23	−102.55	−149.78	−223.14	−231.59	—	—	—	—	—	—
66-67	123	86.63	86.45	85.86	77.38	225.67	228.39	228.50	228.50	—	—	—
79-80	123	−79.29	−79.60	−81.72	−86.44	−90.97	−89.60	—	—	—	—	—
26-30	350	296.71	256.59	55.57	−160.25	−181.22	−154.93	−155.74	−155.74	−159.06	−71.89	—
30-17	350	190.04	483.73	—	—	—	—	—	—	—	—	—

（3）将 N-10 故障事件下已识别传播路径的潮流结果代入式（5-61），评估 N-10 故障事件中线路的停运概率。所提方法与现有潮流增量方法的评估结果比较如表 5-7 所示，其中原始停运概率利用故障前的潮流进行评估，表示为不考虑连锁故障，即充裕性研究中的评估概率。表 5-7 的第 5 列“比例”为所提方法和现有潮流增量方法的停运概率之比。

表 5-7　N-10 故障事件下所提方法与现有潮流增量方法的评估结果比较

线路	停运概率			
	原始	所提方法	潮流增量方法	比例
8-5	0.43	0.43	0.43	1.00
4-11	0.01	0.01	0.01	1.00
25-27	0.01	0.53	0.01	52.67
38-37	0.01	1.00	0.01	100.00
64-65	0.68	1.00	0.68	1.47
22-23	0.01	1.00	0.12	8.33
66-67	0.01	1.00	1.00	1.00
79-80	0.01	0.01	0.01	1.00
26-30	0.01	0.01	0.01	1.00
30-17	0.01	0.96	1.00	0.96

将 10 条线路的停运概率相乘，得到在没有连锁故障的情况下，该 N-10 故障事件的发生概率为 2.91×10^{-17}。在考虑连锁故障的传播情况下，通过所提方法，该 N-10 故障事件的概率为 2.17×10^{-7}；而采用潮流增量方法，概率 3.60×10^{-12}。这表明，通过揭示线路中断之间的潮流转移相互作用，该 N-10 故障事件的发生概率在两条连锁故障传播路径中都得到了增加。所提方法识别的传播路径发生的概率是潮流增量方法的 6.03×10^{4} 倍。这表明在连锁故障的传播中，所提方法发现了停运线路之间更密切的相互作用。

进一步应用该模型于 N-20 故障事件的评估中，故障线路分别为 8-5，4-11，22-23，25-27，38-37，45-49，49-50，60-61，63-59，64-65，68-69，77-78，82-83，15-17，45-46，66-67，49-51，16-17，26-30，30-17。N-20 故障事件可能的传播路径的数量是 $20!\approx2.4\times10^{-18}$。对于所提出的模型，将步长 k_s 设为 4。经过滚动搜索算法 5 次迭代，识别出该 N-20 序列的传播路径为{64-65}→{8-5}→{30-17}→{38-37}→{22-23}→{16-17}→{45-49}→{68-69}→{63-59}→{49-51}→{45-46}→{15-17}→{25-27}→{60-61}→{82-83}→{4-11}→{49-50}→{77-78}→{66-67}→{26-30}。N-20 故障事件下所识别传播路径在阶段 1～10 和阶段 11～20 的潮流结果分别如表 5-8 和表 5-9 所示。

所提方法与现有潮流增量方法的评估结果比较如表 5-10 所示。

表 5-8　　N-20 故障事件下所识别传播路径在阶段 1～10 的潮流结果

线路	F^{max}	F^1	F^2	F^3	F^4	F^5	F^6	F^7	F^8	F^9	F^{10}
8-5	350	409.59	410.80	—	—	—	—	—	—	—	—
4-11	123	114.56	114.92	−1.57	−2.17	−1.74	−1.47	−7.88	−7.88	−7.88	−7.88
22-23	123	−86.23	−87.28	−103.66	−151.35	−231.59	—	—	—	—	—
25-27	350	154.12	154.43	171.19	270.14	375.49	421.01	417.97	422.89	421.41	422.03
38-37	350	257.63	295.84	361.59	596.57	—	—	—	—	—	—
45-49	123	−62.97	−51.20	−52.41	−55.84	−116.66	−128.94	−130.32	—	—	—
49-50	123	92.83	140.02	139.87	139.40	131.95	130.67	130.52	130.95	131.82	139.33
60-61	350	−199.82	−105.23	−105.16	−104.95	−101.59	−101.02	−100.95	−101.14	−101.53	−167.56
63-59	350	317.21	145.23	145.51	146.44	160.98	163.47	163.77	162.93	161.24	—
64-65	350	−444.79	—	—	—	—	—	—	—	—	—
68-69	350	−264.88	−203.48	−199.46	−174.88	−81.38	−89.72	−90.13	−84.89	—	—
77-78	123	140.71	137.37	137.04	134.87	129.03	130.40	130.50	130.10	140.23	139.55
82-83	140	−105.68	−106.02	−106.06	−106.28	−106.88	−106.74	−106.73	−106.77	−105.73	−105.80
15-17	350	−142.61	−145.93	−282.25	−107.27	−230.85	−310.33	−455.15	−462.76	−463.18	−463.94
45-46	123	−37.16	−33.37	−34.37	−36.92	−90.29	−101.54	−102.80	−200.77	−201.00	−200.69
66-67	123	86.63	208.53	208.84	209.85	225.67	228.39	228.71	227.80	225.95	210.00
49-51	123	115.77	172.87	172.69	172.12	163.10	161.55	161.37	161.89	162.94	172.03
16-17	123	−37.27	−37.20	−194.59	−176.00	−189.13	−197.57	—	—	—	—
26-30	350	296.71	297.34	257.10	54.17	−181.22	−154.93	−151.02	−157.63	−149.23	−150.55
30-17	350	190.04	193.71	488.28	—	—	—	—	—	—	—

表 5-9　　N-20 故障事件下所识别传播路径在阶段 11～20 的潮流结果

线路	F^{max}	F^{11}	F^{12}	F^{13}	F^{14}	F^{15}	F^{16}	F^{17}	F^{18}	F^{19}	F^{20}	F^{21}
8-5	350	—	—	—	—	—	—	—	—	—	—	—
4-11	123	−7.88	−7.88	−7.88	−7.88	−7.88	−7.88	—	—	—	—	—
22-23	123	—	—	—	—	—	—	—	—	—	—	—
25-27	350	421.21	453.28	427.45	—	—	—	—	—	—	—	—
38-37	350	—	—	—	—	—	—	—	—	—	—	—
45-49	123	—	—	—	—	—	—	—	—	—	—	—
49-50	123	181.82	183.34	181.86	179.72	180.79	180.72	180.72	—	—	—	—
60-61	350	−171.38	−170.96	−171.37	−171.95	—	—	—	—	—	—	—
63-59	350	—	—	—	—	—	—	—	—	—	—	—
64-65	350	—	—	—	—	—	—	—	—	—	—	—
68-69	350	—	—	—	—	—	—	—	—	—	—	—
77-78	123	140.45	140.31	141.67	137.49	137.42	130.26	130.26	137.16	—	—	—

续表

线路	F^{max}	F^{11}	F^{12}	F^{13}	F^{14}	F^{15}	F^{16}	F^{17}	F^{18}	F^{19}	F^{20}	F^{21}
82-83	140	−105.71	−105.72	−105.58	−106.01	−106.02	—	—	—	—	—	—
15-17	350	−462.93	−513.72	—	—	—	—	—	—	—	—	—
45-46	123	−201.10	—	—	—	—	—	—	—	—	—	—
66-67	123	231.17	228.86	231.11	234.36	232.74	232.84	232.84	262.83	262.40	—	—
49-51	123	—	—	—	—	—	—	—	—	—	—	—
16-17	123	—	—	—	—	—	—	—	—	—	—	—
26-30	350	−148.80	−189.29	−155.68	−77.57	−77.68	−78.33	−78.33	−76.35	−73.34	−76.94	—
30-17	350	—	—	—	—	—	—	—	—	—	—	—

表 5-10　　对 *N*-20 故障事件下所提方法与现有潮流增量方法的评估结果比较

线路	停运概率			
	原始	所提方法	潮流增量方法	比例
8-5	0.43	0.44	0.43	1.03
4-11	0.01	0.01	0.01	1.00
22-23	0.01	1.00	0.01	100.00
25-27	0.01	0.56	0.01	55.77
38-37	0.01	1.00	0.01	100.00
45-49	0.01	0.17	0.01	16.80
49-50	0.01	1.00	0.01	100.00
60-61	0.01	0.01	0.01	1.00
63-59	0.01	0.01	0.01	1.00
64-65	0.68	0.68	0.68	1.00
68-69	0.01	0.01	0.01	1.00
77-78	0.37	0.31	0.37	0.82
82-83	0.01	0.01	0.01	1.00
15-17	0.01	1.00	0.78	1.29
45-46	0.01	1.00	0.07	14.79
66-67	0.01	1.00	1.00	1.00
49-51	0.01	1.00	1.00	1.00
16-17	0.01	1.00	1.00	1.00
26-30	0.01	0.01	0.08	0.12
30-17	0.01	0.99	1.00	0.99

与参考文献相比，*N*-20 故障事件中有 8 条线路在所提模型识别的传播路径中具有更大的中断概率。在该模型中，22-23、38-37、49-50 号线的停运概率从 0.01 增加到 1.00。在文

献中，这 3 条线路在第一阶段被确定为停运，因此第一阶段的潮流增量可以最大化。然而，这种近似低估了老化线路之间的相互作用，可能会错过关键传播路径。此外，该 N-20 故障事件的传播路径概率由该模型评估为 8.45×10^{-15}，而原始概率为 1.09×10^{-35}，文献中的传播路径概率为 4.72×10^{-24}。这进一步验证了所提出模型的有效性。

5.6　面向过负荷脆弱性提升的脆弱元件辨识

不同于随机故障，连锁故障具有链式事件结构，而事件链上的故障元件对连锁故障的传播影响各有差异。连锁故障的停电规模一般采用停运线路数和总失负荷量作为度量，因此，可从故障传播中的线路停运数和失负荷量两个角度定义输电元件的重要性。

本节提出了一种基于故障传播概率的连锁故障风险分摊方法。为描述连锁故障的传播路径，基于耦合交互作用矩阵 $\boldsymbol{B}$ 建立输电系统的耦合交互网络 $G(C,L)$。$G(C,L)$ 中的有向边可记为故障传播链接 l（$S\rightarrow T$），其中 S 和 T 分别为链接 l 的源始故障事件（简称源始故障）和终末故障事件（简称终末故障）。在辨识输电系统连锁故障的薄弱环节时，源始故障 S 为线路停运事件，终末故障 T 为线路停运事件或节点失负荷事件。为了衡量通过链接 l 传播的线路停运数和失负荷量，构建链接 l 的交互概率子图 $G_l(C_l,L_l)$，其中 C_l 和 L_l 分别为交互概率子图的顶点集合和有向边集合。

以链接 l 的终末故障 T 为起点，从耦合交互网络 $G(C,L)$ 中提取所有的故障传播路径，故障传播路径如图 5-21 所示。对于除 S 和 T 外的任意一个顶点，均存在至少一条从顶点 T 出发的故障传播路径。所有的故障传播路径均由 $G(C,L)$ 的有向边连接而成。定义故障传播层数为故障传播路径图中从顶点 T 到各顶点的最短距离。例如，线路 k 距离顶点 T 的最短传播路径为顶点 $T\rightarrow$线路 $e\rightarrow$线路 k，该路径中除顶点 T 外包含两个事件，因此，线路 k 的故障传播层数为 2。

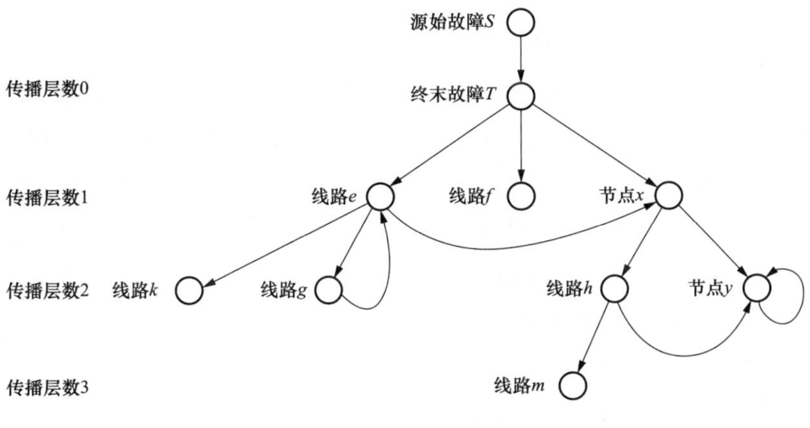

图 5-21　从顶点 T 出发的故障传播路径图

由于一个故障事件可能与另外的多个故障事件之间存在交互作用，因此不同的故障传播路径可能存在交叉。例如，线路 e 停运后线路 g 受到影响，而线路 g 停运后线路 e 也受到影响。相应地，线路 e 和线路 g 停运事件的两个顶点形成一个闭环。此外，在故障传播的两个相邻代中，一个负荷节点可能发生连续失负荷。相应地，表示节点失负荷事件的顶点可能存在自环，如图 5-21 中的节点 y 所示。考虑到在一条故障传播路径上，同一回线路不会重复停运，而一个节点可能在故障传播的不同阶段发生多次削负荷，因此，需要对故障传播路径进行化简，以计算连锁故障的传播影响。

当一条有向边的终点为线路停运事件时，若该有向边起点的层数比终点的层数更高或相同，则删除该有向边。例如，线路 e 和线路 g 的故障传播层数分别为 1 和 2，因此，删除从线路 g 到线路 e 的有向边。根据该规则去除终点为线路停运事件的无效边后的故障传播路径如图 5-22 所示。

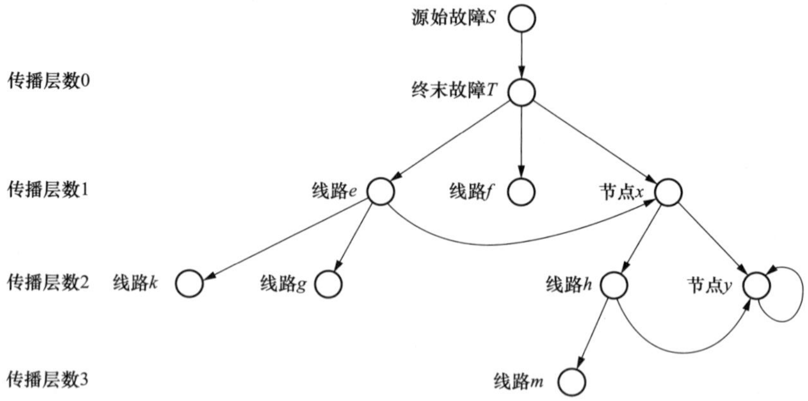

图 5-22　去除终点为线路停运事件的无效边后的故障传播路径图

进一步消除终点为节点失负荷事件的传播链接交叉时，考虑到同一个负荷节点可能在故障传播的不同阶段发生失负荷，故障传播路径可能多次经过表示同一节点发生失负荷的顶点，因此本节通过在故障传播路径图的高层中增加失负荷事件节点，提出一种去环方法，即当一条有向边的终点为节点失负荷事件时，若该有向边起点的层数比终点的层数更高或相同，则先删除该有向边。然后，在该有向边起点所在故障传播层的下一层，新增一个表示该节点发生失负荷的顶点，同时新增一条从该有向边起点指向新增顶点的有向边。

例如，对于图 5-22 中节点 y 的自环，起点与终点层数相同，均为第 2 层。此时，先删除该自环，并在第 2 层的下一层（即第 3 层），增加一个表示节点 y 发生失负荷的顶点。然后，新增一条有向边，起点为第 2 层中表示节点 y 发生失负荷的顶点，终点为第 3 层中表示节点 y 发生失负荷的新增顶点。

经过以上处理后，即可得到从故障传播链接 l（$S \to T$）出发的交互概率子图 $G_l(C_l, L_l)$，如图 5-23 所示。注意到，由于对故障传播路径进行了简化，顶点集 C_l 中的不同顶点可以表示发生在同一节点的失负荷事件，但不会代表同一条线路的停运事件。

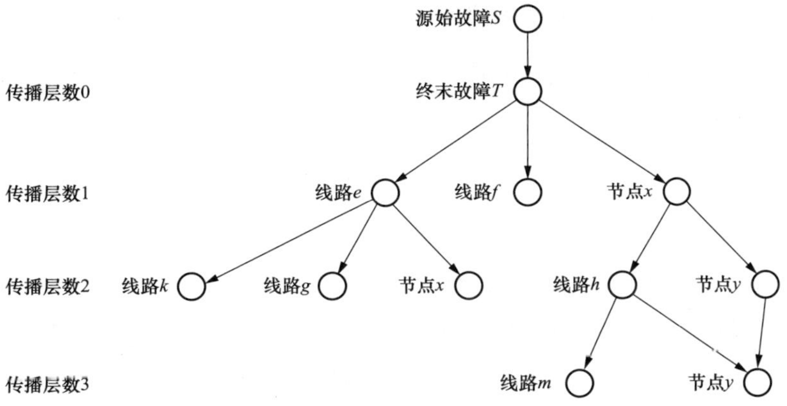

图 5-23　链接 l（S→T）的交互概率子图

通过交互概率子图 $G_l(C_l,L_l)$ 描述的连锁故障传播路径，可以分析链接 l 的故障传播影响。根据链接 l 的终末故障 T 属于线路停运事件或节点失负荷事件，对应存在两类交互概率子图。以下分别针对 T 为线路停运和节点失负荷事件的情况，介绍链接 l 的故障传播影响的分析过程。

（1）T 为线路停运事件时链接 l 的故障传播影响。

1）根据源始故障 S 估计终末故障 T。记源始故障 S 为线路 i 发生停运，T 为线路 j 发生停运。若线路 i 的随机故障概率为 u_i，根据耦合交互子矩阵 $\boldsymbol{B}^{\mathrm{LL}}$，线路 i 停运后线路 j 的停运次数期望 $\hat{E}_j^{\mathrm{L}}$ 可估计为：

$$\hat{E}_j^{\mathrm{L}} = u_i b_{ij}^{\mathrm{LL}} \tag{5-90}$$

需要注意的是，在分析线路 i 对连锁故障风险承担的责任时，根据其发生故障的原因有两种不同的情形。情形一，在线路 i 处于连锁故障链的初始故障（即第 0 代）时，分析其对故障传播的风险责任，此时线路 i 的故障概率即为随机故障概率。情形二，分析其在连锁故障链中任意位置（即任意代）时的故障传播风险责任。在情形二下，除在第 0 代发生随机故障外，线路 i 还可能在故障传播过程中因线路保护动作而停运。当降低线路 i 的随机故障概率时，该元件出现在连锁故障的第 0 代的概率也相应降低。而若需要降低在连锁故障中由保护动作引起的线路故障概率，更多的是通过临时闭锁线路保护或降低线路重载度等手段实现。为了保证与充裕性薄弱环节辨识的一致性，本节安全性薄弱环节辨识主要考虑线路作为初始故障对连锁故障的风险责任，即式（5-90）采用线路 i 的随机故障概率计算。但需要说明的是，对于情形二，本节的方法同样适用，仅需将随机故障概率 u_i 替换为连锁故障的所有阶段中线路 i 的累计故障概率即可。

2）根据交互概率子图第 0 层的故障估计第 1 层的故障。根据 $\hat{E}_j^{\mathrm{L}}$，交互概率子图第 1 层中线路 e 的停运次数 $\hat{E}_e^{\mathrm{L}}$ 可估计为：

$$\hat{E}_e^{\mathrm{L}} = \hat{E}_j^{\mathrm{L}} b_{je}^{\mathrm{LL}} \tag{5-91}$$

类似地，交互概率子图第 1 层中线路 f 的停运次数也可由 $\hat{E}_j^{\mathrm{L}}$ 估计。

根据耦合交互子矩阵 $\boldsymbol{B}^{\mathrm{LB}}$，交互概率子图第 1 层中节点 x 的失负荷量 $\hat{E}_x^{\mathrm{B},1}$ 和故障次数 $\hat{N}_x^{\mathrm{B},1}$ 可分别估计为：

$$\hat{E}_x^{\mathrm{B},1} = \hat{E}_j^{\mathrm{L}} b_{jx}^{\mathrm{LB}} \varDelta_x \tag{5-92}$$

$$\hat{N}_x^{\mathrm{B},1} = \hat{E}_j^{\mathrm{L}} (1 - \mathrm{e}^{-b_{jx}^{\mathrm{LB}}}) \tag{5-93}$$

式中 $1 - \mathrm{e}^{-b_{jx}^{\mathrm{LB}}}$——泊松分布中发生非零事件的概率。

3）根据交互概率子图第 1 层的故障估计第 2 层的故障。根据耦合交互子矩阵 $\boldsymbol{B}^{\mathrm{BL}}$，结合第 1 层中节点 x 的故障次数 $\hat{N}_x^{\mathrm{B},1}$，第 2 层中线路 h 的停运次数可估计为：

$$\hat{E}_h^{\mathrm{L}} = \hat{N}_x^{\mathrm{B},1} b_{xh}^{\mathrm{BL}} \tag{5-94}$$

根据耦合交互子矩阵 $\boldsymbol{B}^{\mathrm{BB}}$，结合第 1 层中节点 x 的失负荷故障估计，第 2 层中节点 y 的失负荷量 $\hat{E}_y^{\mathrm{B},2}$ 和故障次数 $\hat{N}_y^{\mathrm{B},2}$ 可估计为：

$$\hat{E}_y^{\mathrm{B},2} = \frac{\hat{E}_x^{\mathrm{B},1}}{\varDelta_x} b_{xy}^{\mathrm{BB}} \varDelta_y \tag{5-95}$$

$$\hat{N}_y^{\mathrm{B},2} = \hat{N}_x^{\mathrm{B},1} \left(1 - \mathrm{e}^{-\frac{\hat{E}_x^{\mathrm{B},1} b_{xy}^{\mathrm{BB}}}{\hat{N}_x^{\mathrm{B},1} \varDelta_x}} \right) \tag{5-96}$$

式中 $1 - \mathrm{e}^{-\frac{\hat{E}_x^{\mathrm{B},1} b_{xy}^{\mathrm{BB}}}{\hat{N}_x^{\mathrm{B},1} \varDelta_x}}$——第 2 层的节点 y 失负荷不为 0 的概率；

$\dfrac{\hat{E}_x^{\mathrm{B},1} b_{xy}^{\mathrm{BB}}}{\hat{N}_x^{\mathrm{B},1} \varDelta_x}$——第 1 层的节点 x 在 $\hat{N}_x^{\mathrm{B},1}$ 次故障事件中的平均失负荷量，MW。

此外，第 2 层中线路 k 和 g 的停运次数估计类似于式（5-91）。

4）估计交互概率子图中更高层数的故障。交互概率子图中第 3 层的故障也可由第 2 层的故障事件估计，计算过程类似于步骤 3）。采用该方法，即可从低到高逐渐递推估计交互概率子图的所有层的故障事件。

5）通过交互概率子图计算链接 l 的故障传播影响。根据交互概率子图 $G_l(C_l, L_l)$ 的线路停运估计结果，计算链接 l 的线路停运传播影响指标 I_l^{L} 为：

$$I_l^{\mathrm{L}} = \sum_{c \in C_l^{\mathrm{L}}} \hat{E}_{\mathrm{c}}^{\mathrm{L}} \tag{5-97}$$

式中 C_l^{L}——交互概率子图 G_l 所有层中的停运线路集合。

同样地，根据交互概率子图 $G_l(C_l, L_l)$ 中的失负荷估计结果，计算链接 l 的失负荷传播影响指标 I_l^{B} 为：

$$I_l^{\mathrm{B}} = \sum_{k=0}^{K-1} \sum_{c \in C_l^{\mathrm{B},k}} \hat{E}_c^{\mathrm{B},k} \tag{5-98}$$

式中 K——交互概率子图 G_l 的总层数；

$C_l^{\mathrm{B},k}$——G_l 中第 k 层的失负荷节点集合。

（2）T 为节点失负荷事件时链接 l 的故障传播影响。

1）根据源始故障 S 估计终末故障 T。记源始故障 S 为线路 i 发生停运，T 为节点 v 发生停运。根据耦合交互子矩阵 $\boldsymbol{B}^{\mathrm{BL}}$，在线路 i 停运后，第 0 层中节点 v 的失负荷量 $\hat{E}_v^{\mathrm{B},0}$ 和故障次数 $\hat{N}_v^{\mathrm{B},0}$ 分别估计为：

$$\hat{E}_v^{\mathrm{B},0}=u_i b_{iv}^{\mathrm{LB}}\varDelta_v \tag{5-99}$$

$$\hat{N}_v^{\mathrm{B},0}=u_i(1-e^{-b_{iv}^{\mathrm{LB}}}) \tag{5-100}$$

在估计第 0 层中的故障 T 后，交互概率子图中其余层的故障均可类比式（5-91）～式（5-96）估计，此处不再赘述。在分析交互概率子图的所有故障后，同样可采用式（5-97）和式（5-98）计算链接 l 的故障传播影响。

2）连锁故障的故障传播风险分摊。通过分析交互概率子图 $G_l(C_l,L_l)$，可以量化以线路 i 为源始故障 S 的链接 l 的故障传播影响。在耦合交互网络 $G(C,L)$ 中，所有与线路 i 存在故障交互作用的事件均存在对应的故障传播链接，进而可以构建不同的交互概率子图。考虑所有交互概率子图的故障传播影响，即可衡量线路 i 对连锁故障的风险责任。

连锁故障中线路 i 对线路停运风险的责任指标 RI_i^{L} 为：

$$RI_i^{\mathrm{L}}=\sum_{\substack{k\in C\\ k\neq i}} I_{i\to k}^{\mathrm{L}} \tag{5-101}$$

连锁故障中线路 i 对失负荷风险的责任指标 RI_i^{B} 为：

$$RI_i^{\mathrm{B}}=\sum_{\substack{k\in C\\ k\neq i}} I_{i\to k}^{\mathrm{B}} \tag{5-102}$$

采用故障耦合交互作用分析各输电元件在连锁故障中对线路停运和失负荷的传播影响。按照线路停运影响指标 RL_i^L 排序和按照失负荷影响指标 RL_i^{B} 排序的薄弱环节分别如表 5-11 和表 5-12 所示。

表 5-11　　按照线路停运影响指标 RI_i^{L} 排序的薄弱环节

薄弱环节 RI_i^{L} 排序	线路（起始节点-终止节点）	安全性风险责任指标	
		RI_i^{L}	RI_i^{B}
1	13-14	8.13×10^{-5}	1.49×10^{-4}
2	26-27	5.12×10^{-5}	1.65×10^{-4}
3	4-14	3.33×10^{-5}	6.84×10^{-5}
4	6-31	3.10×10^{-5}	3.84×10^{-5}
5	10-13	3.04×10^{-5}	2.97×10^{-5}
6	29-38	2.84×10^{-5}	3.33×10^{-5}

续表

薄弱环节 RI_i^L 排序	线路（起始节点-终止节点）	安全性风险责任指标	
		RI_i^L	RI_i^B
7	6-11	2.79×10^{-5}	7.29×10^{-5}
8	10-32	2.72×10^{-5}	9.33×10^{-5}
9	21-22	2.67×10^{-5}	3.86×10^{-5}
10	10-11	2.36×10^{-5}	2.06×10^{-5}

表 5-12　　按照失负荷影响指标 RI_i^B 排序的薄弱环节

薄弱环节 RI_i^B 排序	线路（起始节点-终止节点）	安全性风险责任指标	
		RI_i^L	RI_i^B
1	8-9	5.90×10^{-6}	2.11×10^{-4}
2	26-27	5.12×10^{-5}	1.65×10^{-4}
3	13-14	8.13×10^{-5}	1.49×10^{-4}
4	4-5	2.75×10^{-6}	1.00×10^{-4}
5	10-32	2.72×10^{-5}	9.33×10^{-5}
6	2-25	5.03×10^{-6}	7.65×10^{-5}
7	6-11	2.79×10^{-5}	7.29×10^{-5}
8	22-35	2.14×10^{-5}	7.00×10^{-5}
9	4-14	3.33×10^{-5}	6.84×10^{-5}
10	16-21	1.92×10^{-5}	6.69×10^{-5}

对比表 5-11 和表 5-12 可知，根据安全性风险责任指标 RI_i^L 和 RI_i^B 辨识的薄弱环节不完全重合，且排序也存在差异。例如，线路 13-14 的 RI_i^L 指标排序为第 1，而 RI_i^B 排序为第 3。这是因为虽然输电系统供给负荷的能力会随着停运元件数量的增长而降低，但并非所有的大停电均包含大量的线路停运事件。此外，在考虑安稳特性的连锁故障模拟中，系统失稳也可能由少量的线路故障导致，此时虽然线路停运没有大范围传播，但系统失去所有负荷。因此，有必要综合考虑连锁故障中的线路停运传播影响和失负荷风险，以更全面地辨识系统的安全性薄弱环节。

6 复杂电网的频率脆弱性分析理论

6.1 电网频率安全分析的基本概念

电力系统中的所有发电、用电设备都是按照额定频率设计、制造和工作的，因此电力系统的动态频率将直接对电能质量、系统的安全性和稳定性产生影响。长期非正常的频率偏差会对电力系统造成诸多不利影响，如传输线过载、保护装置误动、设备损坏和负荷性能降低等。为此电力系统会采用一些调频手段，使系统频率在发生波动后能够恢复到允许范围内，避免系统频率振荡或崩溃。本节将介绍电力系统频率暂态及基本的调频过程。

通常，频率安全计算的目的是当系统的全部（或解列后的局部）出现频率振荡，或是因较大的有功功率扰动造成系统频率大范围波动时，对系统的频率稳定性进行计算分析，同时对系统的频率稳定提供各种控制对策，包括调速器参数优化、低频减载负荷方案、低频解列方案、高频切机方案、超速保护控制策略等。频率安全的判据是系统频率能否迅速恢复稳定，即在额定频率附近继续运行，且系统频率不长期悬浮于某一过高或过低的数值，不发生频率持续振荡或频率崩溃。针对小扰动频率稳定计算采用基于电力系统线性化模型的特征值分析方法或机电暂态仿真；大扰动频率稳定计算应采用机电暂态仿真，并考虑负荷频率特性、新能源高频或低频脱网特性等。

对于仅存在同步电机作为调频机组的电力系统，其动态频率响应如下：

$$\frac{M_{\mathrm{sys}}}{f_0}\frac{\mathrm{d}\Delta f(t)}{\mathrm{d}t}+\Delta P_{\mathrm{G}}(t)+D\Delta f(t)=P_{\mathrm{m0}}-P_{\mathrm{e0}} \tag{6-1}$$

式中 M_{sys} ——系统总惯量水平，MW·s；

f_0 ——系统额定频率，Hz；

$\Delta f(t)$ ——系统频率波动量，Hz；

D ——负荷频率响应系数，MW·s；

$\Delta P_{\mathrm{G}}(t)$ ——系统一次频率响应功率，MW；

P_{m0} ——系统总的机械功率，MW；

P_{e0} ——系统总的电磁功率，MW。

等式左边第一项表示了系统惯性响应功率，第二项表示系统一次调频功率，第三项表示系统负荷阻尼功率，等式右边 $P_{m0}-P_{e0}$ 表示系统中不平衡功率的大小。

当系统发生功率缺额时，系统的频率暂态过程如图 6-1 所示。图中，f_{err} 代表一次调频的稳态值；f_{nadir} 代表频率跌落最低值。

整个频率暂态过程可以分为 4 个阶段，各阶段之间存在时间上的重合。

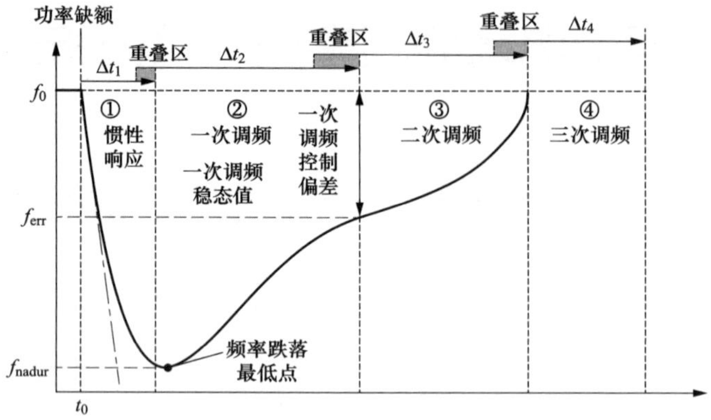

图 6-1　频率暂态过程

（1）惯性响应阶段。惯性响应发生在功率缺额瞬间，它可以瞬间释放机组的旋转动能。这一阶段持续时间 Δt_1 为 0～5s，此时系统频率仍处于调频死区，机组调速器未动作，所以机械功率 P_{m0} 还来不及做出变化，系统中的不平衡功率全部由电磁功率 P_{e0} 的缺额产生。惯性响应起主导作用，它决定了频率变化率 RoCoF，因此常用 RoCoF 表征惯性响应能力的强弱。定义如下：

$$\mathrm{RoCoF}=\frac{\mathrm{d}\Delta f(t)}{\mathrm{d}t}=\frac{\Delta P_{\mathrm{d}} f_0}{M_{\mathrm{sys}}} \tag{6-2}$$

RoCoF 过大时，系统频率变化过快，会影响机组寿命并触发切机保护。系统不平衡功率 ΔP_d 是确定的，由式（6-2）可知 RoCoF 只受到 M_{sys} 影响。

惯性响应是遵循物理规则的自发响应，不受人为控制，不能使频率恢复稳定。若没有一次调频以及后续处理，系统频率将持续下降，直至触发低频甩负荷和低频保护，最终可能引发连锁故障。

（2）一次调频阶段。当系统经过一段时间的惯性响应阶段后，系统频率超出了机组调速器的调频死区，调速器增加机械功率，从而减小功率偏差，抑制频率跌落，整个阶段持续时间 Δt_2 为 5～25s。由式（6-1）可以看出，系统出现功率缺额时，$\Delta P_d=P_{m0}-P_{e0}$ 为负，经过机组调速器—原动机作用，机械功率 P_{m0} 逐渐增大，当机械功率 P_{m0} 和电磁功率 P_{e0} 相等时，系统频率到达最低点 f_{nadir}，对应的发生时间为 t_{nadir}。随后随着机械功率 P_{m0} 的继续增大，$\Delta P_d>0$，频率变化率为正，Δf（t）逐渐增大，此时系统的频率开始恢复。一次调频是有差调节，频率在机组调速器—原动机作用和负荷频率响应的共同作用下，最终达到

一个新的稳态值 f_{err}。

在这一阶段中，f_{nadir} 和 f_{err} 是两个重要的动态频率指标。其中 f_{nadir} 是关键指标，f_{nadir} 越小，说明系统频率跌落程度越强，对系统造成的危害也越大。

（3）二次调频阶段。在这一阶段中，调度中心安排启动自动发电控制装置（auto generation control，AGC）调节原动机出力以改变机组的输出功率，消除频率偏差，最终使系统频率保持在额定值，并恢复到系统额定频率下的功率平衡，因此这是一种无差调频。整个阶段持续时间 Δt_3 为 30s～15min。

（4）三次调频阶段。三次调频同时也被叫作电力系统有功功率的经济分配，具体的实施过程包括三个方面：①系统负荷短期或者超短期预测；②按照负荷预测结果选择有足够备用容量的机组来参与调频工作；③根据规则来将具有最大波动范围和最长变化周期的部分负载分配给每个参与调频的发电机组。三次调频执行周期相对较长，一般在数小时以上，因其需要考虑更多的因素、外部环境条件以及控制变量。

综上所述，电力系统中影响频率稳定的主要因素有：

（1）电力系统整体的惯性水平。

（2）电力系统内发电机的调频功率备用。

（3）原动机—调速器的响应特性。

（4）负荷的频率响应特性。

电力系统一、二次调频动态模型如图 6-2 所示。图中，ΔP_c 和 ΔP_p 分别代表控制器的输出量和调速器的输入量；ΔP_L 代表系统负荷的变化量。

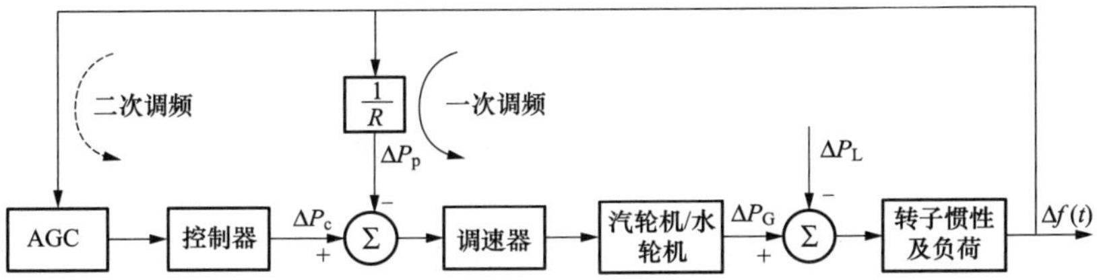

图 6-2　电力系统一、二次调频动态模型

6.2　同步机组调频特性模型

同步发电机组由原动机和同步机通过转轴连接。当电力系统发生频率波动时，同步发电机会提供惯性响应和一次调频响应。其中，在惯性响应阶段，同步机的机电耦合特性会造成转矩不平衡、机械角速度和电角速度的连锁变化。在一次调频阶段，调速器根据频率偏差自发调整一次能源的输入，使系统有功功率重新平衡。

由于惯性作用导致的同步机转速变化可以用摇摆方程描述：

$$P_m - P_e = 2H\frac{d\Delta\omega_r}{dt} \tag{6-3}$$

式中 H ——发电机惯量，MW·s；

P_m ——原动机提供的机械功率，MW；

P_e ——发电机发出的电磁功率，MW。

惯性响应控制框图如图 6-3 所示。

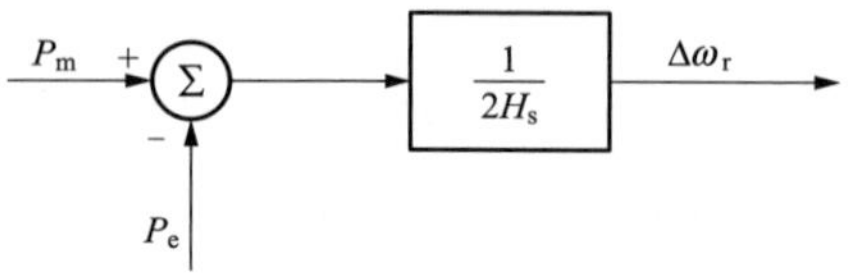

图 6-3 惯性响应控制框图

当电力系统出现功率缺额，在很短的时间内，原动机系统未动作，因此机械功率保持不变，$\Delta P_d=P_m-P_e$ 由电磁功率造成。$\Delta P_d<0$，同步机角速度 $\Delta\omega_r$ 减小，电机的惯量越大，$\Delta\omega_r$ 减小的速度越小。由于惯性作为同步机固有的物理属性，因此惯性响应是一个不受控过程。如果功率不平衡得不到一次调频作用的补偿，频率变化率将维持不变，频率将持续减小直至发生低频减载。

一次调频响应是由调速器—原动机系统产生的。系统频率变化时，调速器控制汽轮机进气量或水轮机闸门调整一次能源的输入，改变原动机的输出机械功率，相当于在惯性响应的基础上加入了反馈控制。因此在一次调频阶段，$\Delta P_d=P_m-P_e$ 由机械功率和电磁功率一起造成。一次调频控制框图如图 6-4 所示。

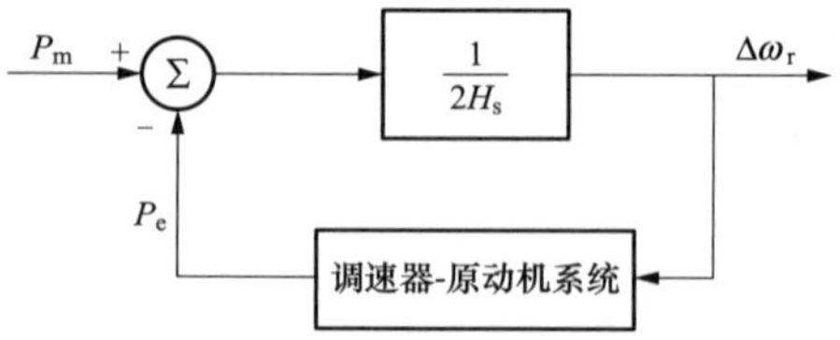

图 6-4 一次调频控制框图

调速器—原动机系统的传递函数将在 6.5.2 节介绍。

6.3 新能源机组调频特性模型

目前的新能源发电技术主要以风能、光能为主，但由于它们不能像常规同步发电机一样参与电力系统调频，因此大量新能源机组并网会降低系统的调频能力。目前的解决思路是在新能源机组中加入调频控制器，使之具有一定调频能力。因此，对新能源机组而言，目前风电和光伏的并网频率控制策略，主要集中在输出功率控制上。除此以外，储能技术也可以参与到调频中，电网中的储能元件具有增减负荷灵活、对负荷瞬间变化反应快的优点，可以通过充放电以实现增发或削减功率，从而实现调频功能。本节中将依次介绍风电、光伏以及储能的频率控制策略。

6.3.1 风电频率控制策略

目前使用的风电场频率控制策略主要有虚拟惯量控制、频率下垂控制、减载控制和虚拟同步发电机。其中，前两种方式模拟了常规同步机的惯性和一次调频响应特性。虚拟惯量控制依据频率变化率来释放/储存转子动能；频率下垂控制依据频率变化增加/降低机组输出有功功率；减载控制使风电机组降额运行，预留部分功率备用以支撑系统调频，但是这种方式降低了风能利用率和风电场运行效益；虚拟同步发电机方式模拟了同步发电机的模型、有功调频以及无功调压等特性，使并网逆变器具备与传统同步发电机相似的调频调压双重功能。

风电调频技术比较如表 6-1 所示。

表 6-1　风电调频技术比较

调频方式	实现方法	适用范围	优势	缺点
惯性响应（不限功率）	虚拟惯量控制	全风速工况	（1）提供动态功率支撑；（2）能量可控；（3）响应速度快	（1）对频率稳态偏差无支撑；（2）惯性响应结束，造成频率二次跌落
频率下垂控制	频率有差调节	全风速工况	（1）模拟传统发电机下垂特性；（2）响应速度快	（1）无法提供暂态支撑，不能实现误差调节；（2）无法提供惯量和阻尼
减载控制（备用容量）	超速控制	中低风速工况	（1）响应速度快，对系统动态稳定性贡献大；（2）提供一次调频备用	（1）风速大小影响备用容量；（2）非 MPPT 模型，降低风电场效率
	变桨控制	全风速工况	（1）不受风速限制，可参与一、二次调频；（2）调节能力强	（1）调频速度慢；（2）机械损耗增加，降低机组运行寿命；（3）风速大小影响备用容量
虚拟同步发电机	变流器控制	全风速工况	（1）提供一、二次调频支撑；（2）具有功率控制和调频调压双重功能	（1）参数选取不当容易造成功—频振荡；（2）预留部分功率备用降低发电量

6.3.1.1 虚拟惯量控制

基于虚拟惯量控制的频率响应模型如图 6-5 所示，这种控制多见于 DFIG。

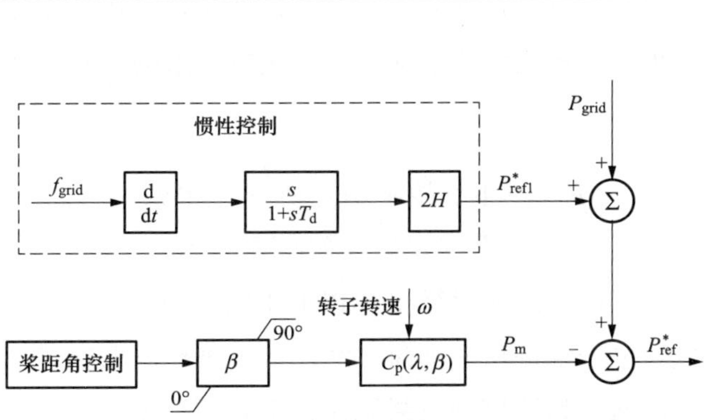

图 6-5　基于虚拟惯量控制的频率响应模型

图中，f_{grid} 代表电网频率测量值 P_{grid} 代表频率扰动前风电机组有功功率初始值；P^*_{refl} 代表虚拟惯量控制补偿的功率；C_p 代表风能利用系数，与桨距角和叶尖速比有关；β 代表桨距角；λ 代表叶尖速比；P^*_{ref} 代表 DFIG 风机频率响应输出的功率。

当系统频率波动时，虚拟惯量控制能够根据频率变化来改变风电机组的有功功率参考值，进而改变转子电磁功率，实现应对系统频率变化的功率支撑。这种方式不需要风电机组预留备用功率，通过降低（或升高）发电机转速，从而释放（或储存）转动惯量提供额外有功支撑。需要注意的是，随着惯量响应过程结束，转子转速恢复至初始值，可能会造成系统频率的二次跌落或升高，且系统再次稳定时，将无法持续提供频率支撑。

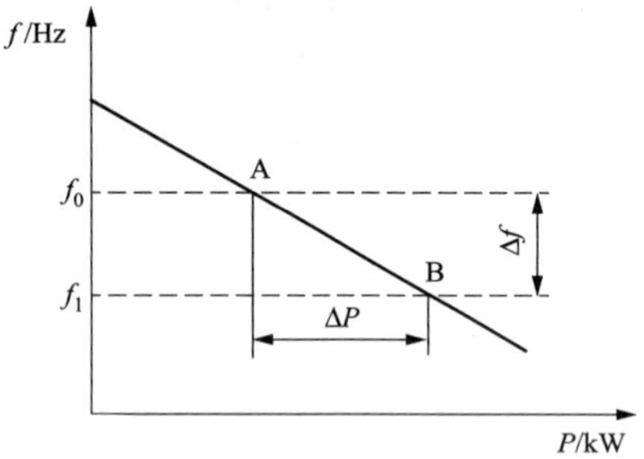

图 6-6　频率下垂控制特性示意图

6.3.1.2　频率下垂控制

频率下垂控制是一个稳态支撑过程，可以模拟同步发电机一次调频的有差调节过程。频率下垂控制特性如图 6-6 所示。

对于通过电力电子逆变器与电网连接的风电机组，输出有功功率 P 可以近似为：

$$P = \frac{V_S E}{X} \delta \tag{6-4}$$

式中　V_S——电网电压，V；

E——机端电压，V；

X——线路电抗，Ω；

δ——功角，rad。

根据式（6-4），可通过改变逆变器输出电压功角 δ 来调节逆变器输出的有功功率。由于功角检测较为困难，通常采用频率调节间接控制功角，即

$$f - f_N = k_p (P_N - P) \tag{6-5}$$

式中　k_p——有功—频率下垂控制系数，Hz/MW。

由于下垂特性的存在，可以在风电机组控制策略中增加频率偏差控制环节，使其具有同步发电机类似的下垂特性。风电机组的有功—频率特性可以表示为：

$$\Delta P = K_P \Delta f \tag{6-6}$$

式中　ΔP——下垂控制增发功率，MW；

K_P——下垂控制系数，MW/Hz。

然而，因为运行在 MPPT 下的风电机组不能像常规发电机组一样依靠调节原动机的机械功率来维持功率平衡，因此，下垂控制要求风机在正常运行情况下采用非 MPPT 控制模式，通过超速控制或桨距角控制预留一部分备用功率，使风电机组具备上调频率和下调频率的支撑能力，从而实现改变以及持续提供额外输出功率的目的。

6.3.1.3 减载控制

减载控制是电网在一定负荷下的风电场采取减载或非 MPPT 控制模式的调频模式，风电机组减载控制原理如图 6-7 所示。图中，$d\%$代表减载系数。

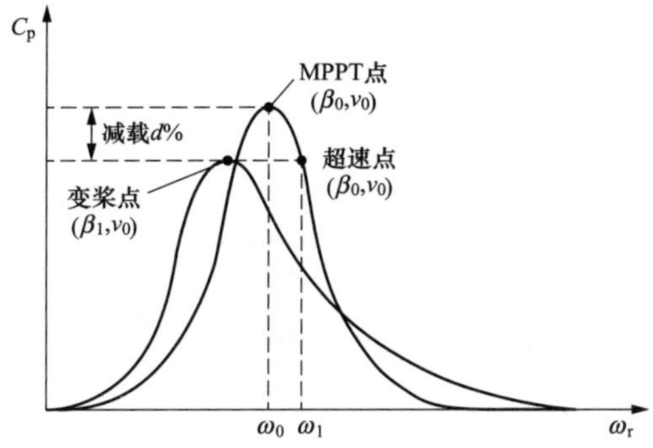

图 6-7 风电机组减载控制原理图

风电机组减载后实际功率输出可表示为：

$$P_{\text{deload}} = (1-d\%)P_{\text{opt}} = 0.5\rho\pi R_{\text{w}}^2 C_{\text{p,deload}} v^3 \tag{6-7}$$

$$P_{\text{opt}} = 0.5\rho\pi R^2 C_{\text{p,max}} v^3 \tag{6-8}$$

式中 P_{deload}——减载运行时的有功功率，MW；

P_{opt}——系统运行在 MPPT 下的有功功率，MW；

ρ——空气密度，kg/m^3；

R_{w}——风机叶片扫掠半径，m；

$C_{\text{p,deload}}$——减载运行时的风能利用系数；

$C_{\text{p,max}}$——最大风能利用系数。

当风速和空气密度不变，可得：

$$C_{\text{p,deload}} = (1-d\%)C_{\text{p,max}} \tag{6-9}$$

因此，通过降低风能利用系数即可实现风电机组减载运行。

在同一风速 v_0 下，可通过变桨距控制从初始 β_0 增加到 β_1 来降低风能利用系数，也可通过超速控制将转子转速从最优转速 ω_0 提高到 ω_1 来降低风能系数，从而实现减载运行。减载运行方式为电网调频预留一部分有功功率，以应对电网中的有功功率不平衡量。

6.3.1.4 虚拟同步发电机

虚拟同步发电机是一种电力电子设备中的控制策略，最初的目的是对电压频率进行有效控制。欧洲的 VSYNC 联合项目正式提出了虚拟同步发电机这一概念，使并网逆变器对外展示出同步发电机的特性。

惯性响应可以通过在有功回路中加入模拟同步发电机摇摆方程实现，如图 6-8 所示。

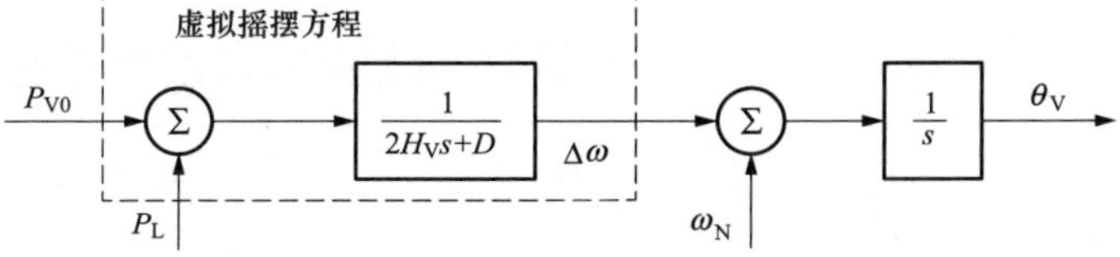

图 6-8 惯性响应的模拟

虚拟同步发电机还可以添加发电机汽轮机—调速器传递函数模块以实现风机的一次调频，如图 6-9 所示。

在一些研究中，有学者根据不同风机的特征和传统调频策略的缺点，改进了调频策略，如表 6-2 所示。

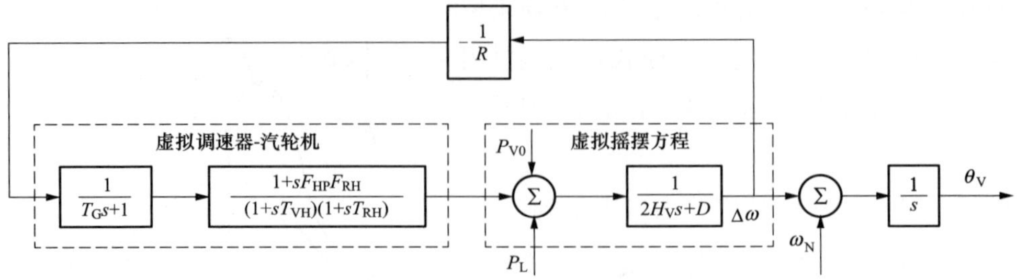

图 6-9　惯性和一次调频的模拟

表 6-2　　针对不同类型风机的改进调频策略

研究对象		控制策略
永磁电机	永磁直驱电机	频率—转速协调控制
	永磁同步电机	（1）变流器虚拟惯量控制； （2）虚拟同步控制
DFIG		（1）转矩与电网频率的闭环控制； （2）虚拟惯量控制和超速控制； （3）虚拟惯量控制中加入频率偏差的模块； （4）转动惯量和备用容量的综合调频策略

6.3.2　光伏频率控制策略

与风力发电类似，目前光伏发电主动参与电网频率调节的主流策略有 3 种：

（1）利用虚拟同步控制策略。使光伏发电系统具有传统同步机的频率响应特性，进而能够参与电力系统的频率调节。

（2）减载运行。使光伏运行在次优运行点，留有一定的出力裕度，可以作为光伏系统参与调频的功率来源。

（3）采用下垂控制策略。在备用一定有功功率的基础上，通过修改逆变器的原有控制策略，设置有功功率—频率下垂特性曲线，实现光伏发电主动参与系统频率调节。有功功率—频率下垂曲线如图 6-10 所示，此下垂特性考虑了调频死区和调频限幅。

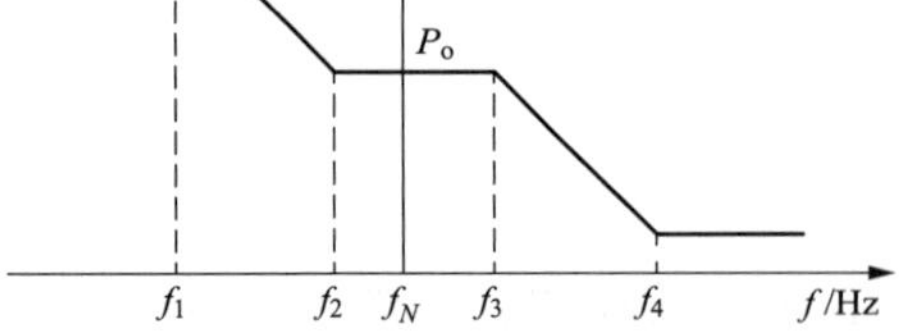

图 6-10　有功功率—频率下垂曲线

6.3.3　储能频率控制策略

储能技术可以分为电化学储能、电磁储能和物理储能。受到应用规模的要求，目前仅有抽水蓄能和电化学电池储能可以大规模应用到电力系统中。下文将重点介绍这两类储能的频率控制策略。

6.3.3.1　抽水蓄能

抽水蓄能的工作模式为在负荷低谷时，抽水蓄能处于抽水状态，依靠电网盈余的电力从下游水库向上游水库抽水，减少系统出力的峰谷差；在负荷高峰期，抽水蓄能处于发电状态，上游水库通过水轮机流向下游水库，带动水轮机发电。

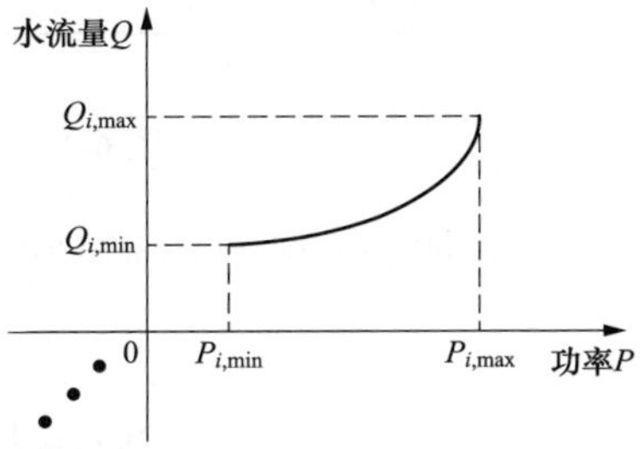

图 6-11　抽水蓄能机组运行特性曲线

因此可以建立发电和抽水的两段式工作模型。将发电工况看作一台虚拟发电机，对电力系统表现为水轮发电机组；将抽水工况看作一台虚拟电动机，对电力系统表现为同步电动机负荷。在每一个时刻，机组只有一种运行模式，在不同运行模式下，抽水蓄能机组对外表现出不同的特性规律，运行特性曲线如图 6-11 所示。

第一象限描述了发电工况下的特性曲线，该特征与普通同步机类似。在抽水工况下，功率值一般在最优工作点附近且恒定不变，因此体现为第三象限的若干工作点。

抽水蓄能机组发电工况下 t 时刻的出力 $P(t)$ 为：

$$P(t)=\begin{cases}0, & t<\tau_{\mathrm{k}}+t_1\\ P_{\mathrm{gen,min}}\dfrac{t-(\tau_{\mathrm{k}}+t_1)}{t_2}, & \tau_{\mathrm{k}}+t_1<t<\tau_{\mathrm{k}}+t_1+t_2\\ \Delta P_{\mathrm{g}}(t),\ \ k>\tau_{\mathrm{k}}+t_1+t_2, P_{\mathrm{gen,min}}<\Delta P_{\mathrm{g}}(t)<P_{\mathrm{gen,max}} & \end{cases} \tag{6-10}$$

$$\Delta P_{\mathrm{g}}(s)=G_{\mathrm{d}}(s)G_{\mathrm{t}}(s) \tag{6-11}$$

式中　τ_{k}——系统下达转换工况命令的时刻，s；

t_1——命令下达至抽水蓄能机组响应之间的时间，s；

t_2——抽水蓄能机组进行工况切换所用的时间，s；

$P_{\mathrm{gen,min}}$、$P_{\mathrm{gen,max}}$——蓄能机组在发电工况下的最小、最大输出功率，MW；

ΔP_{g}——抽水蓄能机组在完全发电状态下满足系统负荷需要的输出功率，MW；

$G_{\mathrm{d}}(s)$——调速器的传递函数；

$G_{\mathrm{t}}(s)$——水轮机的传递函数。

在理想条件下，有：

$$G_{\mathrm{d}}(s)=\frac{K_{\mathrm{d}}s^2+K_{\mathrm{p}}s+K_{\mathrm{i}}}{K_{\mathrm{d}}s^2+\left(K_{\mathrm{p}}+\dfrac{f}{R}\right)s+K_{\mathrm{i}}} \tag{6-12}$$

$$G_{\mathrm{t}}(s)=\frac{1-T_{\mathrm{w}}s}{1+\dfrac{1}{2}T_{\mathrm{w}}s} \tag{6-13}$$

式中　K_{d}、K_{p}、K_{i}——调速系统的微分增益、比例和积分；

R——水轮机的调差系数；

T_{W}——水启动时间常数，用来近似水锤效应，s。

发电工况下抽水蓄能机组的传递函数模型如图 6-12 所示。

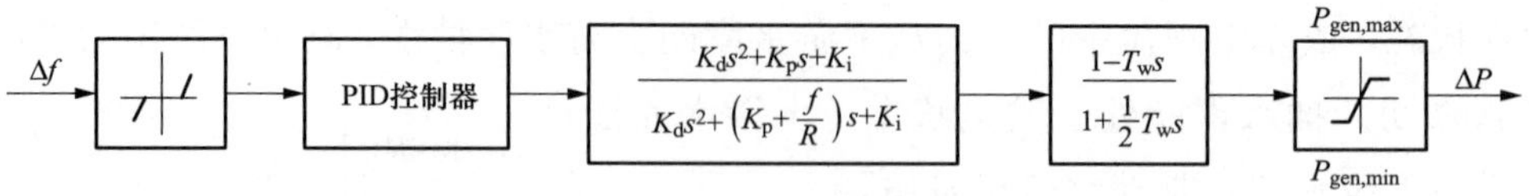

图 6-12　发电工况下抽水蓄能机组的传递函数模型

而在抽水工况下，t 时刻的抽水功率 $P(t)$为：

$$P(t)=\begin{cases}0, & t<\tau_k+t_1\\ P_{pump}\dfrac{t-(\tau_k+t_1)}{t_2}, & \tau_k+t_1<t<\tau_k+t_1+t_2\\ P_{pump}, & k>\tau_k+t_1+t_2\end{cases} \tag{6-14}$$

$$P_{pump}=\alpha\Delta P_{pd} \tag{6-15}$$

式中　P_{pump} ——抽水蓄能机组最优固定抽水功率，MW；

α ——工作在抽水工况下的机组数量；

ΔP_{pd} ——抽水工况下一台蓄能机组所消耗的功率，MW。

6.3.3.2　电化学电池储能

电池储能参与电力系统调频需要具备快速的充放电性能，储能频率控制模型一般由单体元件模型与功率逆变器系统（power conversion system，PCS）构成。

电池储能参与频率响应的方式主要有两类。第一类方法不涉及具体的控制方式，仅通过充放电来实现频率响应，只需满足调频前后充放电功率和电量的限制，并留有重组调频备用即可，适用于精度要求不高的系统调频备用问题。第二类方法要求考虑具体的控制环节，对电池储能元件的内部工作原理进行建模，一般可以用基于下垂控制的一阶惯性环节与控制增益的乘积来表示电池储能的调频特性。电池储能频率响应模型如图 6-13 所示。但是该模型过于简单，仅能粗略地描述电池储能的出力变化与频率变化的关系，不能很好地反映电池的动态性能。

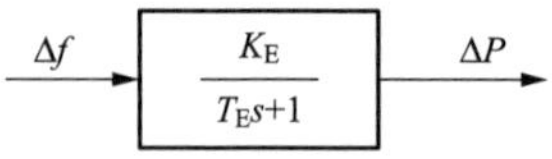

图 6-13　电池储能频率响应模型

因此提出了一种考虑了电池内阻 R_{series}、过电压电阻 R_t、过电压电容 C_t、开路电压 V_{OC}、电池容量 C_p、连接阻抗 R_C、转换效率 η 以及电池储能系统物理结构的模型，其电池储能电源等效模型和传递函数模型分别如图 6-14 所示和图 6-15 所示。

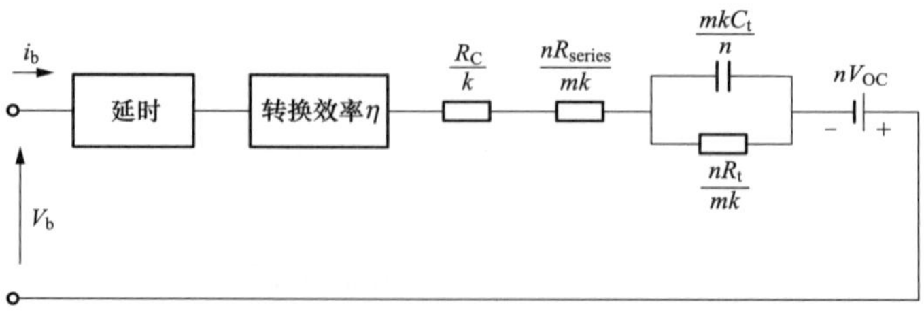

图 6-14　电池储能电源等效模型

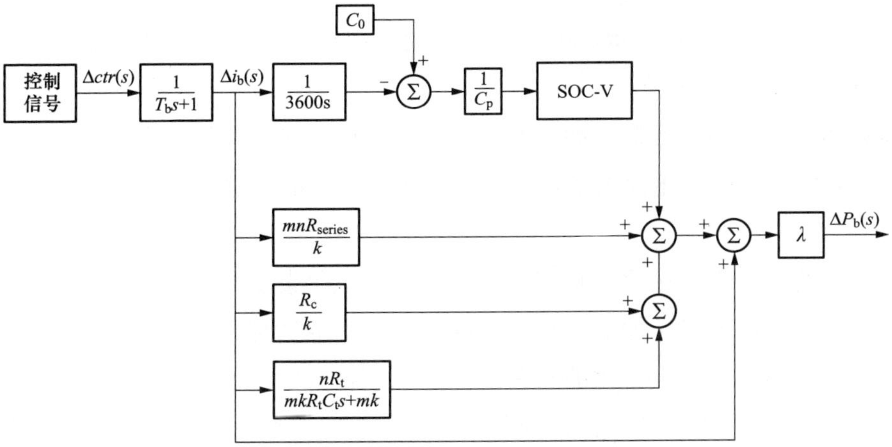

图 6-15　电池储能电源传递函数模型

图中，n 代表一个电池子系统所中的电池单体串联数；m 代表一个储能单元包含的电池子系统并联数；k 代表电池储能系统所包含的储能单元并联数；V_b 代表储能系统的端电压；i_b 代表储能系统的端电流；Δctr 代表控制信号；T_b 代表一阶惯性环节时间常数；$\Delta P_b(s)$ 代表电池储能的电源出力变化；C_0 代表电池的初始容量。

在目前的研究中，有很多文献将储能与新能源机组组合使用，这不仅能够降低系统中因为新能源带来的不确定性，还可以用来调整系统频率，提高系统的频率安全性。已有文献将抽水蓄能等储能技术应用到含新能源的微网和孤网中，减小了系统中新能源机组对停电后暂态性能的影响，验证了不同场景下维持频率稳定的有效性。

值得注意的是，除了抽水蓄能和电池储能，很多文献也研究了含飞轮储能、超导储能、超级电容、电动汽车储能的系统调频技术，它们的频率控制策略原理都与前文类似，在此不再展开。

6.4 负荷惯量特性模型

负荷惯性主要体现在负荷中存储的磁场能量和旋转动能对系统功率失衡和系统频率变化的抑制作用上。与发电机组相比，负荷分布广泛，数量和种类众多，使得在频率响应中准确地选用负荷惯量模型十分困难。在一般研究中，描述负荷频率响应特性的方法主要有以下 3 种：

（1）恒定负荷频率响应模型。这种模型认为负荷频率响应是一个与频率偏差成正比的模型。

用负荷频率响应系数表示其比例，即：

$$\Delta P_L = D\Delta f \tag{6-16}$$

该模型虽然简单但是误差较大，只适用于近似计算分析。

（2）动态负荷频率响应模型。电力系统中的负荷种类众多，按照其有功功率与频率关系的不同，可以分为以下几类：

1）与频率变化无关的负荷，如照明、电弧炉、电阻炉和整流负荷等；

2）与频率的一次方成正比的负荷，即恒定转矩的负荷，如球磨机、切削机床水泵、压缩机和卷扬机等；

3）与频率的二次方成正比的负荷，如变压器等电气设备中的涡流损耗；

4）与频率的三次方成正比的负荷，如静水头不高的循环水泵；

5）与频率的更高次方成正比的负荷，如静水头很高的给水泵。

由于不同负荷具有不同的特性，因此系统整体的负荷频率响应特性与各类型负荷在系统总负荷中的占比有关。该关系可以写成如下的多项式模型：

$$P_{\mathrm{L}}(t)=P_{\mathrm{L0}}(t)\sum_{i=0}^{\infty}a_i\left[\frac{f(t)}{f_0}\right]^i \tag{6-17}$$

式中 P_{L0} ——负荷在额定频率 f_0 下吸收的有功功率，MW；

a_i ——与频率的 i 次方成正比的负荷在总负荷中的占比。假设其为常数，显然应该有：

$$\sum_{i=1}^{\infty}a_i=1 \tag{6-18}$$

由此可推导得出动态负荷频率响应模型如下：

$$\begin{cases}\Delta P_{\mathrm{L}}^*(t)=\Delta P_{\mathrm{L0}}^*(t)+k_{\mathrm{L}}\Delta f^*(t)\\ k_{\mathrm{L}}=\sum_{i=0}^{\infty}ia_i\end{cases} \tag{6-19}$$

式中 $\Delta P_{\mathrm{L}}^*(t)$——负荷在频率 f 下实际吸收的有功功率标幺值；

$\Delta P_{\mathrm{L0}}^*(t)$——负荷有功功率波动量标幺值；

k_{L} ——负荷频率调节系数；

$\Delta f^*(t)$ ——频率波动量标幺值。

（3）异步电动机负荷频率响应模型。异步电动机是一类广泛应用于电力系统中的重要负荷。

描述异步电动机的转子运动方程为：

$$H_{\mathrm{im}}\frac{\mathrm{d}f}{\mathrm{d}t}=P_{\mathrm{e}}-P_{\mathrm{m}} \tag{6-20}$$

式中 H_{im} ——异步电动机惯量，MW·s。

定义转差率为：

$$s_{\mathrm{slip}}=\frac{\omega_{\mathrm{r}}-\omega}{\omega_{\mathrm{r}}} \tag{6-21}$$

式中　ω_r——电机的同步转速，rpm；

ω——电机转子的实际转速，rpm。

基于异步电机的机电原理，转子与并网侧的角速度（频率）并不相同，这导致转子方程不能表示异步电机并网侧的频率响应特性。

异步电动机等值电路如图 6-16 所示。图中，$U_t\angle\theta_{ut}$ 代表异步电机定子侧的出口电压；x_s 代表定子漏抗；x_m 代表互阻抗；x_r 代表转子漏抗；R_r 代表转子电阻；e'_{im} 代表转子内电势。

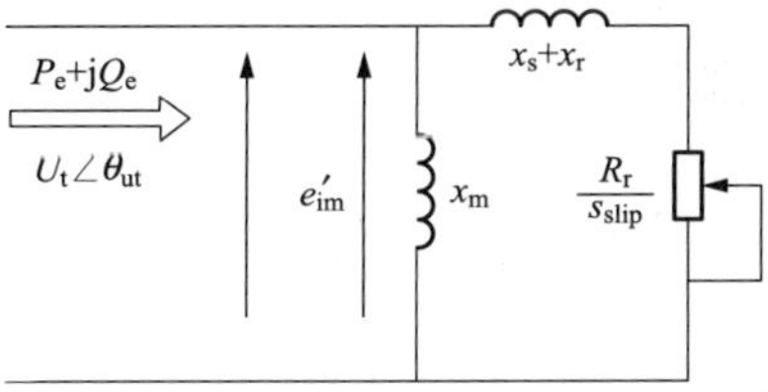

图 6-16　异步电动机等值电路

利用异步电动机的等值电路模型，推导出异步电机并网侧的频率响应方程：

$$M_{im}(s)\frac{d\Delta f}{dt}=\Delta P_e-\Delta P_m \tag{6-22}$$

其中：

$$M_{im}(s)=2H_{im}G(s) \tag{6-23}$$

$$G(s)=\frac{s+T_2}{T_1s+1}\frac{K}{s} \tag{6-24}$$

式中　M_{im}——异步电机有效惯量，MW·s；

T_1、T_2、K——参数。

式（6-23）等号右边代表机械功率和电磁功率的变化量，对外体现的是异步电动机的负荷波动，等号左侧代表系统频率变化率，因此式（6-23）通过有效惯量可以反映电动机的频率响应性质。

6.5　系统频率响应模型分析

6.5.1　ASF 模型

频率动态具有时空分布特性，但在频率稳定研究中，通常忽略发电机机间振荡、各母线之间频差和网络的影响，假设全网频率相同，并以一个惯性中心的频率作为全网频率的平均代表。这样做会使分析结果产生误差，但对于稳定控制和计算分析来说，惯性中心的假设能够很好地实现利用数学方程分析频率特性，简化频率特征计算的复杂程度，提高频率分析的在线应用能力。

在惯性中心假设条件下，学者们提出一种平均系统频率（average system frequency，ASF）模型来研究系统频率动态过程。ASF 模型将全网所有发电机转子运动方程等值聚合为单机模型，只保留了每台发电机组的原动机—调速系统动态模型，具有高阶非线性的特点。模型将所有原动机—调速系统输出的机械功率进行加和，等值处理所有发电机组的转子运动方程，最后化简为一个等效转子运动方程。

设系统中共有 N 台机组，则第 k 台机组的转子运动方程为：

$$2H_k \frac{\mathrm{d}f_k(t)}{\mathrm{d}t} = P_{\mathrm{m},k}(t) - P_{\mathrm{e},k}(t) \tag{6-25}$$

式中 H_k ——第 k 台机组的惯性常数，MW·s；

$f_k(t)$ ——第 k 台机组的频率，Hz；

$P_{\mathrm{m},k}(t)$ ——第 k 台机组提供的机械功率，MW；

$P_{\mathrm{e},k}(t)$ ——第 k 台机组的发出功率，MW。

记 $P_{\mathrm{m,T}}(t) = \sum_{k=1}^{N} P_{\mathrm{m},k}(t)$ 为总机械功率，$f_{\mathrm{ave}}(t) = \frac{1}{H_{\mathrm{T}}}\sum_{k=1}^{N} H_k f_k(t)$ 为系统平均频率，$H_{\mathrm{T}} = \sum_{k=1}^{N} H_k$ 为系统总惯性常数，$P_{\mathrm{L}}(t) = \sum_{k=1}^{N} P_{\mathrm{e},k}(t)$ 为系统中总的负荷。则由式（6-25）可得：

$$H_{\mathrm{T}} \frac{\mathrm{d}f_{\mathrm{ave}}(t)}{\mathrm{d}t} = P_{\mathrm{m,T}}(t) - P_{\mathrm{L}}(t) \tag{6-26}$$

平均系统频率模型典型结构如图 6-17 所示。图中，$S_{\mathrm{v},k(t)}$ 代表蒸汽调速器的蒸汽流输出。整个模型中有 $4N$+1 个耦合的微分方程，具有很强的非线性。

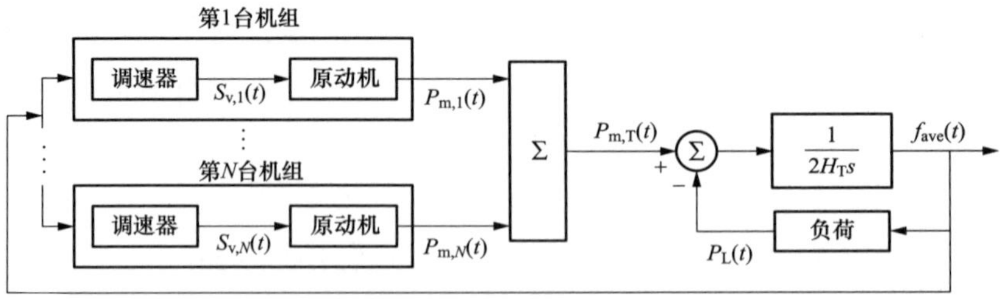

图 6-17　平均系统频率模型典型结构图

无论是调速器还是原动机，其机械结构之间都必然存在非线性环节，包括调频死区和调频限幅。调频死区是指调速器无法起作用的频率，可分为自然死区和人工死区，自然死区是指由于机械磨损和齿轮松动等非人为因素产生的死区，人工死区是指运行人员设置用于避免调速器反复调节的死区，二者都会影响调速器的调节性能。调速限幅是由调速器的调节极限决定的，例如汽轮机的阀门开度、水轮机的最大水流量等，这种极限在调速器建模中是以限幅环节代表的。

在电力系统仿真建模中，调速器的调节死区并非必不可少，IEEE 推荐的 3 类通用调速器模型 IEEEG1、IEEEG2、IEEEG3 是没有考虑调频死区的。研究人员为了研究死区效应，常常在 IEEE 推荐模型的基础上添加一个死区环节来分析对频率响应的影响。例如 PSS/E 软件提供的通用模型 GGOV1 和 WECC 汽轮机模型，国内的 PSD-BPA 软件中常用的汽轮机调速器模型 GS 和水轮机调速器模型 GH，它们分别是基于 IEEEG1 和 IEEEG3 的扩展模型，包含死区环节。

国内常用的调速器模型如图 6-18 所示。

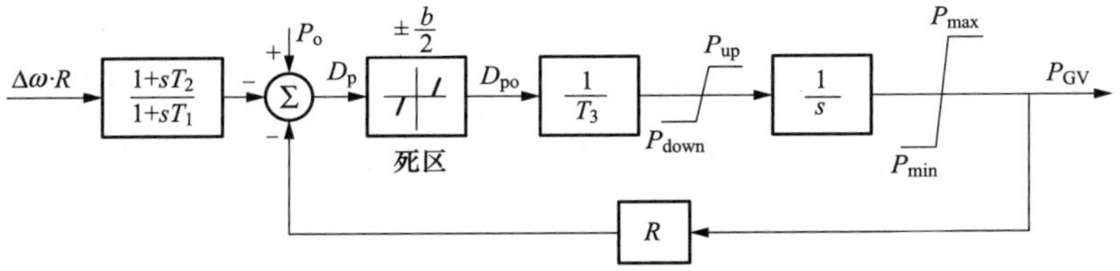

(a) GS:基于IEEEG1扩展模型

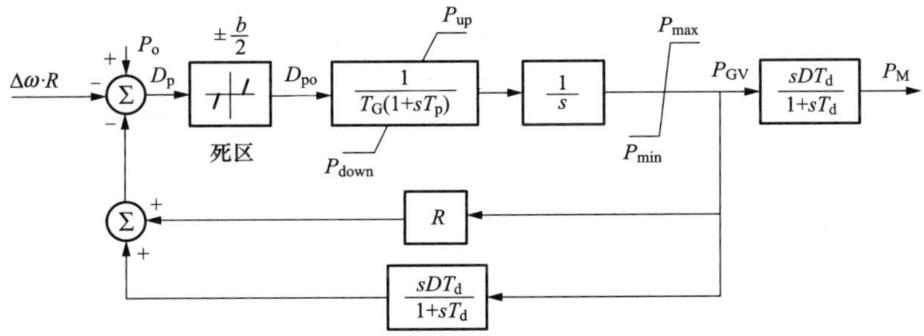

(b) GH:基于IEEEG3扩展模型

图 6-18　国内常用的调速器模型

由于考虑了死区和限幅环节，系统的非线性变得更强，更加难以解析。但仍然有文献在这方面做出了一些贡献。有文献将调速器一次调频动态过程划分为 4 个区段并形成等值聚合模型，最终建立 SFR 模型的全响应分析形式。

6.5.2　SFR 模型

为了进一步简化模型，学者在 ASF 模型理论的基础上，将发电机的调速器—原动机模型等值为一次调频响应过程，得到系统频率响应（system frequency response，SFR）模型。该模型将多机系统的机械动态等效为单机，忽略机间振荡。在 SFR 模型中，系统的平均频率定义与 ASF 模型相同。

全阶 SFR 模型如图 6-19 所示，图中物理量已标幺化，模型中包含惯性、负荷阻尼以及一次调频响应环节。图中，K_m 代表机械功率增益系数；T_C 代表原动机时间常数；T_G 代表调速器时间常数；T_R 代表系统等值再热时间常数；R_a 代表系统等值调差系数；F_H 代表系统等值高压缸功率系数；ΔP_d 代表功率缺额，即系统负荷减去机组出力总和。

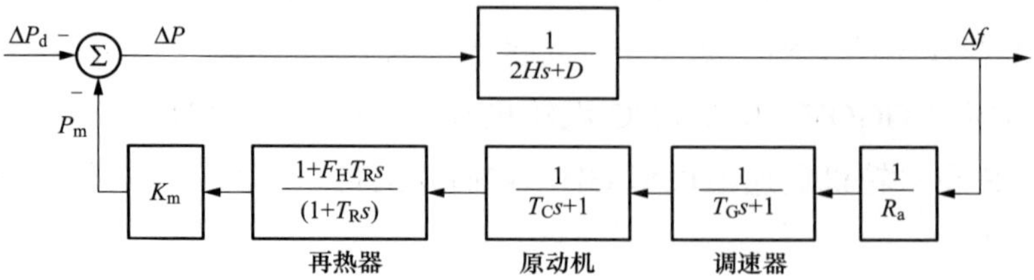

图 6-19　全阶 SFR 模型

由于 T_G 和 T_C 的典型值为 0.1～0.5s，远小于为 6～14s 的 T_R，因此可以忽略原动机和调速器，仅保留再热器，得到低阶 SFR 模型，如图 6-20 所示。图中，P_{SP} 代表增量功率设定点。

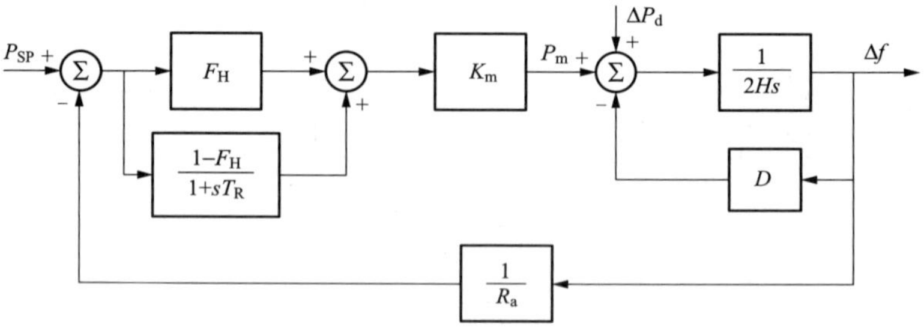

图 6-20　低阶 SFR 模型

可以推导出低阶 SFR 模型的频率变化量为：

$$\Delta f=\left(\frac{R_a\omega_n^2}{DR_a+K_m}\right)\left[\frac{K_m(1+F_H T_R s)P_{SP}+(1+T_R s)\Delta P_d}{s^2+2\zeta\omega_n s+\omega_n^2}\right] \tag{6-27}$$

其中：

$$\begin{cases}\omega_n^2=\dfrac{DR_a+K_m}{2HR_aT_R}\\[2ex] \zeta=\left[\dfrac{2HR_a+(DR_a+K_mF_H)T_R}{2(DR_a+K_m)}\right]\omega_n\end{cases} \tag{6-28}$$

从式（6-27）可以看出，P_{SP} 和 P_d 有相同的形式，在很多研究中，通常假设 P_{SP} 为 0。进一步将图 6-20 简化可得图 6-21。

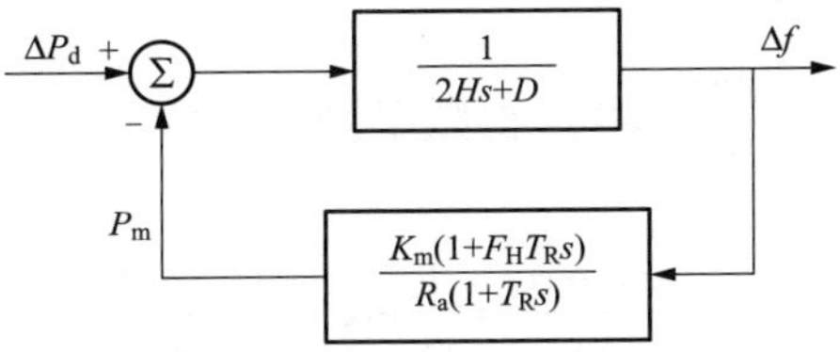

图 6-21　简化 SFR 模型

可以计算出频率变化量为：

$$\Delta f=\left(\frac{R_a\omega_n^2}{DR_a+K_m}\right)\left(\frac{(1+sT_R)\Delta P_d}{s^2+2\zeta\omega_n s+\omega_n^2}\right) \tag{6-29}$$

假设 ΔP_d 为一个幅值为 P_{step} 的阶跃函数，其拉普拉斯变化为：

$$\Delta P_d(s)=\frac{P_{step}}{s} \tag{6-30}$$

将其代入式（6-29）可得：

$$\Delta f=\frac{R_a\omega_n^2}{DR_a+k_m}\frac{(1+sT_R)P_{step}}{s(s^2+2\zeta\omega_n s+\omega_n^2)} \tag{6-31}$$

变换到时域得：

$$\Delta f(t)=\frac{R_a P_{step}}{DR_a+K_m}\left[1+\alpha e^{-\zeta\omega_n t}\sin(\omega_r t+\phi)\right] \tag{6-32}$$

其中：

$$\begin{cases}\alpha=\sqrt{\dfrac{1-2T_R\zeta\omega_n+T_R^2\omega_n^2}{1-\zeta^2}}\\ \omega_r=\omega_n\sqrt{1-\zeta^2}\\ \phi=\phi_1-\phi_2=\arctan\left(\dfrac{\omega_r T_R}{1-\zeta\omega_n T_R}\right)-\arctan\left(\dfrac{\sqrt{1-\zeta^2}}{-\zeta}\right)\end{cases} \tag{6-33}$$

对 Δf（t）求导以分析系统的动态特性，有：

$$\frac{d\Delta f}{dt}=\frac{\alpha\omega_n R_a P_{step}}{DR_a+K_m}e^{-\zeta\omega_n t}\sin(\omega_r t+\phi_1) \tag{6-34}$$

下面分析频率安全指标。

（1）$t=0$ 时的频率变化率 RoCoF。

$$\left.\frac{d\Delta f}{dt}\right|_{t=0}=\frac{\alpha\omega_n R_a P_{step}}{(DR_a+K_m)}\sin\phi_1=\frac{P_{step}}{2H} \tag{6-35}$$

RoCoF 只取决于 P_{step} 和 H。

（2）频率最低点 f_{nadir}，令 $\frac{d\Delta f}{dt}=0$，得频率到达最低的时间为：

$$t_{nadir}=\frac{n\pi-\phi_1}{\omega_r}=\frac{1}{\omega_r}\arctan\left(\frac{\omega_r T_R}{\zeta\omega_n T_R-1}\right) \tag{6-36}$$

代入式（6-32）可得频率最低点为：

$$\Delta f_{nadir}=\frac{R_a P_{step}}{DR_a+K_m}\left(1+\sqrt{1-\zeta^2}\alpha e^{-\zeta\omega_n t_{nadir}}\right) \tag{6-37}$$

频率最低点与系统的功率缺额 P_{step} 无关，只与系统参数有关。

（3）稳态频率值 f_{err}，由终值定理得：

$$\lim_{t\to\infty}\Delta f(t)=\lim_{s\to 0}s\Delta f(s)=\frac{R_a P_{step}}{DR_a+K_m} \tag{6-38}$$

基于传统 SFR 模型，近年来学者们进一步建立了考虑风机、光伏、抽水蓄能、异步电机等系统的改进 SFR 模型。针对不同源荷类型的改进 SFR 模型研究方法如表 6-3 所示。

表 6-3　　针对不同源荷类型的改进 SFR 模型研究方法

研究对象	研究方法
风电并网系统	采用虚拟惯量和下垂控制
光伏并网系统	对光伏采用下垂控制，等效为一阶惯性环节
含抽水蓄能的系统	将火电机组的调速系统和抽水蓄能系统频率响应等效成具有相同形式的一阶惯性环节
考虑异步电机负荷的系统	定义其有效惯量，从而通过转子反映网侧能量变化

6.6　面向频率安全脆弱线提升的机组调度模型

6.6.1　基本模型

6.6.1.1　系统频率响应模型

由于以往采用的惯性中心原理在高比例新能源接入后的电力系统中存在较大误差，因此本部分采用多区域系统频率响应模型来描述系统的频率响应。以三区域系统为例，其系统频率响应模型如图 6-22 所示。图中，H_i 代表区域 i 的机组惯量；M_i 代表区域 i 的阻尼系数；ΔP_{di} 代表区域 i 的功率缺额；ΔP_{Ti} 代表区域 i 向外区域输送的总功率；Δf_i 代表区域 i 的系统频率；$T_{a\text{-}b}$ 代表区域 a 向区域 b 输送的功率系数。

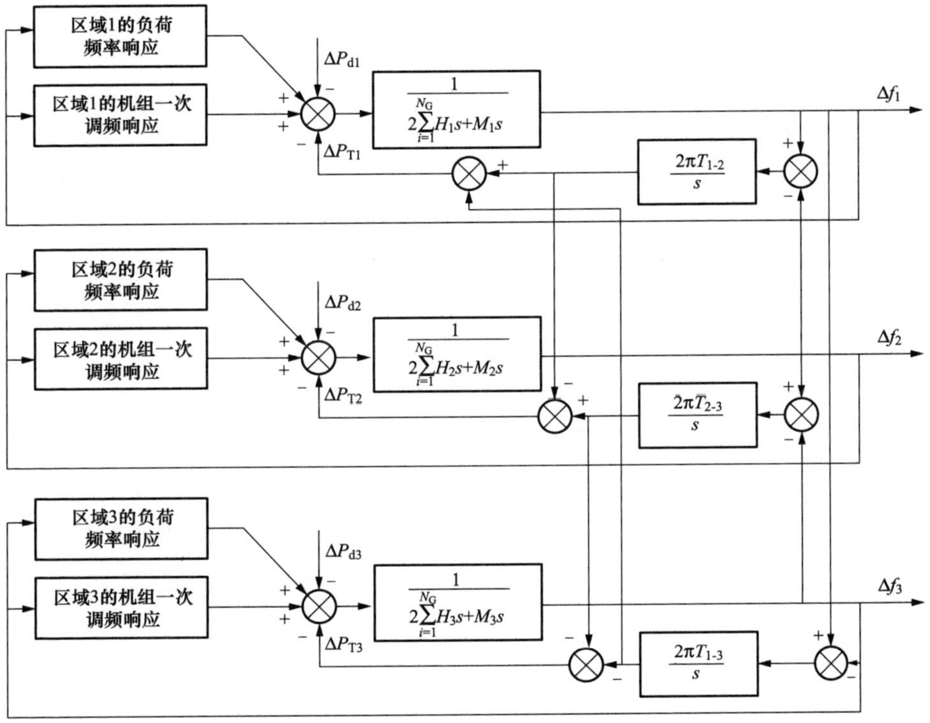

图 6-22　三区域系统频率响应模型

相比于传统的频率中心模型，多区域模型认为系统中每个区域有一个平均的频率，区域之间存在功率传输，当系统功率缺额时，区域间的联络线也会影响到各个区域的频率。以区域 1 和区域 2 为例，$T_{1\text{-}2}$ 的推导过程如下：

在采用直流潮流计算模型的情况下，区域间联络线上的线路潮流可表示为：

$$T_{ab} = \frac{\theta_a - \theta_b}{X_{ab}} \tag{6-39}$$

式中　T_{ab} ——线路 ab 的潮流，MW；

X_{ab} ——线路 ab 的电抗，Ω；

θ_a、θ_b ——线路 ab 两端的节点 a 和节点 b 的相角，rad。

当系统的功率发生波动时，系统的频率发生变化，对每一个区域内而言，由于模型假设其频率一致，因此可认为相角的变化量也相同，即：

$$\Delta\theta = 2\pi\int \Delta f \mathrm{d}t \tag{6-40}$$

因此线路 ab 由于系统发生功率缺额而导致的潮流增量为：

$$\Delta T_{ab} = \frac{\Delta\theta_a - \Delta\theta_b}{X_{ab}} = \frac{2\pi\int(\Delta f_a - \Delta f_b)\mathrm{d}t}{X_{ab}} \tag{6-41}$$

采用频域表示为：

$$\Delta T_{ab}(s)=\frac{2\pi}{s}\frac{1}{X_{ab}}(\Delta f_a-\Delta f_b) \tag{6-42}$$

若两区域间仅有 ab 一条联络线，则有：

$$T_{1-2}=\frac{1}{X_{ab}} \tag{6-43}$$

若两区域间有多条联络线，则有：

$$T_{1-2}=\sum_{a\in A,b\in B}\frac{1}{X_{ab}} \tag{6-44}$$

式中 A、B——区域 1 和区域 2 内的节点集合。

6.6.1.2 考虑频率安全的多区域系统机组调度模型

在得出系统的响应模型后，可利用仿真软件得到系统中各区域的频率，进而计算出各区域的频率指标，形成各项频率约束，建立考虑频率安全的多区域系统机组调度模型。

模型的目标函数为：

$$\min F=C_{\mathrm{G,run}}+C_{\mathrm{G,re}}+C_{\mathrm{G,start}}+C_{\mathrm{W,waste}} \tag{6-45}$$

式中 $C_{\mathrm{G,run}}$——火电机组的运行成本；

$C_{\mathrm{G,re}}$——火电机组的备用成本；

$C_{\mathrm{G,start}}$——火电机组的开机成本；

$C_{\mathrm{W,waste}}$——系统的弃风成本。

约束条件包括火电机组运行约束、风电出力约束、系统运行约束和频率安全约束 4 类。其中火电机组运行约束包括出力约束、备用约束、启停时间约束、爬坡率约束；系统运行约束包括功率平衡约束、系统备用约束，均为常见约束，在此不再赘述。频率安全约束为：

$$\begin{cases}\mathrm{RoCoF}_\tau\leqslant\mathrm{RoCoF}_{\max}\\ f_{\mathrm{nadir},\tau}\geqslant f_{\mathrm{nadir,min}}\\ f_{\mathrm{err},\tau}\geqslant f_{\mathrm{err,min}}\end{cases} \tag{6-46}$$

不等式左侧分别为根据频率响应模型仿真得到的各时段频率指标，右侧为这些指标对应的安全阈值，τ 表示时间。

6.6.2 求解方法

由于上一节中的系统频率指标均由仿真得到，无法实现解析化，因此建立的机组调度模型是一个高度非线性的优化问题，无法使用常规的最优化方法求解。本节在此提出一种分解方法对其进行求解，其流程如图 6-23 所示。

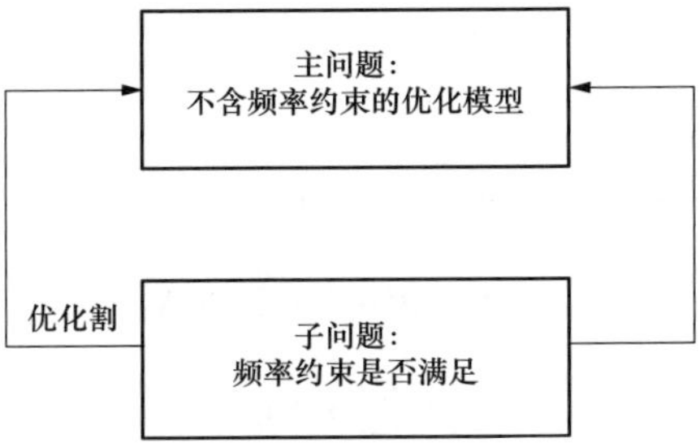

图 6-23 考虑频率安全的多区域系统机组调度模型求解流程

模型的主问题目标函数为调度模型的目标函数，约束包括火电机组运行约束、风电出力约束和系统运行约束。这是一个混合整数线性规划模型，已有成熟的求解方法对其求解。主问题首先会得出一个最优解，然后传至子问题。模型的子问题是判断在主问题得出的最优解下系统频率安全约束是否满足，若不满足，则返回线性的优化割至主问题进行迭代，直至所有频率安全约束满足为止，得出调度模型的最优解。

显然优化割是解决模型求解问题的关键。在以往频率中心原则下考虑频率安全的系统调度模型中，通常将系统的惯量水平或机组一次调频的单位调节能力作为优化割的约束值，即

$$\begin{cases}\sum_{i\in G}u_{i,\tau,k}H_i > \sum_{i\in G}u_{i,\tau,k-1}H_i \\ \sum_{i\in G}u_{i,\tau,k}k_i > \sum_{i\in G}u_{i,\tau,k-1}k_i\end{cases} \tag{6-47}$$

式中 $u_{i,\tau,k}$ ——τ 时刻系统可调度机组集合 G 中第 i 台机组在第 k 次迭代中的启停状态，值为 1 表示开机，值为 0 表示关机；

k_i ——机组 i 的一次调频单位调节能力，MW/Hz。

在第 k 次迭代中，首先判断主问题求得的最优解是否能满足系统频率约束，若满足，则终止迭代，并将此最优解作为最优解。若不满足，计算系统上一次迭代过程中的总惯量或单位调节能力，并将式（6-47）加入优化割中。

这两种优化割在频率中心原则下考虑频率安全的系统调度模型中有很好的效果，然而对于本节提出的多区域模型只能得出次优解。为此，本节提出了一种基于灵敏度的优化割约束。首先定义系统频率关于机组 i 的灵敏度：若机组 i 为开机状态，将其关机，保持其他机组不变，计算此时系统的频率减少量为其灵敏度；若机组 i 为关机状态，将其开机，保持其他机组不变，计算此时系统的频率增加量为其灵敏度；若机组 i 为开机状态，且区域内只有一台机组运行，如果将其关机，则区域内系统惯量为 0，出现功率缺额时系统频率将崩溃，因此此时机组不能关机，记其灵敏度为 0。

由于频率与系统中正在运行的机组有关，即：

$$f = g(u) \tag{6-48}$$

式中　$g(u)$——未知函数关系；

u ——机组启停变量。

对上式在 u_0 机组启停方案处做一阶泰勒展开，有：

$$\begin{cases} f = g(\boldsymbol{u}_0) + \sum_{i \in G} S_i \Delta u_i \\ \Delta f = \sum_{i \in G} S_i \Delta u_i \end{cases} \tag{6-49}$$

式中　S_i ——机组 i 的灵敏度，Hz；

Δu_i ——机组启停状态变化，只能等于±1 或 0。

显然，灵敏度具有一定的物理含义，它描述了对应机组在开关机状态变化下对系统频率造成的变化量。在此基础上，可根据频率计算得出频率安全指标，显然，这些指标也可以像式（6-49）一样表示，即：

$$\begin{cases} \Delta \mathrm{RoCoF} = \sum_{i \in G} S_{\mathrm{RoCoF},i} \Delta u_i \\ \Delta f_{\mathrm{nadir}} = \sum_{i \in G} S_{\mathrm{nadir},i} \Delta u_i \\ \Delta f_{\mathrm{err}} = \sum_{i \in G} S_{\mathrm{err},i} \Delta u_i \end{cases} \tag{6-50}$$

式中　$S_{\mathrm{RoCoF},i}$ ——RoCoF 对应的灵敏度，Hz/s；

$S_{\mathrm{nadir},i}$ —— f_{nadir} 对应的灵敏度，Hz；

$S_{\mathrm{err},i}$ —— f_{err} 对应的灵敏度，Hz。

由于第 k 次迭代相对于第 k–1 次迭代的机组启停方案不同，即：

$$u_k = u_{k-1} + \Delta u \tag{6-51}$$

为了保证每一次迭代后频率指标都在增长，可得 3 个对应的优化割如下：

$$\begin{cases} \sum_{i \in G} S_{\mathrm{RoCoF},i} u_{i,k} > \sum_{i \in G} S_{\mathrm{RoCoF},i} u_{i,k-1} \\ \sum_{i \in G} S_{\mathrm{nadir},i} u_{i,k} > \sum_{i \in G} S_{\mathrm{nadir},i} u_{i,k-1} \\ \sum_{i \in G} S_{\mathrm{err},i} \Delta u_i > \sum_{i \in G} S_{\mathrm{err},i} \Delta u_{i,k-1} \end{cases} \tag{6-52}$$

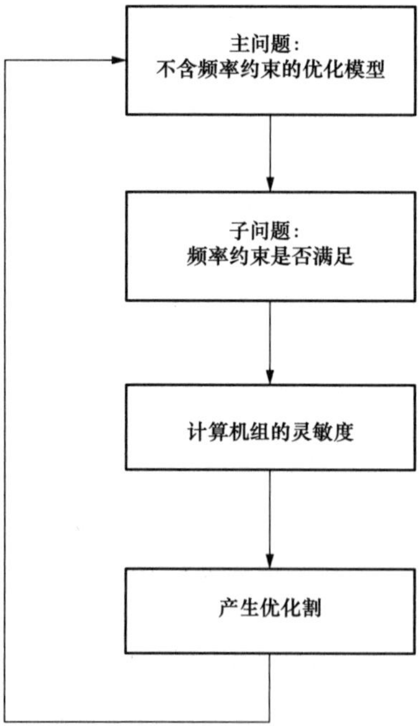

图 6-24　基于灵敏度割的机组组合求解流程

基于灵敏度割的机组组合求解流程如图 6-24 所示。相比于考虑频率安全的多区域系统机组调度模型求解流程，此流程最大的区别在于在每一次子问题判断结束后，都会根据当次迭代计算得的机组启停方案计算灵敏度，然后再产生优化割。

7 复杂电网的电压脆弱性分析理论

随着智能电网建设的推进，可再生能源等新型能源终端高比例接入电网，现代电网呈现出复杂非线性、强不确定性、强耦合性等特点，对大电网安全稳定控制功能提出了更高的要求。此外，我国已经相继建成了多个交直流混联大型受端电网，由于受端电网动态无功储备不足，使得电压安全问题已经成为威胁其安全稳定运行的核心问题之一。

一方面，为了估计当前运行点的电压稳定裕度，需要进行静态电压稳定计算分析，通常采用逐渐增加负荷的方法，通过连续潮流计算求解电压失稳的临界点。

另一方面，为了检验事故后系统电压能否恢复到允许范围内，需要进行暂态稳定计算分析，采用的判据为在电力系统受到扰动后的暂态和动态过程中，负荷母线电压是否能够恢复到规定的运行电压水平以上。不同于静态电压稳定计算，暂态电压稳定计算常采用机电暂态仿真。对于需要考虑大容量直流落点电网直流响应特性或机组过励等长时间元件动态特性时，可分别采用机电—电磁暂态混合仿真和中长期动态仿真进行校核。在具体的仿真模型中，需包括负荷特性、无功补偿装置动态特性、带负荷自动调压变压器的分接头动作特性、发电机定子和转子过流和低励限制、发电机强励动作特性等，并在仿真分析中区分由发电机功角失稳引起的振荡中心附近电压降低和暂态电压失稳引起的电压降低。

7.1 基于电压控制仿真的电压脆弱性分析模型

7.1.1 电网电压控制模型

目前，电网电压控制的模式主要分为两级电压控制和三级电压控制两种。在两级电压控制模式下，控制中心基于状态估计结果，实现以网损最小为目标的全局电网无功优化，直接将最优潮流计算结果下发到电力系统厂站端执行机构，从而完成全网无功电压最优控制。三级电压控制模式则利用无功电压的本地特性，引入“分区控制”的概念，形成了“全网—分区—厂站”的三层控制，以实现全网优化控制。

与两级电压控制模式相比，三级电压控制模式既通过时间解耦保证了各级控制之间不会相互干扰，又实现了多目标控制即在保证电网的安全（由一、二级电压控制的秒级/分钟级快速响应来完成）的基础上，实现电网的经济运行（由三级电压控制的小时级最优潮流计算来实现）。另外，三级电压控制模式利用无功电压的本地特性进行分区控制，控制中只使用到各分区内少量关键信息，使得自动电压控制（automatic voltage control，AVC）系统不依赖于状态估计等高级应用，提高了 AVC 系统的运行可靠性。

法国电力公司从 20 世纪 70 年代开始就开始研究三级电压控制模式，并应用于实际电网，经历了三十余年的研究、开发和应用，是目前国际上公认较先进的电压控制系统。从 20 世纪 90 年代开始，国内的很多学者也把目光投向了分级电压控制领域的研究。近年来，随着中国电力调度自动化水平的提高，AVC 系统在网、省、地各级控制中心的普遍应用已成事实。例如，福建省调 AVC 系统借鉴了分级电压控制中的控制分区的概念，将电网划分成相应的控制区域，在每个控制区域内进行单独的电压控制计算。江苏省调 AVC 系统的主站系统采用基于在线软分区的三级电压控制模式，其中，三级电压控制通过求解以网损最优为目标的最优潮流问题来实现；二级电压控制通过求解一个多目标的二次规划问题来实现；并提出了保证 AVC 系统鲁棒运行的多条措施，使之在江苏电网中得到较好的应用。华北电网自动电压控制系统采用区域电网自动电压控制的三维（空间、时间和目标）分解协调模式，设计并实现了我国第一个区域电网自动电压控制系统。

7.1.2 电网电压控制的仿真

为了分析复杂电网的电压脆弱性，常采用连续潮流仿真模拟历史、实时和未来等不同电网方式下的自动电压控制策略，进行故障仿真模拟和事后重演，分析控制策略的合理性、安全性、经济性。

准确仿真电网电压控制系统是电压脆弱性分析的基础。具体地，为了模拟实际电网的三级电压控制模型，首先将控制模拟分为仿真电力系统和模拟控制中心（AVC 仿真主站）两个模块。其中，仿真电力系统通过潮流计算来得到全网的运行状态，同时支持接收仿真控制策略并通过潮流调节作用到仿真电网，从而改变其运行状态；而模拟控制中心负责接收仿真电力系统生成的仿真电网数据并生成控制策略，并将产生的控制策略送至仿真电力系统。在仿真过程中，仿真电力系统和模拟控制中心之间数据交互过程描述如下：

（1）从网/省/地各级控制中心得到各控制中心可观测到的真实电网模型。

（2）通过模型拼接技术，得到网省一体化的全局电网仿真模型。

（3）从网调 AVC 获得 AVC 系统实际的控制模型，包括网调 AVC 直接控制的电厂、变电站模型，以及与下级协调的关口模型。

（4）进行网省地一体化的全局潮流计算，模拟构造数据采集与监视控制系统（supervisory control and data acquisition，SCADA），生成网省一体化电网的仿真状态。

（5）网调模拟控制中心从模拟 SCADA 中得到全网模拟的实时运行状态，并进行控制计算，并发送至模拟 SCADA。

（6）模拟 SCADA 接收并执行网调模拟控制中心生成的控制指令，通过全局电网潮流仿真，更新其仿真运行状态。

基于潮流计算仿真 AVC 控制系统结构如图 7-1 所示。

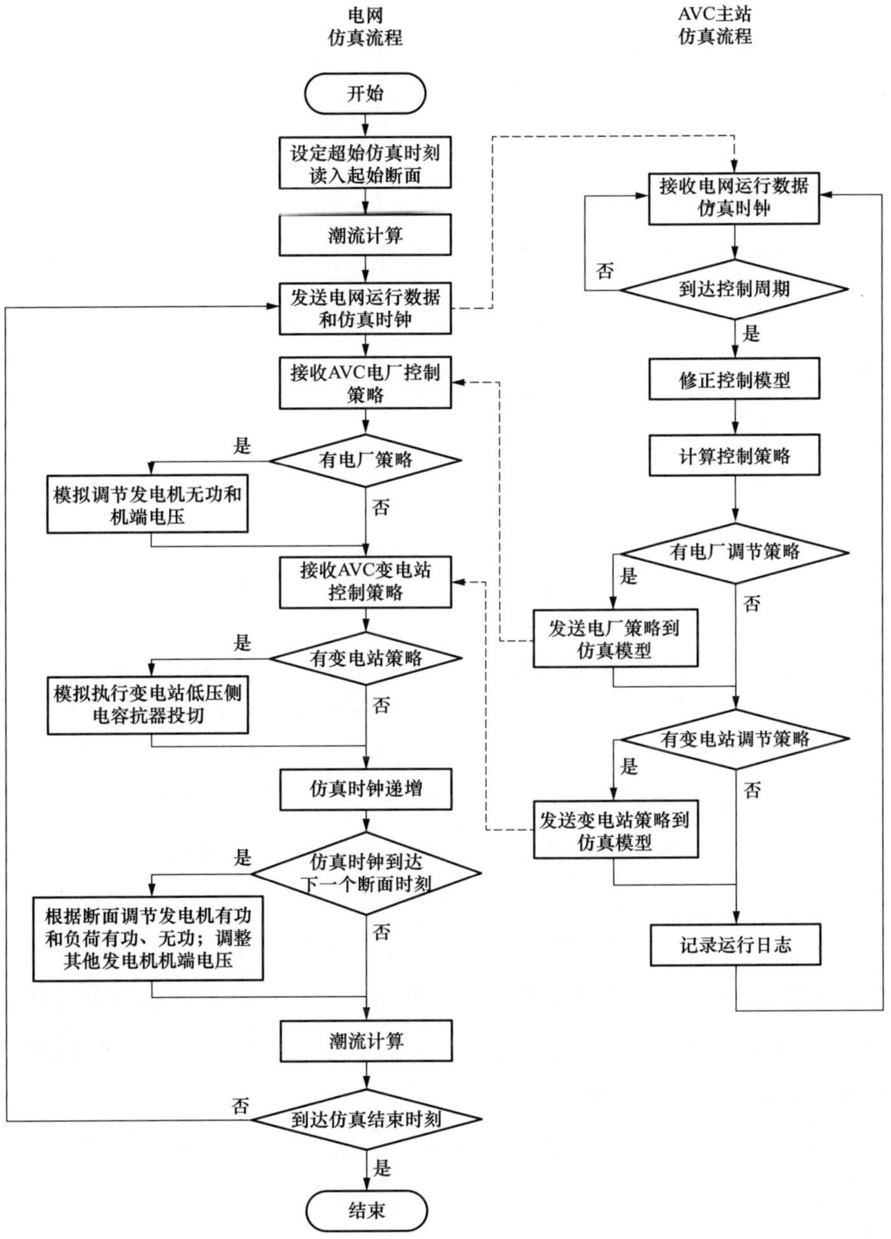

图 7-1 基于潮流计算仿真 AVC 控制系统结构图

下面具体介绍在基于电压控制仿真的电压脆弱性分析中如何具体考虑电厂内部的控制过程。

首先，在模拟控制中心（AVC 模拟主站）中，电厂（含新能源场站）控制策略的计算采用协调二级电压控制模型。即首先将整个系统分解成若干控制区域，在每个控制区域中选出其最关键的对区域内其他节点有重要影响的电压母线为“中枢母线”，并根据中枢母线的电压偏差，按照某种预定的控制方式协调，有效调整区域内各控制发电机的自动电压调节器（automatic voltage reghlator，AVR）的参考电压设定值或其他无功源的设定值，从而使中枢母线的电压基本保持不变，进而维持整个区域的电压水平，并使无功分布在一个良好的状态。具体地，无功状态采用裕度进行评价，对于电厂内第 i 个机组分量而言，裕度为：

$$\Theta_{gi}=\frac{Q_{gi}+\Delta Q_{gi}-Q_{gi}^{\min}}{Q_{gi}^{\max}-Q_{gi}^{\min}} \tag{7-1}$$

以电压控制和无功裕度分布为优化目标，具体的协调二级电压控制数学模型如下：

$$\min_{\Delta \boldsymbol{Q}_{g}}\{W_{p}\left\|a\bullet(V_{p}-V_{p}^{\text{ref}})+\boldsymbol{C}_{g}\Delta Q_{g}\right\|^{2}+W_{q}\left\|\Theta_{g}\right\|^{2}\} \tag{7-2}$$

$$\left|\boldsymbol{C}_{vg}\Delta Q_{g}\right|\leqslant \Delta V_{H}^{\max} \tag{7-3}$$

$$V_{H}^{\min}\leqslant V_{H}+\boldsymbol{C}_{vg}\Delta Q_{g}\leqslant V_{H}^{\max} \tag{7-4}$$

$$V_{p}^{\min}\leqslant V_{p}+\boldsymbol{C}_{g}\Delta Q_{g}\leqslant V_{p}^{\max} \tag{7-5}$$

$$Q_{g}^{\min}\leqslant Q_{g}+\Delta Q_{g}\leqslant Q_{g}^{\max} \tag{7-6}$$

式中 W_p、W_q——权重系数；

a——增益系数；

V_p、V_p^{ref}——中枢母线当前电压、设定电压，kV；

$\boldsymbol{C}_g$、$\boldsymbol{C}_{vg}$——灵敏度矩阵，满足 $\Delta V_p=\boldsymbol{C}_g\Delta Q_g$ 和 $\Delta V_H=\boldsymbol{C}_{vg}\Delta Q_g$；

ΔQ_g——优化变量，表示控制发电机无功出力的调节量，Mvar；

V_H、$V_H^{\min}$、$V_H^{\max}$、$\Delta V_H^{\max}$——发电机高压侧母线的当前电压、电压下限、电压上限、允许的单步最大调整量，kV；

$V_p^{\min}$、$V_p^{\max}$——中枢母线电压下限、中枢母线电压上限，kV；

Q_g、$Q_g^{\min}$、$Q_g^{\max}$——控制发电机当前无功、无功下限、无功上限，Mvar。

以上二次规划函数中，可以保证既增加控制发电机的无功裕度，又促使各台控制发电机向无功出力更加均衡的方向发展。

在实际无功电压优化控制系统中，最终控制的执行是由子站系统完成的，而主站系统的控制策略是通过给出 V_H 的设定值来实现的。为了防止控制操作对电网造成过大的波动，在每一步控制中都对控制步长有严格的限制，这正是通过约束（7-3）加以实现的，其物理含义是控制后 V_H 的调整量要小于允许的单步最大调整量 $\Delta V_H^{\max}$。

求解以上二次规划问题得到 ΔQ_g 后，再利用灵敏度矩阵换算成电厂高压侧母线电压设定值的调整量 ΔV_H，作为控制策略下发。

在获得策略后，电厂的控制指令给定的是电厂高压母线的电压的变化值（增量），在实际的 AVC 控制中，电厂侧装有 AVC 控制子站，子站接收到设定电压的增量后，计算得到各可调机组的控制指令，并向控制各个发电机组的下位机发送，下位机通过调整发电机的励磁实现电压的变化。

在实际电厂的电压控制中，由于下位机调节的是机组的机端电压，而 AVC 系统给定是发电厂的高压母线电压，考虑到低压母线的电压及无功注入对高压母线电压的灵敏度难以准确地计算，多数电厂控制子站系统采用了“小步长、多轮次”连续控制的方法，即不一次控制到位，而是对机端电压进行多次调节，直到高压母线满足要求。

在潮流仿真计算系统中，为了准确模拟 AVC 系统对电厂电压的控制，也采用了上述“小步长、多轮次”算法，即对电厂内的发电机的机端电压进行连续多次调节，直到电厂高压侧母线达到电压指令目标。

针对变电站的电压控制仿真，也是采用二级电压控制。具体地，变电站控制的主要的控制对象是变电站内的低压侧无功设备，即电容器和电抗器。AVC 系统根据三级控制给出的区域中枢母线电压的控制值，采用灵敏度算法求出与此区域内所有的变电站的母线控制目标值。但是这个目标值不能直接用于控制，这与电厂控制有所不同。一方面，由于变电站控制的设备是离散设备，变电站的电压控制是非连续的，具有阶跃性；另一方面，变电站内需要综合考虑高、中、低三侧的母线电压的安全约束和调节目标的要求。因此在变电站的二级电压控制中，系统需要根据变电站的设备运行情况，结合三级控制给出的母线电压控制目标进行综合分析计算，对当前可用的离散设备的控制结果进行预估，才能确定是否可控并生成具体设备的控制策略，下发给各个变电站的执行。

通过上述电压控制仿真，可以对电网的母线电压合格率、主变无功合理率和母线电压优化率等脆弱度指标进行评价，实现计及实际控制逻辑仿真的电压控制脆弱度评估。

7.2　电网无功协调控制方法

随着对电压崩溃本质认识的逐步深入，人们越来越意识到提升系统电压脆弱性的重要性，在此基础上，出现了对电力系统进行分级电压控制的思想。针对发电机、电容器、电抗器、动态无功补偿设备等多种无功资源的协调控制，本节介绍模型预测控制的基本理论。

模型预测控制（model predictive control，MPC）又称滚动时域控制（receding horizon control，RHC），是一种进阶过程控制方法，自 1980 年以来开始在化工炼油等过程工业得到应用，并逐渐应用于经济领域。MPC 的当前控制动作是在每一个采样瞬间通过求解一个有限时域开环最优控制问题而获得的。过程的当前状态作为最优控制问题的初始状态，解得的最优控制序列只实施第一个控制作用。MPC 本质上就是求解一个开环最优控制问题，这就是 MPC 与使用预先计算控制律算法最大不同。MPC 具有控制效果好、鲁棒性强等优点，可有效地克服过程的不确定性、非线性和并联性，并能方便地处理过程被控变量和操纵变量中的各种约束。

模型预测控制是一种多变量控制策略，包含 3 个基本要素：

（1）预测模型。一类能够显示拟合被控系统的特性的动态模型。

（2）滚动优化。在每个采样周期都基于系统的当前状态及预测模型，按照给定的有限时域目标函数优化过程性能，找出最优控制序列，并将该序列的第一个元素施加给被控对象。

（3）反馈校正。用于补偿模型预测误差和其他扰动。

模型预测控制算法如图 7-2 所示。

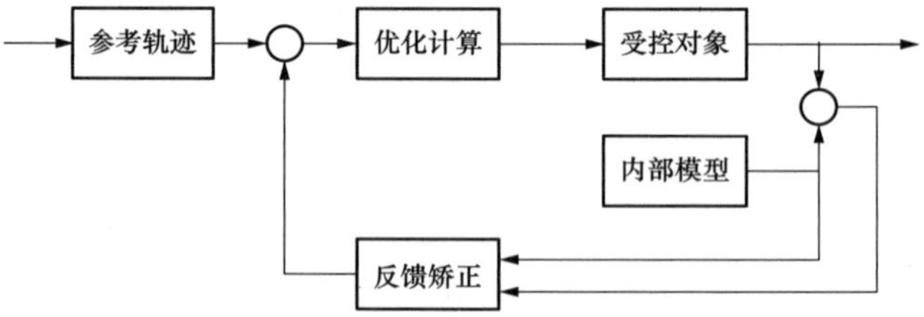

图 7-2　模型预测控制算法

具体地，在将 MPC 理论应用于电压控制时，首先根据控制时间尺度将电压控制总体分为 3 部分：

（1）全日 24h 的全网无功优化，1 至数小时滚动 1 次。需要考虑全部容抗器及其投切次数约束。

（2）小时内全网无功优化，15min 滚动 1 次。需确定全日优化下本小时内动作的容抗器的动作时刻。

（3）3～5min 启动 1 次的区域电压控制。离散设备动作时刻已确定，为了保留快速连续设备动态无功裕度，需考虑慢速连续设备的无功调节过程，建立动态模型。

基于 MPC 理论的多时间维度协调压控制时序如图 7-3 所示。

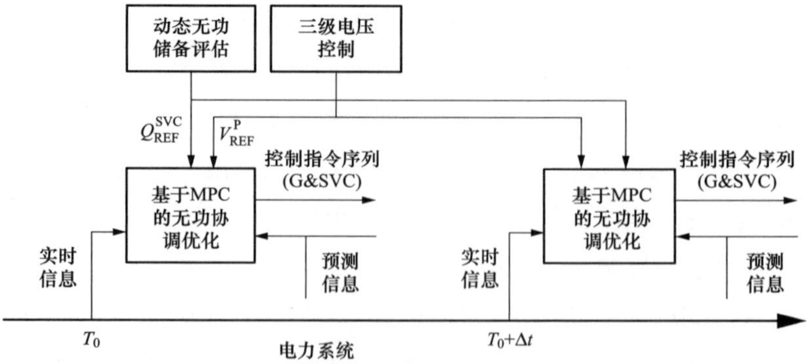

图 7-3　基于 MPC 理论的多时间维度协调压控制时序图

为了协调时间特性各异的调压设备，在不同时间层应对电力系统的经济和安全问题，将控制系统分为日前鲁棒计划、日内动态优化、动态二级控制和场内自律控制 4 个层级，架构如图 7-4 所示。

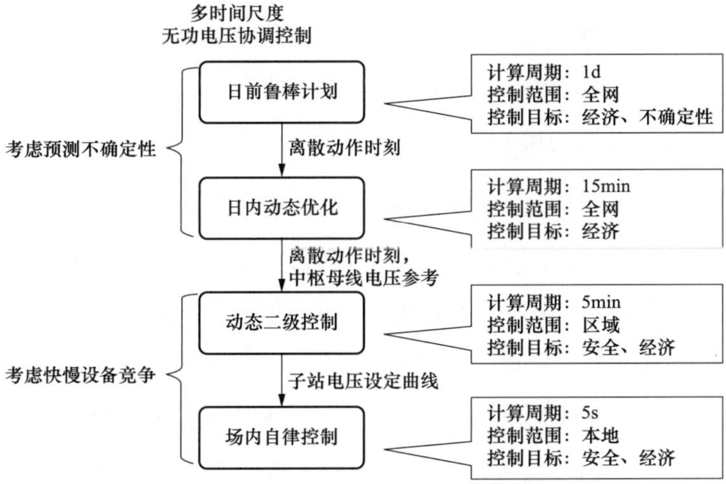

图 7-4　多时间维度的无功电压协调控制架构示意图

7.2.1　日前鲁棒计划

随着新能源大规模接入，未来 24h 系统功率出现大量不确定性。同时由于我国新能源多大规模集中接入弱网，缺乏传统电厂无功支撑，需要依靠离散设备合理动作支撑系统电压。传统动态无功优化仅针对未来 24h 确定预测状态，面临巨大不确定性时，失去效能。鲁棒优化处理不确定性问题，旨在在最恶劣情况下，使系统有最优表现。

日前鲁棒计划鉴于离散设备存在日级时间耦合，在 24h 时间尺度下，离散设备动作响应系统功率预测趋势变化，日前鲁棒计划确定其产生动作行为的时间段，将日级耦合约束分解至较小时间段。日前鲁棒计划 1 至数小时滚动 1 次，包含 24h 多时间断面，优化目标为多时间断面内系统网损以及动态无功储备最优，与传统静态优化一样包含网络潮流约束、设备运行限制、节点电压限制、传输功率约束，不同之处在于需要考虑全部容抗器的投切次数约束。

具体模型优化目标：

$$\min\sum_{i=0}^{23}\rho^{t_i}(\alpha F_1+\beta F_2) \tag{7-7}$$

式中　ρ^{t_i} ——时刻 t_i 的目标函数权重系数；

α、β ——目标函数分量 F_1、F_2 的比例权重系数；

F_1 ——日前鲁棒计划目标函数的第 1 部分，此处为系统网损值；

F_2 ——日前鲁棒计划目标函数的第 2 部分，此处为调相机、SVG 的无功备用值。

系统网损约束为：

$$F_1(t_i)=\sum_j P_{G_j}^{pre}(t_i)-\sum_k P_{L_k}^{pre}(t_i) \tag{7-8}$$

式中 $P_{G_j}^{pre}(t_i)$ ——日前鲁棒计划中机组 j 在时刻 t_i 的有功出力，MW；

$P_{L_k}^{pre}(t_i)$ ——日前鲁棒计划中节点 k 在时刻 t_i 的有功负荷，MW。

调相机、SVG 无功用量约束为：

$$F_2(t_i)=\left\|\boldsymbol{Q}_{SVG}^{pre}(t_i)-\boldsymbol{Q}_{SVG}^{opr}\right\|^2 \tag{7-9}$$

式中 $\boldsymbol{Q}_{SVG}^{pre}(t_i)$ ——日前鲁棒计划中调相机、SVG 在时刻 t_i 的无功出力，Mvar；

$\boldsymbol{Q}_{SVG}^{opr}$ ——日前鲁棒计划中调相机、SVG 的额定容量，MW。

网络潮流等式约束以及设备运行、节点电压、传输功率限制（不等式约束）分别为：

$$\boldsymbol{f}(\boldsymbol{V}_P^{pre},\boldsymbol{V}_G^{pre},\boldsymbol{V}_{SVG}^{pre},\boldsymbol{S}_G^{pre},\boldsymbol{S}_{SVG}^{pre},\boldsymbol{S}_L^{pre},\boldsymbol{S}_{DC}^{pre},\boldsymbol{o})=\boldsymbol{0} \tag{7-10}$$

$$\boldsymbol{g}(\boldsymbol{V}_P^{pre},\boldsymbol{V}_G^{pre},\boldsymbol{V}_{SVG}^{pre},\boldsymbol{S}_G^{pre},\boldsymbol{S}_{SVG}^{pre},\boldsymbol{S}_L^{pre},\boldsymbol{S}_{DC}^{pre},\boldsymbol{o})\leqslant\boldsymbol{0} \tag{7-11}$$

式中 $\boldsymbol{V}_P^{pre}$、$\boldsymbol{V}_G^{pre}$、$\boldsymbol{V}_{SVG}^{pre}$ ——日前鲁棒计划中电网节点、发电机、SVG 的电压向量，kV；

$\boldsymbol{S}_G^{pre}$、$\boldsymbol{S}_{SVG}^{pre}$、$\boldsymbol{S}_L^{pre}$、$\boldsymbol{S}_{DC}^{pre}$——日前鲁棒计划中发电机、SVG、负荷、直流站的功率变量；

$\boldsymbol{o}$ ——容抗器的投切状态离散变量。

容抗器投切次数约束为：

$$\begin{cases} a_l(t_i),o_l(t_i)\in\{0,1\} \\ -a_l(t_i)\leqslant o_l(t_i)-o_l(t_{i-1})\leqslant a_l(t_i) \\ \sum\limits_{i=h+1}^{h+n} a_l(t_i)\leqslant N, h=0,1,\cdots,23-n \end{cases} \tag{7-12}$$

式中 $a_l(t_i)$ ——日前鲁棒计划中容抗器 l 的投切状态切换变量，0 表示不变化，1 表示投入，–1 表示切出；

$o_l(t_i)$ ——日前鲁棒计划中容抗器 l 的投切状态变量，0 表示未投入，1 表示投入；

N——容抗器的投切次数限制。

7.2.2 日内动态优化

日内动态优化利用相对日前鲁棒计划更为准确的预测信息（新能源发电+负荷+直流），调动各自由设备，保证一段时间内系统表现（网损+失负荷+弃风+动态无功裕度）最优，确保该无功分布下电网经济、安全运行。日内动态优化 15min 滚动 1 次，包含小时内 4 个时间断面，控制目标为多时间断面内系统网损以及动态无功储备最优，与传统静态优化一样包含网络潮流约束、设备运行限制、节点电压限制、传输功率约束，不同之处在于需要考虑部分已确定动作容抗器的动作约束。

该优化用以确定本小时内动作容抗器的动作时刻。

具体模型优化目标：

$$\min\sum_{i=0}^{3}\rho^{t_i}(\alpha F_1+\beta F_2) \tag{7-13}$$

系统网损约束为：

$$F_1(t_i)=\sum_j P_{\mathrm{G}_j}^{\mathrm{pre}}(t_i)-\sum_k P_{\mathrm{L}_k}^{\mathrm{pre}}(t_i) \tag{7-14}$$

调相机、SVG 无功用量约束为：

$$F_2(t_i)=\left\|\boldsymbol{Q}_{\mathrm{SVG}}^{\mathrm{pre}}(t_i)-\boldsymbol{Q}_{\mathrm{SVG}}^{\mathrm{opr}}\right\|^2 \tag{7-15}$$

网络潮流等式约束以及设备运行、节点电压、传输功率限制（不等式约束）分别为：

$$\boldsymbol{f}(\boldsymbol{V}_{\mathrm{P}}^{\mathrm{pre}},\boldsymbol{V}_{\mathrm{G}}^{\mathrm{pre}},\boldsymbol{V}_{\mathrm{SVG}}^{\mathrm{pre}},\boldsymbol{S}_{\mathrm{G}}^{\mathrm{pre}},\boldsymbol{S}_{\mathrm{SVG}}^{\mathrm{pre}},\boldsymbol{S}_{\mathrm{L}}^{\mathrm{pre}},\boldsymbol{S}_{\mathrm{DC}}^{\mathrm{pre}},\boldsymbol{o})=\boldsymbol{0} \tag{7-16}$$

$$\boldsymbol{g}(\boldsymbol{V}_{\mathrm{P}}^{\mathrm{pre}},\boldsymbol{V}_{\mathrm{G}}^{\mathrm{pre}},\boldsymbol{V}_{\mathrm{SVG}}^{\mathrm{pre}},\boldsymbol{S}_{\mathrm{G}}^{\mathrm{pre}},\boldsymbol{S}_{\mathrm{SVG}}^{\mathrm{pre}},\boldsymbol{S}_{\mathrm{L}}^{\mathrm{pre}},\boldsymbol{S}_{\mathrm{DC}}^{\mathrm{pre}},\boldsymbol{o})\leqslant\boldsymbol{0} \tag{7-17}$$

特定容抗器动作约束为：

$$\begin{cases}0=o_l(t_0)\leqslant o_l(t_1)\leqslant o_l(t_2)\leqslant o_l(t_3)=1,\text{投入}\\1=o_l(t_0)\geqslant o_l(t_1)\geqslant o_l(t_2)\geqslant o_l(t_3)=0,\text{切除}\end{cases} \tag{7-18}$$

7.2.3 动态二级控制

动态二级控制采用基于 MPC 的区域电压控制模型，每 5min 启动 1 次，包含 15min 内 5 个二级控制时间断面，控制目标为先导节点电压平稳、动态无功储备最优。与传统静态优化一样，动态二级控制也包含网络潮流约束、设备运行限制、节点电压限制、传输功率约束。不同之处在于需要为考虑多时间断面直流端口功率快速变化对快速（调相机、SVG）/慢速（发电机）连续无功设备的影响，分别建立动态模型。

由于 SVG 动作过程远快于 3min，处理为 PV 节点。发电机无功调节装置处理为 PI 控制器。如此能体现 SVG 先于发电机动作，发电机逐步跟上置换 STATCOM 快速无功的过程，因此可预先调整慢速连续无功设备，保留 SVG 裕度。

该优化用以确定二级控制中发电机、SVG 等连续调节设备的电压设定值。

具体模型优化目标：

$$\min\sum_{i=0}^{4}\rho^{t_i}(\alpha F_1+\beta F_2+\gamma F_3) \tag{7-19}$$

式中 γ ——目标函数分量 F_3 的比例权重系数；

F_3 ——动态二级控制目标函数的第 3 部分，此处为母线节点电压偏差值。

中枢母线节点电压偏差约束为：

$$F_1(t_i)=\left\|\boldsymbol{V}_{\mathrm{P}}^{\mathrm{pre}}(t_i)-\boldsymbol{V}_{\mathrm{P}}^{\mathrm{ref}}\right\|^2 \tag{7-20}$$

调相机、SVG 无功用量约束为：

$$F_2(t_i)=\left\|\boldsymbol{Q}_{\mathrm{SVG}}^{\mathrm{pre}}(t_i)-\boldsymbol{Q}_{\mathrm{SVG}}^{\mathrm{opr}}\right\|^2 \tag{7-21}$$

调相机、SVG 电压与设定值偏差约束为：

$$F_3(t_i)=\left\|\boldsymbol{V}_{\mathrm{SVG}}^{\mathrm{pre}}(t_i)-\boldsymbol{V}_{\mathrm{SVG}}^{\mathrm{ref}}\right\|^2 \tag{7-22}$$

式中 $\boldsymbol{V}_{\mathrm{SVG}}^{\mathrm{pre}}(t_i)$ ——动态二级控制中调相机、SVG 在时刻 t_i 的电压值，kV；

$\boldsymbol{V}_{\mathrm{SVG}}^{\mathrm{ref}}$ ——动态二级控制中调相机、SVG 在时刻 t_i 的电压参考值，kV。

网络潮流等式约束以及设备运行、节点电压、传输功率限制（不等式约束）分别为：

$$\boldsymbol{f}(\boldsymbol{V}_{\mathrm{P}}^{\mathrm{pre}},\boldsymbol{V}_{\mathrm{G}}^{\mathrm{pre}},\boldsymbol{V}_{\mathrm{SVG}}^{\mathrm{pre}},\boldsymbol{S}_{\mathrm{G}}^{\mathrm{pre}},\boldsymbol{S}_{\mathrm{SVG}}^{\mathrm{pre}},\boldsymbol{S}_{\mathrm{L}}^{\mathrm{pre}},\boldsymbol{S}_{\mathrm{DC}}^{\mathrm{pre}})=\boldsymbol{0} \tag{7-23}$$

$$\boldsymbol{g}(\boldsymbol{V}_{\mathrm{P}}^{\mathrm{pre}},\boldsymbol{V}_{\mathrm{G}}^{\mathrm{pre}},\boldsymbol{V}_{\mathrm{SVG}}^{\mathrm{pre}},\boldsymbol{S}_{\mathrm{G}}^{\mathrm{pre}},\boldsymbol{S}_{\mathrm{SVG}}^{\mathrm{pre}},\boldsymbol{S}_{\mathrm{L}}^{\mathrm{pre}},\boldsymbol{S}_{\mathrm{DC}}^{\mathrm{pre}})\leqslant\boldsymbol{0} \tag{7-24}$$

发电机无功调节动态约束为：

$$\boldsymbol{Q}_{\mathrm{G}}^{\mathrm{pre}}(t_i)-\boldsymbol{Q}_{\mathrm{G}}^{\mathrm{pre}}(t_{i-1})=\boldsymbol{K}_{\mathrm{I}}[\boldsymbol{V}_{\mathrm{G}}^{\mathrm{ref}}-\boldsymbol{V}_{\mathrm{G}}^{\mathrm{pre}}(t_{i-1})] \tag{7-25}$$

式中 $\boldsymbol{K}_{\mathrm{I}}$ ——发电机无功调节速率系统。

总的来说，针对电压控制设备的离散/连续差异、时间常数特性各异、负荷波动及直流传输功率快速变化等特点，以上模型预测控制的优势在于：

（1）不再仅基于当前时间断面进行决策，而将引入预测信息，基于未来一个时间窗内的整体性能最优进行控制。

（2）优化模型不仅涉及负荷有功变化的预测信息，且对不同电压控制设备在给定设定值下的控制行为进行预测，从而对它们在未来时间窗内进行时间尺度上的协调。

（3）根据负荷预测信息及电压控制设备行为预测，求解未来时间窗内系统各母线的电压变化趋势，并纳入约束条件及目标函数，保证系统安全运行。

（4）控制目标综合考虑先导节点电压追踪性能和系统快速动态无功储备，保证不同响应速度的电压控制设备在未来恰当时刻进行调整，为潜在扰动预留尽可能多的动态无功储备。

7.3 面向电压脆弱性提升的低压减载优化配置方法

在电力系统发生严重扰动后，如大型电厂或输电线路的损失和大型负载的断开/连接，系统的发电功率和负荷功率之间可能产生不平衡。由于这些功率不平衡，电力系统频率或者电压将发生波动。考虑到频率和电压偏差的限定范围，需要紧急将电力系统频率和电压保持在安全范围内，以避免失稳。小的频率偏差可以通过发电机的调速器（一次负荷频率控制）和二次自动发电控制系统来补偿，小的电压偏差则可以通用电容投切、机组调压等控制实现补偿。但是，对于较大的频率或电压偏差，需要应用紧急控制策略来恢复系统频率，比如低压减载（under voltage load shedding，UVLS）和 UFLS。本节介绍一种低压减载与低频减载的协同优化模型。

由于负荷的切除会使电网的功率不平衡，进而同时影响系统的电压和频率恢复。通常在配置切负荷方案时，低压减载的配置优化目标为各个节点的切负荷量和动作延时，而低频减载配置优化目标为保护动作裕度、时间延迟和切负荷量。综合考虑两类配置目标，低压减载与低频减载的协同优化模型目标函数表示为：

$$\min \sum \omega_i \Delta D_i \tag{7-26}$$

式中 ω_i ——节点 i 的权重系统，Mvar；

ΔD_i ——节点 i 的切负荷量，MW。

该模型的约束需要同时考虑交流潮流和系统频率响应模型，其中，交流潮流用来分析电网的电压分布及恢复情况，系统频率响应模型用于恢复系统的频率安全裕度。通过满足电压偏差约束和频率偏差约束，最小化整个系统的预期切负荷量，可以实现紧急控制中经济性与安全性的平衡。

在低频减载的优化目标中，可以通过两种典型的方法进行电压安全约束。

（1）考虑电压的偏差范围约束，即稳态电压安全约束，其中线性的交流潮流方程约束提供了电压的安全信息，电压安全约束表示为：

$$\Delta V_{\min} \leqslant \Delta V_i \leqslant \Delta V_{\max} \tag{7-27}$$

式中 $\Delta V_{\min}$、$\Delta V_{\max}$ ——节点电压偏差的下限与上限。

电网的交流潮流可以描述为：

$$P_{ij} = V_i^2 G_{ij} - V_i V_j (G_{ij} \cos\theta_{ij} + B_{ij} \sin\theta_{ij}) \tag{7-28}$$

$$Q_{ij} = -V_i^2 B_{ij} - V_i V_j (G_{ij} \sin\theta_{ij} - B_{ij} \sin\theta_{ij}) \tag{7-29}$$

式中 P_{ij}、Q_{ij} ——流过节点 i 到节点 j 的支路的有功、无功功率；

V_i、V_j ——节点 i 和 j 的电压幅值；

θ_{ij} ——节点 i 和 j 的电压相角差；

G_{ij}、B_{ij} ——节点导纳矩阵中的电导与电纳。

由于电网的交流潮流为非线性方程，因此，一般需要采用线性化的方法进行处理。

潮流线性化的第一步是根据电网运行的经验，将电压表示为 1 附近的变量，即：

$$V_i = 1 + \Delta V_i \tag{7-30}$$

式中 ΔV_i ——节点 i 的电压偏差；

采用新的电压表达式后，可将潮流方程近似表达为：

$$P_{ij} = (1 + 2\Delta V_i) G_{ij} - (1 + \Delta V_i + \Delta V_j)(G_{ij} + B_{ij}\theta_{ij}) \tag{7-31}$$

$$Q_{ij}=-(1+2\Delta V_i)G_{ij}+(1+\Delta V_i+\Delta V_j)(B_{ij}+G_{ij}\theta_{ij}) \tag{7-32}$$

然后，通过合并和忽略高阶项，可以得到线性的交流潮流方程为：

$$P_{ij}=(\Delta V_i-\Delta V_j)G_{ij}-B_{ij}\theta_{ij} \tag{7-33}$$

$$Q_{ij}=-(\Delta V_i-\Delta V_j)B_{ij}-G_{ij}\theta_{ij} \tag{7-34}$$

（2）采用连续潮流计算来考虑电压稳定问题。连续潮流的基本思路就是从当前工作点出发沿着一个方向不断增加负荷，不断连续求解潮流（系统的运行点），直至求得电压崩溃点。采用连续潮流法分析的低压减灾包括交流潮流约束和系统运行约束，表示如下：

$$(1+\lambda_{\min})(P_{gi}-P_{di}+P_i^{\text{shed}})=V_i\sum V_j(G_{ij}\cos\theta_{ij}+B_{ij}\sin\theta_{ij}) \tag{7-35}$$

$$Q_{gi}-(1+\lambda_{\min})(Q_{di}-Q_i^{\text{shed}})=V_i\sum V_j(G_{ij}\sin\theta_{ij}+B_{ij}\cos\theta_{ij}) \tag{7-36}$$

式中　P_{di}、Q_{di}——节点 i 的有功负荷和无功负荷；

P_i^{shed}、Q_i^{shed}——节点 i 的有功负荷削减量和无功负荷削减量；

P_{gi}、Q_{gi}——节点 i 的有功出力和无功出力；

$\lambda_{\min}$——连续潮流的负荷增长裕度因子。

对于非线性的节点交流潮流方程，也可以进行线性化处理构建线性约束。而通过满足对连续潮流的负荷增长裕度因子 $\lambda_{\min}$ 的约束，即可保证当前的负荷切出量和选址满足电压稳定性的要求。

以上介绍了低频减载的相关电压安全约束，在进行低压减载和低频减载的协同优化时，还需要考虑以下的频率安全约束。

首先，考虑系统的频率响应方程，构建频率动态安全约束为：

$$2H_{\text{k}}\frac{\mathrm{d}\Delta f(t)}{\mathrm{d}t}=\Delta R(t)-\Delta P_{\text{g}}(t)+\Delta P_{\text{d}}^{\text{shed}}(t)-D\Delta f(t) \tag{7-37}$$

式中　$\Delta f(t)$——系统的频率偏差，MW • s；

$\Delta R(t)$——发电机的一次调频功率，MW；

D——负荷的调频系数，MW。

发电机的一次调频过程约束描述为：

$$T_{\text{R}}\frac{\mathrm{d}\Delta R(t)}{\mathrm{d}t}=-\frac{\Delta f(t)}{R}-\Delta R(t) \tag{7-38}$$

式中　T_{R}——机组的一次频率时间常数，s；

R——发电机的一次调频系数，Hz/MW。

基于频率响应模型分析得到的频率偏差，可以构建系统的频率安全约束为：

$$f_0^{\min}\leqslant f_0+\Delta f(t)\leqslant f_0^{\max} \tag{7-39}$$

式中　$f_0^{\min}$、$f_0^{\max}$——系统频率的下限与上限。

另外，可将低频减载的切负荷模拟需要对保护计时器和轮次动作建立约束。其中，保护计时器的约束依次描述为：

$$\frac{\Delta f_t - \Delta f_j^{\text{ufls}}}{f_0} \leqslant v_{j,t}^{\text{ufls}} \leqslant 1 + \frac{\Delta f_t - \Delta f_j^{\text{ufls}}}{f_0} \tag{7-40}$$

$$\Delta t_{j,t}^{\text{ufls}} = \Delta t_{j,t-1}^{\text{ufls}} + v_{j,t}^{\text{ufls}} \Delta t \tag{7-41}$$

式中　Δf_j^{ufls} ——第 j 轮低频减载的动作频率优化变量，Hz；

$v_{j,t}^{\text{ufls}}$ ——系统频率是否低于第 j 轮低频减载阈值的指示变量；

$\Delta t_{j,t}^{\text{ufls}}$ ——第 j 轮低频减载被激活的累计时长，s。

以上约束表示当系统频率低于第 j 轮低频减载的动作频率阈值时，则对应的低频减载计时器开始计时。当第 j 轮低频减载的计时器满足动作延时的时候，则对应的低频减载动作，可以采用以下约束描述：

$$\frac{\Delta t_{j,t}^{\text{ufls}} - \Delta t_j}{T_{\text{sim}}} \leqslant u_{j,t}^{\text{ufls}} \leqslant 1 + \frac{\Delta t_{j,t}^{\text{ufls}} - \Delta t_j}{T_{\text{sim}}} \tag{7-42}$$

$$u_{j,t}^{\text{ufls}} \geqslant u_{j,t-1}^{\text{ufls}} \tag{7-43}$$

$$u_{j,t}^{\text{ufls}} \geqslant u_{j+1,t}^{\text{ufls}} \tag{7-44}$$

$$\sum_s u_{j,t}^{\text{ufls}} - \sum_s u_{j,t-1}^{\text{ufls}} \leqslant 1 \tag{7-45}$$

式中　$u_{j,t}^{\text{ufls}}$ ——是否已经达到第 j 轮低频减载的动作延时的指示变量；

T_{sim} ——系统频率动态响应的模拟时长，s；

Δt_j ——第 j 轮低频减载的动作延时，s。

以上约束表明，低频减载在各个轮次的频率响应阶段里，若保护激活时长达到了设定的动作延时，则相应轮次的负荷被切除。同时，也保证了各个轮次在整个响应过程中最多被激活一次，且优先激活轮次较低的保护动作。

除了上述的低频减载和低压减载约束外，其他的机组出力范围约束、负荷频率特性和电压特性都可以按照常规方法进行建模，此处不再一一赘述。

本节所介绍的低压减载与低频减载的协同优化模型仅包括线性约束，本质上属于一个混合整数线性规划问题，可以通过 Gurobi、CPLEX 等一系列商用软件进行高效求解，其优势在于可充分利用负荷切除对电网频率安全和电压安全的影响机理，通过协调频率稳定和电压稳定的安全需求，实现电网多维风险约束下的安全保障。

参 考 文 献

[1] Australian Energy Market Operator (AEMO). Black System South Australia 28 September 2016 [R/OL]. (2017, Mar.).

[2] R. Yan, T. K. Saha, F. Bai, H. Gu, et al. The anatomy of the 2016 south australia blackout: a catastrophic event in a high renewable network [J]. IEEE Transactions on Power Systems, 2018, 33 (5): 5374–5388.

[3] NGESO. Technical Report on the events of 9 August 2019 [R/OL]. (2019, Sept.).

[4] 石立宝，史中英，姚良忠，倪以信，Masoud Bazargan. 现代电力系统连锁性大停电事故机理研究综述 [J]. 电网技术，2010，34 (03)：48-54.

[5] North American Electric Reliability Corporation (NERC). Evaluation of Criteria, Methods, and Practices Used for System Design, Planning, and Analysis Response to NERC Blackout Recommendation 13c [R/OL]. (2005, Mar.).

[6] 周孝信，鲁宗相，刘应梅，陈树勇. 中国未来电网的发展模式和关键技术 [J]. 中国电机工程学报，2014，34 (29)：4999-5008.

[7] 中华人民共和国国家发展和改革委员会. 关于做好 2020 年电力中长期合同签订工作的通知 [R]. 北京：中华人民共和国国家发展和改革委员会，2019.

[8] 周孝信. 能源转型中我国新一代电力系统技术发展趋势 [J]. 电气时代，2018 (01)：33-35.

[9] 孙建锋，葛睿，郑力，胡超凡. 2010 年国家电网安全运行情况分析 [J]. 中国电力，2011，44 (05)：1-4.

[10] 陆佳政，蒋正龙，雷红才，张红先，彭继文，李波，方针. 湖南电网 2008 年冰灾事故分析 [J]. 电力系统自动化，2008 (11)：16-19.

[11] 陆佳政，周特军，吴传平，李波，谭艳军，朱远. 某省级电网 220kV 及以上输电线路故障统计与分析 [J]. 高电压技术，2016，42 (01)：200-207.

[12] Y. Liu, Y. Li, Y. Chi, W. Wang. Analysis on a large scale wind turbines cascading trip-off accident in North China [C]. 2013 IEEE Grenoble Conference, Grenoble, France, 16-20 June, 2013.

[13] 中华人民共和国中央人民政府. 电监会通报近期三起风电机组大规模脱网事故 [R]. 北京：中华人民共和国中央人民政府，2011.

[14] Y. Qiao, Z. Lu, J. Lu, et al. Investigation and Simulation Study on the Cascading Trip-off Fault of a Large Number of Wind Turbines in China on May 14, 2012 [J]. Journal of Electrical Engineering and Technology, 2015, 10 (6): 2240-2248.

[15] North American Electric Reliability Corporation (NERC). 1200 MW Fault Induced Solar Photovoltaic Resource Interruption Disturbance Report – Southern California 8/16/2016 Event [R/OL]. (2017, Jun.).

[16] North American Electric Reliability Corporation（NERC）. 900 MW Fault Induced Solar Photovoltaic Resource Interruption Disturbance Report - Southern California Event：October 9，2017 [R/OL].（2018，Feb.）.

[17] North American Electric Reliability Corporation（NERC）. April and May 2018 Fault Induced Solar Photovoltaic Resource Interruption Disturbances Report Southern California Events：April 20，2018 and May 11，2018 [R/OL].（2019，Jan.）.

[18] G. Mu，J. Wang，G. Yan. The mechanism of DFIGs grouping tripped off from power grid [J]. CSEE Journal of Power and Energy Systems，2018，4（1）：103-111.

[19] 叶希，鲁宗相，乔颖，李兢，王丰，罗伟. 大规模风电机组连锁脱网事故机理初探 [J]. 电力系统自动化，2012，36（08）：11-17.

[20] Y. Yang，T. Nishikawa，A. E. Motter. Small vulnerable sets determine large network cascades in power grids [J]. Science，2017，358（6365）.

[21] Dobson，B. Carreras，V. Lynch，D. Newman. An initial model fo complex dynamics in electric power system blackouts [C]. Proceedings of the 34th Annual Hawaii International Conference on System Sciences. IEEE，2001.

[22] S. Mei，F. He，X. Zhang，S. Wu，G. Wang. An improved OPA model and blackout risk assessment [J]. IEEE Transactions on Power Systems，2009，24（2）：814-823.

[23] J. Qi，S. Mei，F. Liu. Blackout model considering slow process [J]. IEEE Transactions on Power Systems，2013，28（3）：3274-3282.

[24] M. A. Rios，D. S. Kirschen，D. Jayaweera，D. P. Nedic，R. N. Allan. Value of security：modeling time-dependent phenomena and weather conditions [J]. IEEE Transactions on Power Systems，2002，17（3）：543-548.

[25] 于洋，黄民翔，辛焕海，等. 基于动态仿真的连锁故障分析 [J]. 电力系统自动化，2008，32（20）：15-21.

[26] 姚锐，黄少伟，刘锋. 考虑发电机励磁保护和 OLTC 的多时间尺度连锁故障模型 [J]. 电网技术，2015，39（04）：1075-1081.

[27] 丁明，钱宇骋，张晶晶. 考虑多时间尺度的连锁故障演化和风险评估模型 [J]. 中国电机工程学报，2017，37（20）：5902-5912.

[28] J. Bialek，Ciapessoni E，Cirio D，et al. Benchmarking and validation of cascading failure analysis tools [J]. IEEE Transactions on Power Systems，2016，31（6）：4887-4900.

[29] L. Che，X. Liu，X. Zhu，M. Cui，Z. Li. Intra-interval security assessment in power systems with high wind penetration [J]. IEEE Transactions on Sustainable Energy，2018，10（4）：1890-1903.

[30] P. Henneaux，P.-E. Labeau，J.-C. Maun. Blackout probabilistic risk assessment and thermal effects：Impacts of changes in generation [J]. IEEE transactions on power systems，2013，28（4）：4722-4731.

[31] M. H. Athari, Z. Wang. Impacts of wind power uncertainty on grid vulnerability to cascading overload failures [J]. IEEE Transactions on Sustainable Energy, 2018, 9 (1): 128-137.

[32] Y. Liu, Y. Wang, P. Yong, N. Zhang, C. Kang, D. Lu. Fast power system cascading failure path searching with high wind power penetration[J]. IEEE Transactions on Sustainable Energy, 2019, 11(4): 2274-2283.

[33] Z. Yuxin, Z. Xuemin, M. Shengwei, X. Deming, W. Shuai, S. Rui. Blackout risk analysis and control of power system integrated with wind farm [C]. 2016 Chinese Control and Decision Conference (CCDC). IEEE, 2016.

[34] M. Mehdizadeh, R. Ghazi, M. Ghayeni. New sequential approach based on graph traversal algorithm to investigate cascading outages considering correlated wind farms [J]. IET Generation, Transmission & Distribution, 2019, 13 (12): 2401-2410.

[35] S. Yushu, Tang X. Cascading failure analysis of power flow on wind power based on complex network theory [J]. Journal of modern power systems and clean energy, 2014, 2 (4): 411-421.

[36] 但扬清，刘文颖，朱艳伟，蔡万通，王维洲，梁琛. 含大规模风电集中接入的电网自组织临界态辨识 [J]. 电力自动化设备，2016，36（05）：127-133.

[37] Y. Sun, X. Tang, G. Zhang, F. Miao, P. Wang. Dynamic power flow cascading failure analysis of wind power integration with complex network theory [J]. Energies, 2018, 11 (1): 63.

[38] M. H. Athari, Z. Wang. Stochastic cascading failure model with uncertain generation using unscented transform [J]. IEEE Transactions on Sustainable Energy, 2019, 11 (2): 1067-1077.

[39] D. Xu, H. Wang. Blackout risk assessment of cascading outages considering wind power uncertainty [C]. 2018 IEEE International Conference on Energy Internet (ICEI). IEEE, 2018.

[40] Faza. A probabilistic model for estimating the effects of photovoltaic sources on the power systems reliability [J]. Reliability Engineering & System Safety, 2018, 171: 67-77.

[41] Q. Hou, E. Du, N. Zhang, C. Kang. Impact of high renewable penetration on the power system operation mode: A data-driven approach [J]. IEEE Transactions on Power Systems, 2019, 35 (1): 731-741.

[42] J. Yan, Y. Tang, H. He, Y. Sun. Cascading failure analysis with DC power flow model and transient stability analysis [J]. IEEE Transactions on Power Systems, 2014, 30 (1): 285-297.

[43] S. G. Vennelaganti, N. R. Chaudhuri. Hybrid Model of Cascading Failure in Power Systems using Trajectory Sensitivity-based Classification [C]. 2019 IEEE Power & Energy Society General Meeting (PESGM). IEEE, 2019.

[44] R. Yao, S. Huang, K. Sun, F. Liu, X. Zhang, S. Mei. A multi-timescale quasi-dynamic model for simulation of cascading outages[J]. IEEE Transactions on Power Systems, 2016, 31(4): 3189-3201.

[45] P. Henneaux, P.-E. Labeau, J.-C. Maun, L. Haarla. A two-level probabilistic risk assessment of cascading outages [J]. IEEE transactions on power systems, 2016, 31 (3): 2393-2403.

[46] M. Negnevitsky, D. H. Nguyen, M. Piekutowski. Risk assessment for power system operation planning with high wind power penetration [J]. IEEE Transactions on Power Systems, 2015, 30 (3): 1359-1368.

[47] 谭玉东，李欣然，蔡晔，王灿林．基于动态潮流的电网连锁故障模型及关键线路识别［J］．中国电机工程学报，2015，35（03）：615-622.

[48] 周智行，石立宝．考虑风电不确定性及系统调频作用的电网连锁故障风险评估［J］．中国电机工程学报：1-12 ［2021-03-02］.

[49] H. Banakar, C. Luo, B. T. Ooi. Impacts of wind power minute-to-minute variations on power system operation [J]. IEEE Transactions on Power Systems, 2008, 23 (1): 150-160.

[50] M. Adnan, M. Tariq. Cascading overload failure analysis in renewable integrated power grids [J]. Reliability Engineering & System Safety, 2020, 198: 106887.

[51] N. Al Masood, R. Yan, T. K. Saha. Cascading contingencies in a renewable dominated power system: risk of blackouts and its mitigation [C]. 2018 IEEE Power & Energy Society General Meeting (PESGM). IEEE, 2018.

[52] S. Datta, V. Vittal. Operational risk metric for dynamic security assessment of renewable generation [J]. IEEE Transactions on Power Systems, 2017, 32 (2): 1389-1399.

[53] M. A. Chowdhury, W. Shen, N. Hosseinzadeh, H. R. Pota. Transient stability of power system integrated with doubly fed induction generator wind farms [J]. IET Renewable Power Generation, 2014, 9 (2): 184-194.

[54] S. Eftekharnejad, V. Vittal, G. T. Heydt, B. Keel, J. Loehr. Impact of increased penetration of photovoltaic generation on power systems [J]. IEEE transactions on power systems, 2013, 28 (2): 893-901.

[55] K. Kawabe, K. Tanaka. Impact of dynamic behavior of photovoltaic power generation systems on short-term voltage stability [J]. IEEE Transactions on Power Systems, 2015, 30 (6): 3416-3424.

[56] D. Gautam, V. Vittal, T. Harbour. Impact of increased penetration of DFIG-based wind turbine generators on transient and small signal stability of power systems [J]. IEEE Transactions on power systems, 2009, 24 (3): 1426-1434.

[57] Mitra, D. Chatterjee. A sensitivity based approach to assess the impacts of integration of variable speed wind farms on the transient stability of power systems [J]. Renewable energy, 2013, 60: 662-671.

[58] L. Shi, S. Sun, L. Yao, Y. Ni, M. Bazargan. Effects of wind generation intermittency and volatility on power system transient stability [J]. IET Renewable Power Generation, 2013, 8 (5): 509-521.

[59] 陈磊，刘永奇，戴远航，闵勇，张玮灵，侯凯元．电力电子接口新能源并网的暂态电压稳定机理研究［J］．电力系统保护与控制，2016，44（09）：15-21.

[60] B. Tamimi, C. Ca˜nizares, K. Bhattacharya. System stability impact of large-scale and distributed solar photovoltaic generation: The case of Ontario, Canada[J]. IEEE transactions on sustainable energy, 2013, 4 (3): 680-688.

[61] 吴国旸，宋新立，汤涌，仲悟之，刘涛，叶小晖. 电力系统动态仿真中的安全稳定控制系统建模[J]. 电力系统自动化，2012，36（03）：71-75.

[62] P. Rezaei，P. D. H. Hines，M. J. Eppstein. Estimating cascading failure risk with random chemistry [J]. IEEE Transactions on Power Systems，2015，30（5）：2726-2735.

[63] J. Guo，F. Liu，J. Wang，J. Lin，S. Mei. Toward efficient cascading outage simulation and probability analysis in power systems [J]. IEEE Transactions on Power Systems，2018，33（3）：2370-2382.

[64] Y. Liu，Y. Wang，P. Yong，N. Zhang，C. Kang，D. Lu，Fast power system cascading failure path searching with high wind power penetration[J]. IEEE Transactions on Sustainable Energy，2019，11（4）：2274-2283.

[65] 范文礼，刘志刚. 基于复杂网络的电网连锁故障模型研究综述[J]. 电力系统自动化，2012，36（16）：124-131.

[66] P. Dey，R. Mehra，F. Kazi，S. Wagh，N. M. Singh. Impact of topology on the propagation of cascading failure in power grid [J]. IEEE Transactions on Smart Grid，2016，7（4）：1970-1978.

[67] J. Beyza，E. Garcia-Paricio，H. F. Ruiz，J. M. Yusta. Geodesic vulnerability approach for identification of critical buses in power systems[J]. Journal of Modern Power Systems and Clean Energy，2020，9（1）：37-45.

[68] K.-I. Goh，D.-S. Lee，B. Kahng，D. Kim. Sandpile on scale-free networks[J]. Physical review letters，2003，91（14）：148701.

[69] J. Qi，S. Pfenninger. Controlling the self-organizing dynamics in a sandpile model on complex networks by failure tolerance [J]. Europhysics Letters，2015，111（3）：38006.

[70] Dobson. Estimating the propagation and extent of cascading line outages from utility data with a branching process [J]. IEEE Transactions on Power Systems，2012，27（4）：2146-2155.

[71] J. Kim，K. R. Wierzbicki，I. Dobson，R. C. Hardiman. Estimating propagation and distribution of load shed in simulations of cascading blackouts [J]. IEEE Systems Journal，2012，6（3）：548-557.

[72] J. Qi，I. Dobson，S. Mei. Towards estimating the statistics of simulated cascades of outages with branching processes [J]. IEEE Transactions on Power Systems，2013，28（3）：3410-3419.

[73] J. Qi，W. Ju，K. Sun. Estimating the propagation of interdependent cascading outages with multi-type branching processes [J]. IEEE Transactions on Power Systems，2017，32（2）：1212-1223.

[74] Dobson，B. A. Carreras，D. E. Newman，A branching process approximation to cascading load-dependent system failure [C]. Proceedings of the 37th Annual Hawaii International Conference on System Sciences. IEEE，2004.

[75] J. Qi，K. Sun，S. Mei. An interaction model for simulation and mitigation of cascading failures [J]. IEEE Transactions on Power Systems，2015，30（2）：804-819.

[76] J. Qi，J. Wang，K. Sun. Efficient estimation of component interactions for cascading failure analysis by

EM algorithm [J]. IEEE Transactions on Power Systems，2018，33（3）：3153-3161.

[77] W. Ju，K. Sun，J. Qi. Multi-layer interaction graph for analysis and mitigation of cascading outages [J]. IEEE Journal on Emerging and Selected Topics in Circuits and Systems，2017，7（2）：239-249.

[78] J. Qi. Utility Outage Data Driven Interaction Networks for Cascading Failure Analysis and Mitigation [J]. IEEE Transactions on Power Systems，2021，36（2）：1409-1418.

[79] 韦晓广，高仕斌，李多，黄涛，皮仁健，王涛. 基于连锁故障网络图和不同攻击方式的输电线路脆弱性分析 [J]. 中国电机工程学报，2018，38（02）：465-474.

[80] P. D. H. Hines，I. Dobson，P. Rezaei. Cascading power outages propagate locally in an influence graph that is not the actual grid topology [J]. IEEE Transactions on Power Systems，2017，32（2）：958-967.

[81] K. Zhou，I. Dobson，Z. Wang，A. Roitershtein，A. P. Ghosh. A Markovian influence graph formed from utility line outage data to mitigate large cascades [J]. IEEE Transactions on Power Systems，2020，35（4）：3224-3235.

[82] N. Amjady. A framework of reliability assessment with consideration effect of transient and voltage stabilities [J]. IEEE Transactions on Power Systems，2004，19（2）：1005-1014.

[83] M. Benidris，J. Mitra，C. Singh. Integrated evaluation of reliability and stability of power systems [J]. IEEE Transactions on Power Systems，2017，32（5）：4131-4139.

[84] Y. Wang，V. Vittal，M. Abdi-Khorsand，et al. Probabilistic reliability evaluation including adequacy and dynamic security assessment [J]. IEEE Transactions on Power Systems，2019，35（1）：551-559.

[85] 刘哲. 电力系统概率风险评估研究及其应用 [D]. 天津：天津大学，2014.

[86] 麻常辉，薛禹胜，罗建裕，王小英. 基于静态和动态安全风险的输电规划 [J]. 电力系统自动化，2006（13）：6-10.

[87] 赵渊，周念成，谢开贵，等. 大电力系统可靠性评估的灵敏度分析 [J]. 电网技术，2005，29（24）：25-30.

[88] 李生虎，于丽萍，马燕如，等. 电网可靠性对可控串联补偿部件参数的灵敏度分解算法 [J]. 电力系统自动化，2016，40（20）：20-25.

[89] 任震，梁振升，黄雯莹. 交直流混合输电系统可靠性指标的灵敏度分析 [J]. 电力系统自动化，2004（14）：33-36.

[90] 黎小林，曹侃，谢开贵，等. 基于最小二乘法的高压直流输电系统可靠性灵敏度分析 [J]. 电力系统自动化，2009，33（18）：12-16.

[91] 唐岚，束洪春，于继来. 影响充裕度指标的元件排序方法 [J]. 电力系统自动化，2010，34（03）：12-16.

[92] K. Xie，R. Billinton. Tracing the unreliability and recognizing the major unreliability contribution of network components [J]. Reliability Engineering & System Safety，2009，94（5）：927-931.

[93] 纪静，谢开贵，曹侃，等. 广东电网薄弱环节辨识及可靠性改善分析 [J]. 电力系统自动化，2011，

35（13）：98-102.

［94］邓彬，郭创新，王越，黄太贵，汤伟．基于 well-being 分析的电网设备重要度评估与排序方法［J］．电网技术，2013，37（12）：3489-3496.

［95］胡博，谢开贵，黎小林，等．HVDC 输电系统可靠性跟踪方法［J］．中国电机工程学报，2010，30（10）：29-34.

［96］徐林，王秀丽，王锡凡．电气介数及其在电力系统关键线路识别中的应用［J］．中国电机工程学报，2010，30（1）：33-39.

［97］李勇，刘俊勇，刘晓宇，蒋乐，魏震波，胥威汀．基于潮流熵的电网连锁故障传播元件的脆弱性评估［J］．电力系统自动化，2012，36（19）：11-16.

［98］E. Bompard，E. Pons，D. Wu．Extended Topological Metrics for the Analysis of Power Grid Vulnerability［J］．IEEE Systems Journal，2012，6（3）：481-487.

［99］Z. Ma，C. Shen，F. Liu，et al．Fast screening of vulnerable transmission lines in power grids：A pagerank-based approach［J］．IEEE Transactions on Smart Grid，2017，10（2）：1982-1991.

［100］黄燕，李华强，黄涛，李迁，郑国．基于复杂网络和暂态能量函数的支路暂态脆弱性评估［J］．电力系统保护与控制，2014，42（20）：69-74.

［101］郭永基．电力系统可靠性分析［M］．北京：清华大学出版社，2003.

［102］薛禹胜．综合防御由偶然故障演化为电力灾难——北美“8·14”大停电的警示［J］．电力系统自动化，2003，27（18）：1-5.

［103］马亚辉．含分布式电源的综合负荷建模方法研究［D］．湖南大学，2013.

［104］王洵阳，李霞林，郭力，赵梓含，王洪达，王成山．基于断面信息的多区域互联系统频率响应模型参数估计方法［J/OL］．电网技术：1-13.

［105］信向誉，王涛，顾雪平，白岩松，范辉．规模风电接入下考虑多区域频率动态安全的机组组合与风险调度［J/OL］．中国电机工程学报：1-16.

［106］Bao Yu-Qing，Li Yang，Wang Beibei，Hu Minqiang，Chen Pei-Pei．Demand Response for Frequency Control of Multi-area Power System［J］．Journal of Modern Power Systems and Clean Energy．2017，5（1）：20-29.

［107］王玎，袁小明．异步电机机电时间尺度有效惯量评估及其对可再生能源并网系统频率动态的影响［J］．中国电机工程学报，2018，38（24）：7258-7266+7452.

［108］Chan M L，Dunlop R D，Schweppe F．Dynamic Equivalents for Average System Frequency Behavior Following Major Distribances［J］．IEEE Transactions on Power Apparatus and Systems，2007，91（4）：1637-1642.

［109］范成围．计及调速器非线性的电力系统动态频率特征预测［D］．西南交通大学，2018.

［110］Report I C. Dynamic Models for Steam and Hydro Turbines in Power System Studies［J］. Power Apparatus & Systems IEEE Transactions on，1973，PAS-92（6）：1904-1915.

[111] 申家锴，李卫东，李正文，等. 计及一次调频死区与限幅的高比例风电电力系统机组组合［J］. 电网技术，2022，46（4）：9.

[112] 饶成骄，郭成，马宁宁，等. 考虑水轮机水锤效应的电网频率变化的解析方法［J］. 电网技术，2018，42（6）：7.

[113] Matej K，Igor K. Introducing low-order system frequency response modelling of a future power system with high penetration of wind power plants with frequency support capabilities［J］. IET Renewable Power Generation，2018，12.

[114] Huang H，Ju P，Jin Y，et al. Generic System Frequency Response Model for Power Grids with Different Generations［J］. IEEE Access，2020，PP（99）：1-1.

[115] Shi Q，Li F F，Cui H. Analytical Method to Aggregate Multi-Machine SFR Model with Applications in Power System Dynamic Studies［J］. IEEE Transactions on Power Systems，2018：1-1.